Friedrich Schmidt-Bleek

Wieviel Umwelt braucht der Mensch?

Faktor 10 – das Maß für ökologisches Wirtschaften

Mit 19 Abbildungen

Deutscher
Taschenbuch
Verlag

dtv

Im Text ungekürzte Ausgabe
Januar 1997
Deutscher Taschenbuch Verlag GmbH & Co. KG, München

Unter dem Titel: Wieviel Umwelt braucht der Mensch?
MIPS – Das Maß für ökologisches Wirtschaften
ISBN 3-7643-2959-9
Umschlaggestaltung: Klaus Meyer, Tabea Dietrich
Umschlagfoto Vorderseite: © ZEFA
Gesetzt aus der Sabon 9,5/11,5' (QuarkXPress 3.31)
Satz: KCS GmbH, Buchholz/Hamburg
Druck und Bindung: C. H. Beck'sche Buchdruckerei, Nördlingen
Printed in Germany · ISBN 3-423-30580-0

Wir haben zwanzig Jahre Umweltpolitik betrieben, haben nach Nanogrammen von Giften gejagt und Schadstoffemissionen reduziert. Vielleicht ist die Umwelt dadurch etwas sauberer geworden, aber dennoch drohen unserer Ökosphäre immer größere Katastrophen. Was machen wir falsch? Jeder Verbrauch, sei es von Rohstoffen, sei es von Energie, zieht unweigerlich ein Stück veränderte Umwelt nach sich. Und wir verbrauchen Megatonnen. Friedrich Schmidt-Bleek hat ein ökologisches Maß entwickelt, das erstmals den Verbrauch umfassend bestimmen kann. Dieses Maß – MIPS für *M*aterial*I*ntensität *P*ro *S*erviceeinheit – ermöglicht es, die Umweltbelastung von Prozessen, Produkten und Leistungen zu ermitteln und miteinander zu vergleichen. Wollen wir dauerhaft unsere Ökosphäre retten, müssen wir in recht kurzer Zeit das Ziel »Faktor 10« erreichen: also Reduzierung allen Verbrauchs auf den zehnten Teil – bei gleichbleibendem Wohlstand. Der Autor zeigt praxisnahe Wege, an dieses Ziel zu gelangen. Wir müssen nicht einfach den Gürtel enger schnallen, sondern wir müssen lernen, mit den zur Verfügung stehenden Ressourcen rationaler und effektiver umzugehen. Es ist durchaus möglich, auch mit sehr viel weniger Verbrauch als heute üblich, Wohlstand zu schaffen – für alle Menschen.

Professor *Friedrich Schmidt-Bleek*, Physikochemiker, war – nach 15jähriger Universitätslaufbahn an großen amerikanischen Universitäten in den 70er Jahren – am Umweltbundesamt für die Entwicklung und Umsetzung des Chemikaliengesetzes zuständig. Bei der OECD sorgte er als Abteilungsleiter für die internationale Harmonisierung der Chemikalienkontrolle und war in den späten 80er Jahren für erste Schritte der Wirtschaftsreform der Länder des früheren Ostblocks verantwortlich. Heute ist er Vizepräsident des renommierten Wuppertal Instituts und leitet dort als Direktor die Abteilung »Stoffströme und Strukturwandel«.

Inhaltsverzeichnis

Danksagung

Dieses Buch wäre ohne Mougine, ohne den Charme von Paris und die Sonne der Provence nicht entstanden. Gedacht ist es vor allem für die nächsten Generationen. Dazu gehören Jessica, Volker, Martin, Eaven, Ross, Lea, Cornelia, Bennie, Cristopher, Katharina, Lorenz, Fritz, Gilles, Lorraine, Hadrien, Lea und Julien. Dazu gehören auch meine tüchtigen Mitarbeiter, über deren Gedanken im Buch berichtet ist. Von ihnen allen habe ich mehr gelernt, als sie ahnen.

Dank an Ernst Ulrich von Weizsäcker. Verschwenderisch teilt er mit Freunden seinen Optimismus, seine Erfahrungen, sein Wissen. Als Chef des Wuppertal Instituts verschafft er die Freiräume zum Nachdenken über neue Lösungen komplexer Probleme. Wolfram Hunckes literarisch wissenschaftliche Erfahrungen haben die Entstehung dieses Buches sehr geprägt. Ursula Tischner, Hans Kretschmer und Agim Meta haben mit viel Phantasie die Graphen gefertigt. Gisela Menstell sorgte mit sicherem Gespür für die Denkpausen im täglichen Rummel. Dank all denen, die Entwürfe lasen und Rat gaben für Änderungen und Ergänzungen. Dazu gehören ganz besonders Wolfgang Sachs, Karlheinz Walter, Friedhelm Korte, Udo Simonis, Heinz Wohlmeyer.

Besonders großen Anteil an diesem Buch hat Rainer Klüting, Physiker und Journalist. Für wichtige Passagen war er »meine Feder«. Sein beneidenswertes Können in der Vermittlung komplizierter Zusammenhänge mittels einfacher und klarer Sprache haben einige der Gedanken dieses Buches sicherlich für viele Leser erst erfahrbar gemacht. Dafür schulde ich ihm Dank und Anerkennung.

Wuppertal, im September 1993

Vorwort zur Taschenbuchausgabe

Der vorliegende Text beruht auf dem Buch über den *ökologischen Rucksack*, welches zuerst 1994 unter dem Titel ›Wieviel Umwelt braucht der Mensch ? – MIPS – Das Maß für ökologisches Wirtschaften‹ bei Birkhäuser erschien. Die Botschaft des Buches ist die: Eine ökologisch zukunftsfähige Marktwirtschaft können wir nur erreichen, wenn wir lernen, Produkte und Dienstleistungen mit einem Faktor 10 weniger Naturverbrauch zu gestalten und zu nutzen. Teurer müsse dies keineswegs sein als heute, fordere aber mehr Witz und Verstand, vermehrte Risikobereitschaft, massive Innovationen, die Umstellung der Finanzierungsstrukturen und Verantwortung für die Gemeinschaft. Daß die notwendige Umstrukturierung der Wirtschaft auch aus wirtschaftswissenschaftlicher Sicht entscheidende Vorteile aufweist, haben Friedrich Hinterberger und zwei junge Kollegen kürzlich in einem Buch dargelegt.

Das Rucksackbuch war erfolgreich zumindest gemessen an den Erwartungen. Inzwischen sind englische und japanische Übersetzungen auf dem Markt. Aber viel wichtiger scheint mir, daß sich seither bereits überraschend viel verändert hat in den weltweiten Diskussionen um zukunftsfähiges Wirtschaften. Dazu will ich weiter unten etwas mehr sagen.

Dem Deutschen Taschenbuch Verlag bin ich sehr dankbar, daß er mit der vorliegenden Ausgabe dazu beitragen will, dem deutschsprachigen Leser den Zugang zu meiner Vision einer zielsicher zukunftsfähigen (Simonis) Öko- und Wirtschaftspolitik zu erleichtern. Ich habe den Text des ursprünglichen Buches nicht verändert. Im Sinne einer historischen Treue gehört sich das wohl so. Ansonsten hätte ich ein ganz neues Buch schreiben müssen. Für die vorliegende Taschenbuchausgabe haben wir aus drucktechnischen Erwägungen einige Abbildungen und die Farbfotografien aus der

Erstausgabe weggelassen. Auch der Anhang entfiel. Aufgenommen haben wir hingegen diese Einleitung und haben die Literaturliste erweitert.

Wirrungen von heute

Noch glauben die meisten Menschen hierzulande, die Schonung und Pflege der Umwelt müsse unser Wohlergehen schmälern, weil sie Geld koste. Und viele geben sich nach wie vor dem Glauben hin, wir in Deutschland seien Weltmeister im Umweltschonen. Beides stimmt nicht.

Scheinbar folgerichtig wird jedoch angesichts der enormen Arbeitslosigkeit von Politikern, von Wirtschaftskapitänen wie auch von Massenmedien immer dringlicher der Ruf nach einer »Pause im Umweltschutz« laut. Oder man hört ganz einfach auf, über die Umwelt zu reden – wird schon gut gehen! Laß die andern mal erst soviel tun wie wir!

Die Arbeitsproduktivität hingegen – und mit ihr das Produktionsvolumen – müsse so schnell wie möglich weiter nach oben. Sagt man. Das schaffe Arbeitsplätze und neuen Wohlstand. Danach könne man dann mit neuem Reichtum auch wieder an die Kosten für die Umwelt denken. Ist doch sehr einleuchtend. Oder?

Manche Offenbarkeiten sind aber nur Schein. In diesem Falle handelt es sich um einen buchstäblich lebensgefährlichen Irrtum, der zudem wirtschaftlich auf wackeligen Beinen steht.

Der eigentliche Sinn von Produktion ist es, Wohlstand zu schaffen. Für die meisten Menschen ist Wohlstand mehr als wohlfeiler Konsum und Besitz. Zu Wohlstand gehören auch angemessene Beschäftigung, Gesundheit, soziale Anerkennung, Bildung, Freiheit von Gewalt, Umweltqualität, soziale Sicherheit, Freizeit und gleiches Recht für alle. Man weiß, daß heute noch übliche Produktionsindikatoren wie das Bruttoinlandsprodukt (BIP) nicht geeignet sind, diese Komplexität darzustellen. Bruttosozialprodukt (BSP) wie Bruttoinlandsprodukt verbuchen zum Beispiel Kosten für Kranksein als volkswirtschaftlichen Gewinn, und sie stellen die Zerstörung der Umwelt erst gar nicht in Rechnung.

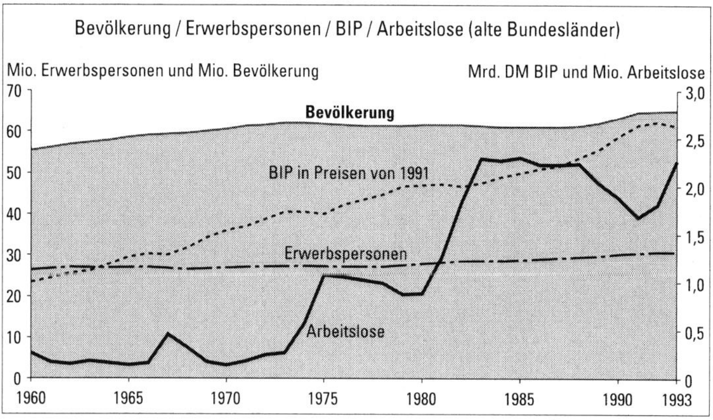

Abb. 1 *Verlauf der Bevölkerungszunahme, der Zunahme der Erwerbspersonen, des Produktionsvolumens (gemessen als Bruttoinlandsprodukt) und Verlauf der Arbeitslosigkeit in Deutschland (West) von 1960 bis 1993. Die Arbeitslosigkeit nahm (und nimmt) bei Rezessionen jeweils deutlich zu, verblieb danach jedoch auf einem höheren Niveau, was zu einem steigenden Treppenverlauf führt. Hieraus ergibt sich eine »Schere« zwischen dem weiter steigenden BIP und der Beschäftigungslage.*

Um den Zusammenhang von Wohlstands- und Produktionswachstum zu erfassen, haben Fachleute deshalb bereits in den frühen 70er Jahren eine Alternative zum BIP entwickelt, nämlich den sogenannten »Index für ökonomischen Wohlstand« (Measure of Economic Welfare, MEW). Hierauf aufbauend entstanden dann der »Index für zukunftsfähigen ökonomischen Wohlstand« (Index of Sustainable Economic Welfare, ISEW) sowie der »Indikator für tatsächlichen Fortschritt« (Genuine Progress Indicator, GPI). In den Massenmedien findet sich bis jetzt hierüber so gut wie nichts. Anscheinend glauben die meisten Wirtschaftsplaner und -kommentatoren noch immer, das BIP sage genug über unser Wohlergehen aus. Fachleute sind sich hingegen seit Jahren einig, daß dies so nicht stimmt. Birgit Breuel, die frühere Generalbevollmächtigte für die Treuhandgesellschaft und jetzige Generalkommissarin für die Weltausstellung 2000 in Hannover (EXPO 2000) regt denn auch an, die OECD, die Wirtschafts-Denkschmiede der reichen Länder, möge sich mit diesem Thema alsbald befassen.

Die neueren Indikatoren spiegeln die gegenwärtige Krise von Wirtschaft und Ressourcen in den westlichen Industrienationen deutlich wider. Noch zwischen 1950 und 1970/75 zeigt der »Index of Sustainable Economic Welfare, ISEW« in den meisten OECD-Ländern eine Parallelentwicklung von Produktions- und Wohlstandswachstum. Ab Mitte der siebziger Jahre jedoch verschwindet diese Korrelation mehr und mehr. Die Produktion, gemessen in Bruttosozialprodukt (BSP), nahm zwar weiter zu, der Aufbau von Wohlstand aber, gemessen in ISEW, hinkte immer weiter hinterher. Während sich vor 15 Jahren noch eine typische Familie in Deutschland mit zwei Kindern aus einem Einkommen zufriedenstellend finanzieren ließ, ist dies heute meist nur möglich, wenn beide Eltern bezahlte Arbeit haben. »If the economy is up, why is America down?« war vor nicht langer Zeit eine sehr ernst gemeinte Frage in der Harvard Business Review. Amerika hat es keineswegs besser!

Die GNP-Werte (=BSP) in Abbildung 2 zeigen, daß seit Mitte der 70er Jahre die Wohlstandsfaktoren generell entweder stagnierten oder sogar auf dem absteigenden Ast sind. Dies gilt für Länder wie die Vereinigten Staaten, Großbritannien, Dänemark, Österreich und die Niederlande.

Die Konsequenzen könnten kaum dramatischer sein! Politische Strategien werden im Namen des »Fortschritts« darauf ausgerichtet, die Produktion zu fördern. Gewisse Politiker und Wirtschaftskapitäne werden nicht müde, dieses Rezept für den Fortschritt zu verkünden und durchzusetzen. Doch in den alternativen Maßstäben für Wohlstand wie ISEW und GPI ist seit zwanzig Jahren davon nichts zu sehen.

Das traditionelle Wachstum des Bruttoinlandsprodukts hing eng zusammen mit dem Wachstum der Arbeitsproduktivität. Sie hat in den 200 Jahren der Industrialisierung mindestens um den Faktor 50 zugenommen. Im Gegensatz dazu ist die Ressourcenproduktivität – der sparsam vernünftige Umgang mit Natur – nicht merklich gestiegen: Bis 1973 hat sich der Ressourcenverbrauch pro Einheit des Bruttoinlandsproduktes kaum verändert. Nach der Ölkrise zeigte sich in den OECD-Ländern eine leichte Entkopplung, nicht allerdings in den sogenannten Entwicklungsländern.

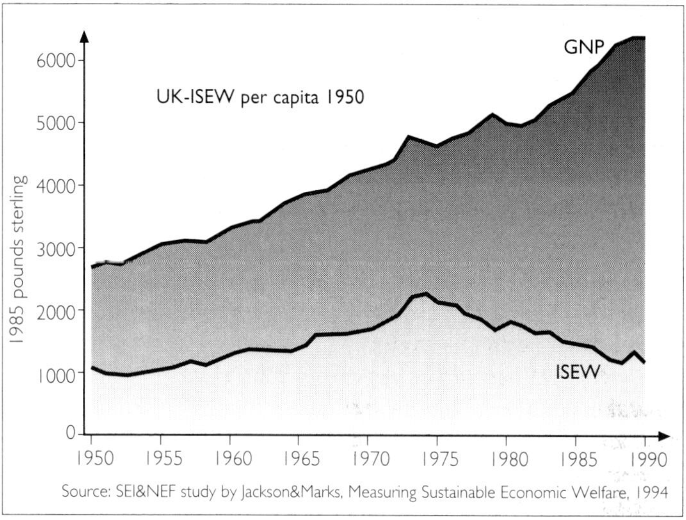

Abb. 2 *Verlauf des Bruttosozialproduktes (BSP=GNP) und des »Index of Sustainable Economic Welfare, ISEW« von 1960 bis 1990 in Großbritannien.*

Die holen zur Zeit kräftig auf im Ressourcenverbrauch, so wie ihr »Wachstum« dies fordert.

Mit anderen Worten: Der außerordentliche Anstieg der Arbeitsproduktivität war begleitet von – oder wurde »bezahlt« mit – einem entsprechenden Anstieg der Gewinnung und Verarbeitung von Rohstoffen, insbesonders energiereicher Rohstoffe. Alle der Erde entnommenen Materialien werden jedoch früher oder später zu Emissionen, Einleitungen und Abfall. Das gilt natürlich auch für Produkte. Milliarden Tonnen Material werden gebraucht, um »moderne« Produktionsmaschinen zu füttern, und weitere Milliarden Tonnen werden hierzu bewegt und wieder abgelagert und -geleitet, ohne je einen eigenen ökonomischen Wert erlangt zu haben. Zum Beispiel beträgt der Abraum und das Grundwasser beim Tagebau von Braunkohle in Deutschland ca. 10 Tonnen pro Tonne Kohle.

Insgesamt 70 Tonnen festes Material werden pro Kopf und Jahr für jeden Deutschen aus der Natur in Bewegung gesetzt (ohne gepflügte Erde oder Erosion zu berücksichtigen). Das sind fast 6 Milliarden Tonnen Umwelt. Davon gehen über 1,5 Milliarden Tonnen allein in den Bausektor. Unabhängig von allen anderen Problemen, ist unsere Gesundheitsmaschine auch aus Gründen ihrer Materialintensität nicht zukunftsfähig. Im Durchschnitt produzieren wir pro Tonne Feldfrüchte vier Tonnen Erosion und Pflügen über 100 Tonnen Erde mit bisher weitgehend unbekannten ökologischen Konsequenzen. Ein Produzent für Traktorenreifen in Frankreich pries seine Ware 1996 so an: »Avec nos pneus, la terre tourne plus vite« (mit unseren Reifen läßt sich der Boden schneller umdrehen)!

Etwa die Hälfte der Stoffströme wird für unseren Wohlstand in Deutschland außerhalb unserer Grenzen bewegt. Für die Europäische Union (EU 15) werden, »exportbereinigt«, etwa 120.000 Quadratkilometer Ackerland außerhalb ihrer Grenzen belegt, also sozusagen »importiert«. Das entspricht etwa der Anbaufläche von Panama, Venezuela und Kolumbien. Wir importieren also sozusagen Materialbewegungen und Flächenbelegung in großem Umfange – gegen Bezahlung. Dazu kommen bei uns 600 Tonnen Wasser pro Kopf und Jahr.

Das ist alles andere als ein Programm für ökologische Stabilität. Ganz im Gegenteil: Eine solche Wirtschaft ist ökologisch nicht zukunftsfähig. Und je mehr wir unsere Produktionsmaschine anheizen, desto schneller verlieren wir den ökologischen Boden unter unseren Füßen. Und dabei schaffen wir noch nicht einmal steigenden Wohlstand! Ein wahrhaft geniales Programm!

Es bedarf wohl keiner weiteren Begründung, daß eine solche Wirtschaft aus ökologischer Sicht grundsätzlich nicht kopierfähig ist für den Rest der Welt. Und dennoch sind die bevölkerungsreichsten Länder dabei, mit Hochdruck und viel Erfolg genau diese Art Wohlstand nachzumachen – mit finanzieller Unterstützung aus den Steuertöpfen und den Ersparnissen der OECD-Länder. Es herrscht eine atemlose Hast, im Rahmen der »Globalisierung« und im Namen der harten Konkurrenz des weltweiten Freihandels soviel fossile Techniken der industrialisierten Länder wie möglich so schnell wie möglich in die übrige Welt zu verpflanzen.

Maschinen bewegen auf der Erdoberfläche schon heute mehr als zweimal so viel Materie wie die geologischen Kräfte. Ein erheblicher Prozentsatz dieser Milliarden Tonnen durch menschliche Aktivitäten bewegter Materie – unter anderem fossile Brennstoffe, Wasser, Sand, Kies und Steine – wird innerhalb weniger Monate in chemisch und physikalisch veränderter Form an die Umwelt zurückgegeben: als »Abfall«, als Einleitungen und Emissionen. Nur ein Teil bleibt längere Zeit in nutzbarer Form erhalten. Zum Beispiel als Bausubstanz.

Schon durch den Zugriff auf natürliche Ressourcen an der Lager-(Entnahme-)stelle werden irreversible und in ihrer Art und Größenordnung unbekannte Veränderungen ökologischer Gleichgewichte ausgelöst. Die hierdurch bedingten Verschiebungen unseres ökologischen Umfeldes blieben bis jetzt in der Umweltpolitik weitgehend unberücksichtigt. Sonst wären unsere Baunormen, der soziale Wohnungsbau selbst sowie der Bau unserer Infrastrukturen längst aufgrund ihrer ökologischen Bedeutung ernsthaft in Frage gestellt. In diesem Zusammenhang wird klar: Einmal der Natur entnommene Materialien müssen in der Technosphäre soviel wie möglich und so lange wie möglich Nutzen stiften. Oder anders gesagt, die Ressourcenproduktivität muß so groß wie möglich gemacht werden. Nicht Recycling und Kreislauf sind die Zauberworte der Zukunftsfähigkeit von Produkten, sondern Qualität, Langlebigkeit und Reparierbarkeit. Der Vollständigkeit halber sei hier noch einmal daran erinnert, daß Produkte und Dienstleistungen selbstverständlich auch frei sein müssen von bekannten Gefahrstoffen.

Die Auswirkungen all dieser menschengemachten Störungen der Ökosphäre nehmen weltweit rasant zu und beginnen, sich in ökonomischen Größen widerzuspiegeln. Beispielsweise steigt die Zahl und Stärke von Naturkatastrophen wie Stürme, Überschwemmungen und Dürren. Der Versicherungsmarkt reagiert bereits mit einem scharfen Anstieg der Prämien. Vom Ozonloch, vom Waldsterben, von Ölteppichen in Küstennähe und vom Klimawechsel berichten die Gazetten täglich. Auch über die mit ihnen verbundenen Kosten.

Aber auch im Gesundheitsbereich zeigen sich die ersten unvorhergesehenen Konsequenzen. Durch sorglose technische Fehlleitung großer Materialströme wurde die in England grassierende »mad cow disease« ausgelöst. Wie wenig das Verständnis über die ökologischen und sozialen Herausforderungen im Übergang ins nächste Jahrtausend bisher entwickelt ist, zeigt sich daran, daß die Regierung Großbritanniens die Probleme zunächst lange Zeit als unwesentlich behandelte, um dann bei fortgeschrittener Kettenreaktion erfolgreich dazu überzugehen, von ihnen durch Drohgebärden gegen befreundete Länder und durch europapolitische Kurzschlüsse abzulenken, damit ihre industrielle Fleischproduktion möglichst ungestört weiter gedeihe.

Dies sind sehr deutliche Hinweise auf technik-bedingte Instabilitäten in der Ökosphäre und im Gesundheitsbereich. Die massiven Materialbewegungen, zusammen mit den Emissionen toxischer Stoffe und den Treibhausgasen, sind schon heute dabei, die Absorptionskapazität der Ökosphäre zu übersteigen, ökologische Gleichgewichte zu verschieben und tückische Gesundheitsgefährdungen auszulösen.

Zusammenfassend kann man beobachten, daß der Trend in die falsche Richtung geht. Sogenannte »Externalitäten«, genauer, die Prozesse, die Umwelt- und Gesundheitsschäden verursachen, gewinnen sowohl quantitativ wie qualitativ an Bedeutung. Ihr Wachstum ist größer als das der Prozesse, die ökonomische »Werte« erzeugen. Der Begriff »Externalitäten« ist den internen Auswirkungen in keiner Weise angemessen. Was geschieht, ist nichts anderes als ein permanenter Verlust von Naturkapital. Außerdem schrumpfen soziale Handlungsspielräume in dem Maße, wie die Gesellschaft sich zu einer »kollektiven Intensivstation« entwickelt, in der es nur noch begrenzte Bereiche menschlicher Aktivitäten gibt, die nicht reguliert werden müssen. Darüber hinaus werden Kultur und kulturelle Entwicklungen verkümmern, wenn die Ressourcen zunehmend vorrangig für Überlebensstrategien investiert werden müssen, um für vergangene kurzfristige Profite zu bezahlen.

Zwischenbilanz

Immer wieder wird behauptet, ökonomisch erfolgreiche Aktivität sei eng verknüpft mit dem »Verbrauch« von Materie. Das Eine zu kürzen sei nicht möglich ohne Kürzungen beim Anderen. Dies ist ganz einfach unrichtig. Der Leser wird hierüber viel in dem vorliegenden Band erfahren. Zwar ist »traditionelles« ökonomisches Wachstum mit Material- und Energiegebrauch verknüpft. Es gibt jedoch eine Fülle von Möglichkeiten, die Rohstoff- und Energieproduktivität ganz wesentlich zu steigern, ohne dabei menschlichen Wohlstand zu opfern. Ich komme deshalb zu dem Ergebnis: Die Ressourcenproduktivität ist der Schlüssel zur Zukunftsfähigkeit. Sie muß – und kann – sich im Laufe der kommenden Jahrzehnte um einen Faktor 10 oder höher verbessern.

Der traditionelle Einwand an dieser Stelle lautet: Wenn es solche Möglichkeiten tatsächlich gäbe, würden Unternehmer sie längst ausschöpfen. Schließlich haben wir ja eine Marktwirtschaft!

Die Ressourcenproduktivität würde in der Tat erheblich steigen, wenn alle beteiligten Märkte perfekt funktionieren würden und es für die Unternehmen keine Innovationsbarrieren gäbe. Aber die Preisstruktur auf den Märkten stimmt nicht, die Märkte funktionieren nicht perfekt, und es gibt Barrieren vielfältiger Art. Zudem planen Unternehmen in der Regel in viel zu kurzen Zeiträumen.

Im Verlauf des vergangenen Jahrhunderts haben sich viele große und machtvolle ökonomische Interessenstrukturen herausgebildet – und das in einem gesellschaftlichen Umfeld, in dem es ökonomisch sinnvoll war, billige Rohstoffe auszubeuten, einschließlich Biomasse, Wasser und Luft, um die Industrialisierung voranzutreiben. Das Ausbeuten von Rohstoffen – insbesondere von fossilen Brennstoffen – galt als »Wachstumsmotor«. Beigetragen zu dieser Situation haben zu allen Zeiten zahllose Subventionen, direkte und indirekte. So folgende aktuelle Beispiele:

- Subventionen für die Energieerzeugung. Externalisierung der Umweltkosten der Energieproduktion;
- Subventionen für privaten Transport und die erforderliche

Infrastruktur, einschließlich zahlreicher Sonderregelungen bei der Treibstoffsteuer;

- Abwälzen des »gefährlichen« Techniken inhärenten Risikos auf die Gesellschaft, beispielsweise auf den Gebieten internationaler Schiffs- und Luftverkehr sowie der Atomenergie;
- Anbieten einer Müllbeseitigung zu »sozialverträglichen Preisen«, somit »Sozialisierung« der externen Folgen und im Endeffekt Subventionierung einer umsatzmaximierenden Wegwerfökonomie;
- Subventionen für niedergehende Industriezweige mit dem Ziel, sie am Leben zu erhalten (beispielsweise der Jahrhundertvertrag zwischen Regierung und Kohleindustrie in Deutschland und ähnliche Praktiken in Kanada, Rußland, Belgien und Frankreich);
- Subventionen für bestimmte Formen der Landwirtschaft, ohne Rücksicht auf die damit verbundenen Umweltkosten;
- Subventionen für Investitionen in neue Arbeitsplätze und gleichzeitig Investitionen in Arbeitsplatzabbau.

Die Gesamtsubventionen in Deutschland liegen mit Sicherheit weit über 200 Milliarden Mark im Jahr. Allein die Schattensubventionen für den Automobilverkehr betragen zumindest 25 Milliarden Mark jährlich, möglicherweise bis zu 80 Milliarden. All diese direkten und indirekten Subventionen verstärken die Übernutzung natürlicher Ressourcen und oft auch den Abbau von Arbeitsplätzen.

Sollten wir weiterhin auf unserer ressourcenintensiven Wirtschaftsweise beharren, so ist absehbar – und zum Teil bereits Wirklichkeit –, daß unsere Kinder weniger Freiheiten haben werden, ihr Leben zu gestalten. Unsere Enkel und Urenkel werden um ihre Gesundheit, Zeugungsfähigkeit, ums Wasser, um gesunden Boden, gegen Überschwemmungen, um die Versorgung und Reinigung der Städte und um die Erhaltung der Infrastrukturen kämpfen müssen – möglicherweise Seite an Seite mit Millionen von Umweltflüchtlingen, die aus Ländern kommen, wo die Folgen unseres Wirtschaftens das Überleben buchstäblich bereits unmöglich gemacht haben. Bangladesh wird dazugehören.

Kurzum: es gibt viele Gründe anzunehmen, daß die Wurzeln der derzeitigen wirtschaftlichen und politischen Krise tief in der Art und Weise gründen, wie die Gesellschaft mit ihren ökologischen Ressourcen umgeht und wie sie über Produktion und Verbrauch, Einkommen und Einkommensverteilung, Steuerpolitik und andere Anreizinstrumente entscheidet.

In dem vorliegenden Band berichte ich, warum die historisch gewachsene Umweltpolitik nicht ausreicht, um die ökologische Krise zu meistern. Ich werde erläutern, wie es auch anders geht und wir sogar noch Spaß daran haben können. Nicht Entsagung und lange Gesichter, nicht »Krötenpfade und Jutesäckchen« (Huncke) sind angesagt, sondern endlich einmal wieder mehr Mut zum persönlichen Risiko, Lust auf Innovation, und mehr soziales Engagement des einzelnen.

Wege der Entwirrung

Um langfristig menschliche Wirtschaft auf dieser Erde – auch in den ärmsten Gegenden – überhaupt zu ermöglichen, müssen wir in den technisch am meisten entwickelten Ländern den Verbrauch an Umwelt radikal reduzieren. Die Industriestaaten müssen sich zu den lebendigsten und fortschrittlichsten Entwicklungsländern entwickeln. Und vor allem: Wir müssen sehr bald damit anfangen, wenn Wirtschaften auf unserem Globus überhaupt noch zukunftsfähig werden soll.

Doch anders als die bisher übliche Umweltpolitik fordert dieser Übergang zu einer langfristig stabileren Wohlstandsschaffung einen tiefgreifenden wirtschaftlichen, gesellschaftlichen, kulturellen und politischen Wandel. Nur auf der Grundlage eines breiten gesellschaftlichen Konsensus wird es gelingen, die längst aufgebrochene politische Legitimationskrise aufzufangen und die dringlich notwendigen Kurskorrekturen einzuleiten. Dies gilt für die verläßliche Bewältigung der Arbeitslosigkeit, die Lösung der öffentlichen Finanzierungskrisen, die Rückgewinnung lokaler und dezentraler Strukturen und das Vorantreiben von lebenslangen Lernprozessen zur Ausfüllung der riesigen Innovationslücken im technisch-organisatorischen und politisch-sozialen Bereich. Und dies gilt insbesondere für das Verständnis von Wachstum selbst, dessen bisher sehr einäugige Verwirklichung in den Industrienationen – nach unbestritten großartigen Leistungen bis in die 70er Jahre – letztendlich zu enormen sozialen und ökologischen Kosten geführt hat. Wir brauchen hierzu einen viel verläßlicheren Kompass als bisher, um richtungssicher unseren Weg zu gehen.

Die industrialisierte Welt muß ihren Rohstoff- und Energieumsatz schrittweise – wenngleich insgesamt dramatisch – verringern. Es gibt keinen starren Zusammenhang und auch nichts Magisches im Verhältnis vom Gesamtwert ökonomischer Aktivität und Rohstoffumsatz. Ich schlug daher vor einigen Jahren ein einfaches und politisch vermittelbares Ziel vor: wir müssen darauf hinarbeiten, die gegenwärtigen globalen Stoffströme zu halbieren, einschließlich der mineralischen Rohstoffe, des Süßwassers und insbesondere der nicht erneuerbaren Energieträger.

Voraussetzung dafür, daß dies gelingen und das Ziel einer langfristigen globalen Zukunftsfähigkeit erreicht werden kann, ist meiner Überzeugung nach, daß die heute industrialisierten Länder sich politisch auf eine Erhöhung ihrer durchschnittlichen Ressourcenproduktivität um den Faktor 10 einstellen, weil sie im Ressourcenverbrauch pro Kopf heute dem Rest der Welt im Durchschnitt um mindestens den Faktor 5 voraus sind. Dies würde auch bedeuten, daß wir dann mit etwa 20 Prozent der heute verbrauchten Energie auskämen. Dies kann mit erneuerbaren Energiequellen geleistet werden.

Als erstes Land hat Österreich den Faktor 10 bereits im Jahre 1995 zum Staatsziel erhoben! Da diese Strategie auf gegenwärtigen Bedingungen basiert, würde eine Zunahme der Weltbevölkerung und zu erwartende wirtschaftliche Expansionen in der industrialisierten Welt einen Faktor größer als 10 erfordern.

Die technischen Möglichkeiten, dieses Ziel innerhalb von etwa fünfzig Jahren zu erreichen, sind enorm. Schon heute führen einzelne Marktpreise, hohe Entsorgungskosten und pro-aktive Nutzung von Marktnischen zu beachtlichen Ressourceneinsparungen in einigen Bereichen. Oft übrigens ohne jeden Gedanken an die

Umwelt. Allerdings reichen die Marktsignale für eine hinreichende Erhöhung der Ressourcenproduktivität bei uns (Faktor 10) nicht aus. Dazu gehörten mit an erster Stelle die gezielte Erhöhung der Preise von Ressourcen – einschließlich Energie –, zum Beispiel Wasser, Kohle, Metalle und Zement. Regierungen, die Kommission in Brüssel und andere Beteiligte müssen gezielt daran arbeiten, die richtigen Anreize zum ökologischen Strukturwandel zu schaffen. Für Hersteller, Importeure und Verbraucher gleichermaßen

Gegen den Trend stehen nach wie vor institutionelle Hindernisse und die Macht einflußreicher Interessengruppen. Das sind natürlich dieselben, die sich heute lautstark gegen Energiesteuern wenden. Jeder Strukturwandel aber gebiert Verlierer und Gewinner. Das war schon immer so.

Eine radikale Finanzierungsreform ist aus vielen wirtschaftlichen Gründen unausweichlich. Eine radikale ökologische Umstrukturierung der Wirtschaft gleichfalls. Ein besonders geeignetes Mittel für die Erreichung beider Ziele ist die Abschaffung der Lohn- und Erwerbssteuer sowie deren Ersatz duch die Besteuerung des Ressourcenverbrauches. Warum soll Arbeit weiterhin »bestraft« werden, nicht aber die Verschwendung von Natur? Die Anhebung der Kosten für Ressourcen kann zum Beispiel in Form einer »Material/Energie/Zuwachssteuer« (einer Art Mehrwertsteuer) für Güter geschehen. Dieser Weg würde sich auch als Grundlage für Zollabschöpfungen (oder -ausgleiche) an der Grenze eignen, was aus ökologischer Sicht für zukünftige WTO(GATT)-Verhandlungen von Bedeutung sein wird. Daneben gilt es, massive Subventionen ab-, oder zumindest in ökologisch-positive Richtung umzubauen.

Anreize zur Erhöhung der Ressourcenproduktivität von seiten der Regierung allein reichen aber nicht aus.

Wir brauchen eine »Revision des Gebrauches« (Meurer). Menschen in vielen Ländern werden in Zukunft für die Befriedigung ihrer Bedürfnisse »Dienstleistungserfüllungsmaschinen« in Anspruch nehmen, die einen möglichst kleinen Materialinput per Serviceeinheit (MIPS) erfordern (oder umgekehrt, eine hohe Ressourcenproduktivität aufweisen). Sie können auch auf bisher gewohnte

Leistungen ganz verzichten (wodurch MIPS gegen null geht und die Ressourcenproduktivität gegen unendlich). Dabei ist aus ökologischer Sicht oft von Vorteil, Bedürfnisse mit Hilfe von Dienstleistungsanbietern zu befriedigen, anstatt Gegenstände als Eigentum um sich zu versammeln (und dafür noch Miete für den Platz zu berappen). Bei Lebensmitteln spielen Verpackungen und Entfernung vom Herstellungsort sehr wichtige Rollen.

Der Besitz eines 5sitzigen Autos mit 170 km/h Spitze ist zum Beispiel offensichtlich unsinniger Ballast im Stadtverkehr für den Transport von zwei Personen bei 15 Stundenkilometern Durchschnitt, einer Höchstgeschwindigkeit von 50 km/h und Parkplatznot. Wem öffentliche Verkehrsmittel nicht passen, sollte möglichst ein flächenhaft kleines Auto – mit Pfiff – zur Verfügung haben, vielleicht eines, das er oder sie mietet oder gar mit Freunden teilt. Und wer genau rechnet, wird wahrscheinlich sowieso ein Taxi rufen! Und wenn schon ein Taxi, dann wäre eines angenehm, das die Bequemlichkeit des bezahlenden Gastes ernst nimmt (wie etwa in London) und nicht nur den Zweitbesitzer in Syrien mit Stolz erfüllt, nachdem das Auto seinen zweijährigen Dienst als Taxi hinter sich gebracht hat! Traurig, daß große deutsche Automacher dem Taxigast die preisgerechte Leistung immer noch verweigern.

Nun kommt aber ein entscheidender Haken.

Die Dematerialisierung einzelner Dienstleistungen wird dann zum Bumerang, wenn sich die Menschen mehr und mehr davon leisten. Auf jedem Schreibtisch ein Faxgerät zu installieren bedeutet in der Summe nicht, die Ressourcenproduktivität des Postverkehrs zu verbessern, sondern das Gegenteil. Lauter kleine Stadtautos und zuhause der Tourenwagen für die Ferien obendrein bringt der Ökosphäre keinen Vorteil. Ganz im Gegenteil. Offenbar muß zur Vermeidung solcher »rebound«-Effekte eine ganz erhebliche »Revision des Gebrauches« stattfinden, ehe unser Wirtschaften in ökologisch ruhigere Gewässer gelangen kann.

Entgegen der verbreiteten Meinung, wir könnten uns vieler Dienstleistungen nur erfreuen, wenn wir uns entsprechende »Dienstleistungserfüllungsmaschinen« (also Produkte) aneignen, ist dies keineswegs der Fall. Gemeinsames Nutzen, Mieten, Leasing und Leihen sind nur einige Beispiele für Nutzungskonzepte, die im Ergebnis die ganz wesentliche Ressourcenproduktivität erhöhen können. Auch im Hotel nicht jeden Tag nach einem frischen Handtuch zu rufen, macht ökologisch mehr her, als das Waschmittel zu verbessern. (Übrigens: der Gast sollte sich diesen auch geldlich nicht unerheblichen Gewinn von der Rechnung absetzen lassen).

Oft erweisen sich Kombinationen der Erhöhung der Ressourcenproduktivität auf technischer und gesellschaftlicher Ebene als besonders erfolgreich. Man kann hier von »Systemlösungen« sprechen.

Die Vorstellung davon, was Wohlstand ist, ändert sich langsam. Vor allem jüngere Menschen beginnen, einen Unterschied zu machen zwischen Lebensqualität und quantitativem materiellem Konsum. Vergleichbar langsam verschieben sich gesellschaftliche Strukturen dahin, dezentralen politischen und technischen Entscheidungsstrukturen wieder mehr Gewicht zu geben. Manche gesellschaftliche Gruppe bestreitet ihren Lebensunterhalt bereits mit nicht-konsumptiven Tätigkeiten und gar mit nicht marktförmigem Tausch. Veränderungen dieser Art entsprechen offenbar den Wünschen und Bedürfnissen vieler Menschen.

Zum Prozeß der Dematerialisierung gehört ein neues Denken in »Lebenszyklen«. Das bedeutet: Verbesserungen sind keineswegs auf Produkte beschränkt, sondern können und müssen Veränderungen einschließen in der Art, wie Produkte hergestellt, verpackt, transportiert, verkauft, genutzt, wiederverwendet, an Folgenutzer weitergegeben, wiederverwertet und beseitigt werden. Vollkom men neue Produkte und Dienstleistungen müssen entwickelt werden mit viel kleinerem Naturverbrauch (ökologischen Rucksäcken) als heute der Fall. Sowohl die Lebensdauer als auch die Gebrauchsintensität (Kapazitätsauslastung von finanziellen wie auch materiellen Investitionen) werden Schlüsseleigenschaften von Produkten sein. In zweiter oder dritter Linie auch die Recyclierungsfähigkeit.

Wenn politische Anreize einhergehen mit Änderungen in Organisationsformen, täglicher Praxis und sozialem Wandel, dann kann das Ziel, den gegenwärtigen Wohlstand mit einem Faktor 10 weniger Rohstoffinput zu schaffen, erreicht werden. Entscheidungsträger auf allen Ebenen – im öffentlichen und privaten Bereich, auf internationalem, nationalem und lokalem Parkett – müssen darauf hinarbeiten, die Ressourcenproduktivität zu verbessern. Aber nur Regierungen können die erforderlichen Anreize schaffen, die alle Marktteilnehmer dazu veranlassen, ökologischer zu handeln. Zu den zentralen Herausforderungen zählt deshalb, für verläßliche Kennzeichnungen zu sorgen und vor allem dafür, daß die Preise sich ändern: Rohstoffe müssen teurer und Arbeit muß deutlich billiger werden. Es muß sich mehr lohnen, Kilowattstunden arbeitslos zu machen als Menschen.

Veränderungen dieser Art in den OECD-Ländern würden den Menschen in der weniger industrialisierten Welt Spielraum geben, ihre Stoffströme zu erhöhen, um auch ihre Bedürfnisse menschenwürdig zu befriedigen. Dennoch sollten auch sie dazu ermutigt werden, sich der Praxis des Rohstoffsparens nicht zu verschließen. In Ost- und Zentraleuropa können derzeit gewaltige Effizienzsteigerungen realisiert werden.

An dieser Stelle sollten wir uns auch daran erinnern, daß Asien an der Schwelle einer völlig neuen weltwirtschaftlichen Bedeutung steht. Was sich derzeit dort abspielt, ist die wichtigste kulturelle, politische und wirtschaftliche Entwicklung des auslaufenden 20. Jahrhunderts. Sollte die chinesische Wirtschaft ihr jährliches Wachstum von rund 10 Prozent weiter fortsetzen, wird die neue Mittelschicht im Jahre 2000 genügend Kaufkraft haben, um soviele Mittelklassewagen zu besitzen, wie heute in der Bundesrepublik laufen. Ein soziales Netz im Sinne des europäischen Wohlfahrtsstaates wird in Asien wahrscheinlich nie eine entscheidende Rolle spielen. Die asiatische Familie gibt den sozialen Rückhalt, und die Eigenverantwortlichkeit hat nach wie vor eine fundamentale Bedeutung.

Große technische Veränderungen brauchen oft zehn oder zwanzig Jahre, bis sie sich durchsetzen. Und einige diffundieren viel langsamer durch die Gesellschaft. Eine radikale Dematerialisierung wird deshalb Jahrzehnte in Anspruch nehmen. Doch die jüngere Geschichte hat gezeigt, daß sich in einem solchen Zeitraum die technische Basis einer industrialisierten Gesellschaft auch »von selbst« radikal verändert – und wohl weiterhin verändern wird. Deshalb wird eine Erhöhung der Energie- und Materialproduktivität um den Faktor 10 möglicherweise in vielen Ländern beinahe schmerzlos vonstatten gehen – wenn einerseits Politik und ökonomische Signale die richtige Richtung vorgeben, andererseits aber Produzenten und Konsumenten das notwendige Maß an Innovationen und Verantwortung gegenüber zukünftigen Generationen aufbringen. Daß der Vertrieb dematerialisierter Produkte sich lohnen kann, zeigen inzwischen viele Beispiele.

Das vorliegende Buch will nicht Antwort geben auf alle Fragen an unsere Technik, Wirtschaft und Gesellschaft, die aus der langen Vernachlässigung ökologischer Gegebenheiten entstanden sind. Ähnlich den Warnungen während der frühen 60er Jahre, den Umgang mit Umweltgiften sehr ernst zu nehmen, soll dieses Buch zunächst vor allem daran erinnern, daß wir unseren eigenen Interessen zuwiderhandeln, wenn wir weiterhin so tun, als müsse sich die uns tragende Erde an unsere Wirtschaftstheorien anpassen, anstatt daß wir die ökologischen Leitplanken für unser Tun ernst nehmen und unsere Wirtschaft innerhalb dieser Grenzen einrichten.

Trotz vieler Ungewißheiten bin ich fest davon überzeugt: Wenn der Prozeß der Dematerialisierung nicht bald beginnt, ist sowohl das soziale Gefüge unserer Gesellschaften als auch das globale Ökosystem mittelfristig ernsthaft gefährdet. Wenn wir andererseits jetzt begännen, die Chance zu einem langsamen, evolutionären Übergang wahrzunehmen, wären wir später nicht unter dem Druck revolutionärer Ereignisse zu hastigen und kostspieligen Veränderungen gezwungen. Besonders der mittelständischen Wirtschaft und dem Handwerk kommt hier eine Schlüsselrolle zu.

Und was die Zukunft unsere Exporte angeht: Die Weltmärkte von morgen gehören den Produkten und Dienstleistungen, die mit sehr viel weniger Ressourcen gestaltet und eingesetzt werden als heute, dafür aber intelligenter sind und mehr Spaß machen. Darin liegt der wirkliche Standortvorteil für Deutschland. Wie sagte doch jemand? Wer immer in die Fußstapfen anderer tritt, wird nie der erste sein.

Und noch eines ist wichtig: Wir haben uns bisher in der deutschen Umweltpolitik viel zu oft auf ordnungspolitische Vorschriften verlassen. Die kosten unweigerlich viel Geld und sind selten international durchsetzbar. Es wird höchste Zeit, daß wir mit ökonomischen Instrumenten arbeiten. Dazu ist die hier vertretene Ressourcenpolitk bestens geeignet.

Es tut sich was

Die Steigerung der Ressourcenproduktivität um den Faktor 10 ist keine einfache Aufgabe. Nicht nur neue Technologien sind erforderlich, sondern ebenso eine sorgfältige Abstimmung zwischen lang- und kurzfristigen Zielen, die Betonung von Suffizienz, Gleichheit und Lebensqualität. Erforderlich sind Strategien, welche bisher akzeptierte und etablierte Politikmuster verändern. Erforderlich ist es, Anreizsysteme zu reformieren, im besonderen steuerpolitische Maßnahmen, die heute noch Energie, Ressourcen und Materialien unterbewerten. Erforderlich ist ein Subventionsabbau, vor allem der Industriezweige, die ökonomisch kontraproduktiv und ökologisch destruktiv sind. Reife, Weisheit und Verantwortung gegenüber der natürlichen Umwelt ist von allen Menschen gefordert. Die Erhaltung einer stabilen Ökosphäre ist eine globale Aufgabe.

Das Interesse der Politik, der Wirtschaft, der Städte und einiger Forschungsinstitute an diesem Thema nimmt zu, wie auch die Zahl wichtiger Projekte. In diesem Zusammenhang sollte die Arbeit der Enquête-Kommission des Deutschen Bundestages zu einem nachhaltigen Umgang mit Stoffströmen ebenso erwähnt werden wie die Initiative des kanadischen Parlaments, einen unabhängigen Kommissar für Umwelt und zukunftsfähige Entwicklung einzusetzen. Jährlich soll der Kommissar dem Parlament über die umweltfreundlich orientierten Fortschritte der einzelnen Ressorts und ausführenden Behörden berichten. Des weiteren stützt sich der fünfte Aktionsplan der Europäischen Kommission zu Umwelt im wesentlichen auf das Reduktionskonzept des Energieverbrauchs und der Stoffströme. Bereits 1995 wurde von der Österreichischen Regierung der Nationale Umweltplan verabschiedet, der vorsieht, die Wirtschaft während der nächsten Jahrzehnte um einen Faktor 10 zu dematerialisieren. UNEP-IE Paris (das Industrie- und Umweltbüro des Umweltprogramms der Vereinten Nationen in Paris) und der Business Council for Sustainable Development schlugen 1994 bereits eine zwanzigfache Steigerung der Öko-Effizienz von Produkten vor. Im Februar 1996 haben die Umweltminister der OECD-Staaten beschlossen, »Faktor 10 in 30 Jahren« zum Arbeitsprogramm des Sekretariates in Paris zu machen.

In einem Bericht des US National Science and Technology Council, der vom Präsidenten und vom Vizepräsidenten der Vereinigten Staaten unterzeichnet wurde, ist zu lesen, daß es die Umwandlung von Technologien sei, die es gestatte, mehr Produkte und Dienstleistungen zur Verfügung zu stellen bei gleichzeitiger Verringerung der Umweltrisiken und sinkendem Energie- und Stoffbedarf. Die Chance, »mehr mit weniger« zu erreichen, ist bei heutigen Hochrechnungen über das globale Bevölkerungs- und Wirtschaftswachstum – unter Anwendung neuer Technologien – beträchtlich. Einige Wissenschaftler würden argumentieren, so der Bericht des NSTC, daß es notwendig und möglich sei, eine zehnfache Steigerung der Ressourcenproduktivität in industrialisierten Ländern während der nächsten 30 bis 50 Jahre zu erreichen. Daher müsse jegliche Entwicklung von Technologien mit einer signifikanten Weiterentwicklung gesteigerter Effizienz einhergehen. Ein weiterer Abschnitt des Berichts handelt von der Materialintensität pro Serviceeinheit (MIPS).

Weltweit haben viele Unternehmen bereits Programme zur Reduktion des Energie- und Materialverbrauchs entwickelt, und Reduktionsziele in der Größenordnung von 20 bis 30 Prozent erreicht, in manchen Fällen deutlich mehr. Andere, besonders klein- und mittelständische Unternehmen, setzen innovative Prozesse in Gang und vermarkten dematerialisierte Produkte und Dienstleistungen. Bis heute sind jedoch weder die ökonomischen Chancen in Zusammenhang mit dem Faktor 10, noch die ökologische Dimension der Ressourcenproduktivität hinreichend erkannt worden.

Im Sommer 1994 schrieb ich an einige Freunde und schlug vor, im September in der Provence einmal ausführlich über die realistischen Chancen einer radikalen Dematerialisierung der Wirtschaft, ihre Voraussetzungen und Folgen zu diskutieren. Die Freunde kamen! Und wir haben vereinbart, jedes Jahr einmal als »FAKTOR 10 CLUB« zusammenzukommen. Wohl auch, weil Carnoules eine gewisse Lust auf Sonne, Kräuter, gutes Essen und Wein auslöste. Jim MacNeill ist dabei, der frühere Generalsekretät der Brundlandt Kommision; Hugh Faulkner, früherer Minister in Kanada und Generalsekretär des Business Council for Sustainable Development; David Buzzelli, Vice President Dow Chemicals und Cochairperson des US Council for Sustainability; Ashok Koshla, früherer Minister und Präsident des Development Alternatives in New Delhi; Jaqueline Aloisi de Lardarel, Direktorin des Industriebüros des Umweltprogrammes der Vereinten Nationen in Paris; Heinz Wohlmeyer, Präsident der Österreichischen Vereinigung für Agrarwissenschaftliche Forschung; Franz Lehner, Präsident des Instituts für Arbeit und Technik in Gelsenkirchen; Ernst Ulrich von Weizsäcker, Präsident des Wuppertal Instituts und einige andere.

Mitglieder des FACTOR 10 CLUB sind an Projekten beteiligt, die das riesige Potential des Dematerialisierungskonzeptes aufzeigen. Leo Jansen hat schon 1994 in den Niederlanden ein Entwicklungsprogramm ins Leben gerufen mit dem Ziel, in 6 technischen Schlüsselbereichen die Machbarkeit der Dematerialissierung um den Faktor 20 aufzuzeigen. 1995 wurde das »Faktor Vier«-Buch von Ernst Ulrich von Weizsäcker und Amory and Hunter Lovins publiziert. In ihm werden 50 Beispiele aus Verwaltung, Wirtschaft, Verkehr und anderen Bereichen dokumentiert, die heute schon weitreichende Schritte in Richtung Energie- oder Materialeinsparungen bedeuten. Publiziert wurde das Buch als Club-of-Rome-Bericht, ebenso wie der von Wouter van Dieren herausgegebene Band unter dem Titel »Mit der Natur rechnen«. In ihm werden neue Maße für menschliches Wohlbefinden dargestellt, unter anderem um die Nachteile des Berechnungskonzeptes des Bruttoinlandprodukts (BIP) zu überwinden.

Ein Buch von Walter Stahel stellt Hunderte weiterer kommerziell interessanter Beispiele zur Umsetzung dieser Ideen in die Praxis dar. Das Schritt-um-Schritt-Vorgehen zur Entwicklung von ressourcenextensiven Gütern wurde kürzlich in einem Handbuch ausgeführt, das ich gemeinsam mit Ursula Tischner verfaßt habe. Die Republik Österreich hat hiervon etwa 9.000 kostenlos an die Industrie verteilt und ein landesweites Informationsnetz eingerichtet. Claude Fussler hat 1996 ein Buch veröffentlicht, in dem aus der Sicht eines für Produktneuerungen zuständigen Vorstandsmitgliedes einer Weltfirma dargestellt wird, daß Wirtschaftsunternehmen ohne entscheidende Dematerialisierung kaum Zukunftsaussichten haben werden auf den Weltmärkten. Die Broschüren des »FACTOR 10 CLUB«, die Bücher und der professionelle Einfluß seiner Mitglieder haben wesentlich zur weltweiten Verbreitung der Gedanken über die Notwendigkeit der radikalen Erhöhung der Ressoucenproduktivität beigetragen.

Auch andere Autoren haben »den Faktor« entdeckt. Zum Beipiel den »Faktor 21«, ein neues Buch von Hogefoster und Zeithammer, das sehr lesenswerte Thesen für den Übergang ins nächste Jahrtausend anbietet und immer wieder die Notwendigkeit der Verringerung des Naturverbrauches betont.

Basierend auf dem MIPS-Konzept wurden am Wuppertal Institut seit 1993 eine Reihe von Schriften erstellt, in denen die Dematerialisierung der Wirtschaft zentrale Bedeutung hat. Das Statistische Bundesamt in Wiesbaden bezieht zur Zeit die Arbeiten des Wuppertal Instituts (S. Bringezu) über Stoff- und Energieströme der Bundesrepublik Deutschland in seine Routineerhebungen ein. Unter dem Namen »MAIA« (Material Intensitäts Analyse nach dem MIPS-Konzept) wurden 1996 die Rechengrundlagen zur Erfassung der ökologischen Rucksäcke von Ausgangsmaterialien und Produkten vorgestellt. Ein rechnergestütztes Verfahren zur Ermittlung von ökologischen Rucksäcken wurde unter dem Namen »CARA« (Computer Aided Resource Analysis) erarbeitet. Mit vielen Universitäten im In- und Ausland und einer Reihe bedeutender Firmen erarbeitet das Wuppertal Institut fortlaufend Ökoaudits und Daten zu ökologischen Rucksäcken und Verfeinerungen des Grundkonzeptes der Ressourcenproduktivität.

Aber.

So vielversprechend diese Ansätze insgesamt auch sein mögen, sie dürfen nicht darüber hinwegtäuschen, daß noch eine Vielzahl schwieriger Probleme innerhalb der nächsten Jahre gelöst werden müssen, um eine Reduktion der Energie-, Ressourcen- und Materialflüsse, der Emissionen und der Abfälle um den Faktor 10 zu erreichen. Noch haben wir weltweit eine riesige ökologische Innovationslücke. Noch sind verpaßte Chancen der ökonomischen und ökologischen Erneuerung die Regel. Noch nehmen die Wirtschafts- und Außenminister der OECD-Länder kaum Notiz von den Beschlüssen der Umweltminister ihrer eigenen Länder. Die Politik verfängt sich nach wie vor in Teillösungen mit alten Rezepten. In Deutschland heißt das zum Beispiel »Kreislaufwirtschaft«.

Die Jahrtausendwende kommt schnell auf uns zu. Die Menschen werden glaubwürdige Antworten auf langfristige Schicksalsfragen fordern. Wer wird sie ihnen geben? Die EXPO 2000 in Hannover zum Beispiel?

Unabhängig von allem, was uns heute und auch morgen noch im Detail unbekannt ist, sollten wir uns jetzt auf einen plausiblen und richtungssicheren Weg in die Zukunftsfähigkeit machen. Nichts kann daran verkehrt sein, Ressourcen zu sparen bei der Schaffung gerechten Wohlstands für alle Menschen. Wir müssen nur aufpassen, daß wir dies nicht – wie bisher allzuoft – mit Ordnungspolitik, technischen Vorschriften und ökonomischer Mikrosteuerung zu erreichen versuchen.

Aber hierüber will ich in einem zukünftigen Buch mehr berichten.

Einleitung

Rachel Carsons Buch »Der stumme Frühling«[1] war eine frühe Warnung: Paßt auf, Ihr Menschen, Ihr vergiftet Euch die Umwelt – und mit ihr bald Euch selbst!

Das ist jetzt 30 Jahre her.

Zehn Jahre vergingen, bis Europa mit der Umweltpolitik begann. Schauen wir uns an, wie diese Umweltpolitik aussah.

Die Verminderung von Emissionen und Einleitungen »gefährlicher« Stoffe in die Umweltmedien Boden, Luft und Wasser stand mit an erster Stelle. Aufgeschreckt durch Vergiftungen von Mensch und Tier in vielen Ländern machten die Gesetzgeber sich daran, das Einbringen und das Wegwerfen menschengemachter Chemikalien in die Umwelt Schritt für Schritt zu regeln und einzuschränken. Hierunter fielen: DDT, Phosphate, Nitrate, Schwefeldioxyd (SO_2), Stickstoffoxyde (NO_x), Quecksilber, Blei, Cadmium, Stäube, Chrom, Asbest, PCB (Polychlorierte Biphenyle), Pentachlorphenol und andere. Anlaß war meist die Sorge um die Gesundheit des Menschen, und entsprechend richteten sich die Maßnahmen zumeist gegen Chemikalien, die diese Gesundheit bedrohten. Sie betrafen alle Wirtschaftsbereiche: die Erstellung und den Abriß von Anlagen und Gebäuden, die Produktion von Gütern, die Energieumwandlung, das Anbieten von Dienstleistungen, den Transport, Verpackungen, Güter und deren Gebrauch sowie ihre »Entsorgung« (Abb. 3).

Viele sagen, daß noch lange nicht genug geschehen ist, daß wir bis heute zu zögerlich an das Vermeiden von Umweltgefahren durch menschengemachte Stoffe herangegangen sind. Es ist richtig, daß bis heute nur der Gebrauch einer kleinen Zahl Zehntausender synthetischer Chemikalien zum Schutze der Umwelt verboten oder beschränkenden Auflagen unterworfen wurde. Es ist richtig, daß

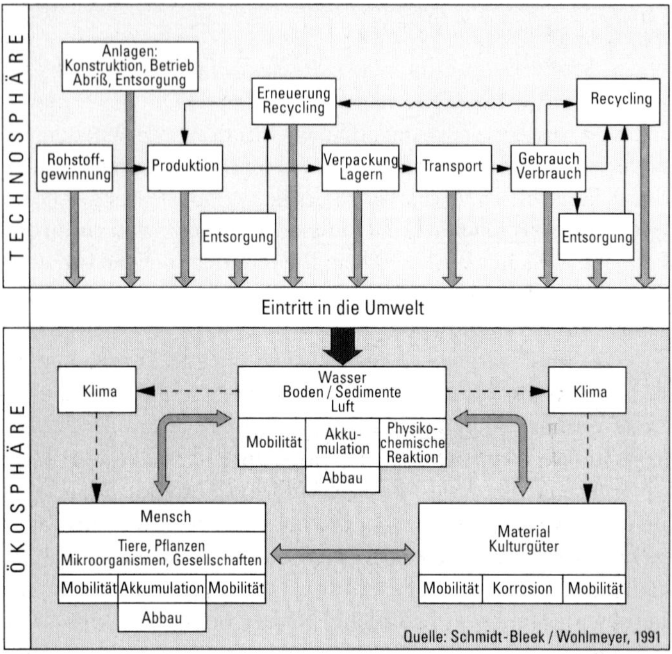

Abb. 3 *Schadstoffe werden in allen Tätigkeitsbereichen des Menschen freigesetzt als Folge des Gebrauchs und der Verarbeitung natürlicher Stoffe und Materialien. Auf verschiedenen Wegen gelangen solche Stoffe in die Umwelt und üben dort nachteilige Wirkungen aus.*

an diesem Problem sehr ernsthaft weitergearbeitet werden muß, insbesondere bei bestimmten Klassen von Chemikalien, wie etwa denen, welche Chlor enthalten.

Es ist vor allem richtig, daß ohne den nimmermüden Einsatz von Bürgerinitiativen wesentlich weniger erreicht worden wäre; es sollte allerdings nicht in Vergessenheit geraten, daß wir, in Zusammenarbeit mit Bürgern und der Chemieindustrie, mit dem Entwurf des Chemikaliengesetzes schon Mitte der siebziger Jahre begonnen haben, also lange bevor Medienöffentlichkeit und zum Teil auch Politik sich auf die Jagd nach der »Chemikalie der Woche« machten.

Parallel zur Diskussion über Schadstoffe spielte Energie in der öffentlichen Debatte um die Umwelt von Anfang an eine herausgehobene Rolle. Der Verbrauch von Energie selbst ist aber ökologisch von untergeordneter Bedeutung. Es sind die mit dem Transport, der Umwandlung und dem Verbrauch von Energie verbundenen Stoffströme, welche die wesentlichen Umweltauswirkungen hervorrufen. Dies ist auch deshalb von Bedeutung, weil die Frage nach der Energieintensität von Wirtschaftsleistungen aus ökologischer Sicht damit zur Frage ihrer mittelbaren und unmittelbaren Materialintensität wird.

Halten wir fest: Insgesamt bestand eines der wesentlichen Ziele der Umweltpolitik der vergangenen zwanzig Jahre darin, das Einlaufen bereits als schädlich erkannter Stoffe in die Umwelt zurückzudrängen und umfangreiche Sanierungen durchzuführen. Nachteilige Auswirkungen auf die Gesundheit des Menschen standen lange Zeit im Vordergrund. Eine vielfältige neue Technologie wurde entwickelt, die oft als »End-of-the-pipe«-Technologie bezeichnet worden ist, weil sie im wesentlichen zum Ziel hatte, die beim Betreiben konventioneller Prozesse, Anlagen und Güter auftretenden Gefahrstoffe nachträglich, also am Ende des Abflußrohres (»pipe«), zu »beseitigen«. Da Masse natürlich nicht vernichtet werden kann, zielten diese Technologien darauf, entweder die Schadstoffe chemisch oder durch Verbrennung zu entgiften – so etwa der Katalysator am Auto – oder sie am Eindringen in die Umwelt zu hindern – etwa mit Hilfe von Filteranlagen. Auch für das Wegräumen von Verseuchungen, etwa nach Störfällen, wurden technisch gute Methoden erfunden.

Daneben stand eine sehr leistungsfähige Analytik, die Schadstoffe mit erstaunlichen Empfindlichkeiten und Meßgenauigkeiten nachweisen kann, vorausgesetzt, es wurde vorweg identifiziert, nach welchen Schadstoffen gesucht werden muß.

Diese Schadstoffpolitik war notwendig, und sie war auch erfolgreich. Sie hat hohe Kosten verursacht. Sie konnte aber nicht verhindern, daß der Zustand der Ökosphäre immer bedrohlicher wurde.

Gemessen an den ungeheuren Massen und der Vielfalt von Stoffen und Materialien unserer Erde, die ja auch eine Fülle für den Menschen hochgiftiger Naturstoffe aufweist, kann man karikierend sagen, die stoffliche Umweltpolitik bestand in ihrer ersten Phase vorwiegend in der Sorge um die »Nanogramme«, um die Auswirkungen von vergleichsweise winzigen Mengen einer kleinen Zahl von Schadstoffen, die der Mensch in Bewegung gesetzt hatte. Hingegen blieben die möglichen ökologischen Folgen der »Megatonnen« durch Maschinen bewegter und durch gigantische Bauwerke umgeleiteter Stoffströme politisch weitgehend unbeachtet. Hierzu gehören das Trockenlegen von Feuchtgebieten, das Begradigen und Umlenken von Flüssen, das Ableiten von Regenwasser, die durch Pflügen oder Kahlschläge ausgelösten Erosionen, die Abräume im Bergbau, die Erdbewegungen für Transportsysteme und schließlich die Bauwerke selbst.

Ein Beispiel: im Ruhrgebiet sind bereits heute mehr als 70.000 Hektar Oberfläche durch einstürzende Untertagebauten (Kohleabbau) so weit abgesunken, daß das Oberflächenwasser sie fluten würde, wenn nicht ständig gepumpt würde. Rechnet man den Energieaufwand und die bewegten Wassermassen dem Bergbau zu, dann ergibt dies über längere Zeit natürlich eine negative Bilanz an Energie und Material. Unsere Kinder und Enkel dürfen diese Bilanz dann ausgleichen, wenn sie dies noch vermögen. In diesem Buch werden wir immer wieder auf Beispiele solcher Art zurückkommen.

Aber es blieben in der Vergangenheit nicht nur die »Megatonnen« außer Betracht. Auch die akribische Suche nach den »Nanogrammen« stieß mit einer gewissen Zwangsläufigkeit auf Schwierigkeiten und an Grenzen. Eindringlich soll daran erinnert werden, daß es wissenschaftlich nicht möglich ist, die Gesamtheit aller Auswirkungen auch nur eines einzigen Stoffes auf die Umwelt zu kennen, zu simulieren, zu quantifizieren oder gar in Geldwerten auszudrücken. Für Stoffströme komplizierter und wechselnder Zusammensetzung gilt dies natürlich um so mehr. Deshalb sind die von Wirtschaftswissenschaftlern oft und gerne angestellten Analysen der Umweltkosten menschlicher Aktivitäten oder Wirtschaftsleistungen in Form von »Schadstoff«-bezogenen »Kosten/Nutzen-

Betrachtungen« grundsätzlich von unbestimmbarer Genauigkeit und damit als Grundlage für wirtschaftlich und ökologisch sinnvolle Entscheidungen völlig unzureichend.

Vom Schadstoff der Woche zu einem wirtschaftlich brauchbaren ökologischen Maß.

Die Fokussierung der Sorge um die Umwelt auf Gefahrstoffe hat ganz natürlich zu dem Phänomen des »Schadstoffes der Woche« geführt. In schneller Folge wurden, nach Unfällen oder als Ergebnis wissenschaftlicher Forschung, neue Stoffe und neue Wirkungen von Stoffen auf Mensch und Umwelt entdeckt. Daran ist überhaupt nichts Humoriges oder Lächerliches, auch wenn es in der Presse oft so klingen mag. Wie sonst soll denn die Ökotoxikologie vorgehen, wenn nicht durch wissenschaftliches Beobachten der Natur, auch und gerade nach Störfällen, sowie durch das systematische und schrittweise Untersuchen von theoretisch denkbaren Ursache-Wirkungs-Beziehungen im Labor und im Freiland – und dies noch unter erschwerten Bedingungen wegen des notwendigen Tierschutzes?

In den achtziger Jahren aber änderte sich etwas Entscheidendes. Als das Waldsterben zum politischen Thema wurde, und mit der wachsenden internationalen Einsicht in die ozonvernichtenden Auswirkungen der Fluorchlorkohlenwasserstoffe, der FCKW, trat die Umweltpolitik qualitativ in eine neue Phase ein: Die Sorge um direkte Gefährdungen des Menschen durch Industriechemikalien wurde in dramatischer Weise erweitert durch weltweit bedeutsame Veränderungen des ökologischen Umfeldes der Menschen.

Die FCKW sind von Wissenschaftlern erfunden worden und wurden jahrzehntelang ob ihres toxikologisch exzellenten Verhaltens und aus physikalisch-chemischen Gründen als besonders wertvolle Leistung der Chemie geschätzt. Die Natur selbst hielt sie wohl nicht für »erfindenswert«, sonst wäre ja wohl auch die Zusammensetzung der Atmosphäre von Anfang an anders gewesen und die Erdgeschichte anders verlaufen. Bereits 1974 hatte Sherry Rowland vor den Folgen der Entlassung dieser Stoffe in die

Umwelt gewarnt[2]. Schon 1978 hatte die Bundesregierung zu einer internationalen Konferenz zu diesem Thema nach München geladen. Aber erst vor ganz wenigen Jahren gelang der umweltpolitische Durchbruch: Eine internationale Konvention zur Verminderung des Ozonabbaus in der oberen Atmosphäre wurde geschaffen.

Und nur einige Jahre ist es nun her, daß Kohlendioxyd, ein in der Natur in riesigen Mengen vorhandenes und für das Funktionieren der Biosphäre lebenswichtiges Gas, plötzlich in das Fadenkreuz politischer Betrachtungen über menschlich verursachte »Umweltschäden« geriet. Wie das? Ein natürlicher Stoff, einer der wichtigsten Nährstoffe für grüne Pflanzen, soll ein »Schadstoff« sein? Und dazu noch einer, der in der Lage ist, das für unser Überleben auf der Erde entscheidend wichtige Klima zu verändern?

Wir sind damit an einer neuen und entscheidenden Schnittstelle der Umweltpolitik angelangt. Wir können nun nicht mehr umhin, die ökologischen Auswirkungen durch den Menschen in Bewegung gesetzter Stoffströme auf die ganze Ökosphäre sehr ernsthaft in Betracht zu ziehen, auch solcher Stoffströme, die im traditionellen Sinne ökotoxikologisch als irrelevant oder sogar als positiv zu bewerten sind. Neben der traditionellen »Giftigkeit« einzelner Stoffe müssen wir also die zerstörerische Kraft von menschengemachten, zunächst »neutral« scheinenden Stoffströmen in unsere Wirtschaftsüberlegungen einbeziehen. Wir sehen jetzt, daß solche Stoffströme global ökologische Gleichgewichte gefährden können. Nicht nur die von Menschen in die Umwelt eingebrachten Gifte sollten unsere Aufmerksamkeit fesseln, sondern auch das kubikkilometerweise Verschieben, Aussortieren, Umwühlen, Umlenken, Transportieren und Bearbeiten der Umwelt selbst (Abb. 4).

Manche werden hier daran erinnern wollen, daß auch die Umwelt große Mengen von Stoffströmen in Bewegung setzt, durch Erosionen etwa und bei Vulkanausbrüchen. Wie wir aber am Beispiel von CO_2 gesehen haben, ist ein menschenverursachter Stoffstrom nicht einfach deshalb als »ökologisch neutral« zu betrachten, weil er auch natürlich vorkommt. Und noch wichtiger: die Menschen haben es immer eilig. Zeit ist angeblich Geld. Sie haben

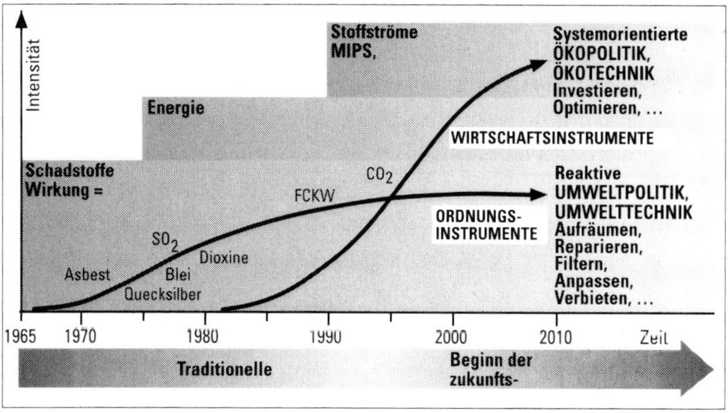

Abb. 4 *Von der Umweltpolitik von gestern zur Ökopolitik von morgen. Systemorientierte Strukturanpassungen an ökologische Randbedingungen werden zu zukunftsfähigeren Wirtschaften führen. Wirtschaftliche Instrumente werden gezielt zur Erhöhung der Ressourcenproduktivität eingesetzt. Das reicht von Ökosteuern über Subventionsabbau bis hin zu neuen Einkaufsstrategien der öffentlichen Hand. Die dematerialisierte Wirtschaft basiert auf völlig neuen Öko-Technologien.*

die Geschwindigkeit, mit der die Erdoberfläche umgestaltet wird, mit der Erdoberfläche und Lufthülle ihre stoffliche Zusammensetzung ändern, gegenüber dem Tempo von Erdgeschichte und Evolution ungeheuer beschleunigt. Wir, die Menschheit, bewegen heute mehr Masse als die Geosphäre. Die belebte Welt aber bleibt in ihrer biologischen Ausgestaltung zurück und droht zum Frühfossil zu werden.

Wir erinnern uns, daß wir ja seit vielen Jahren schon immer schneller anwachsende Massen von »Natur« in Bewegung setzen, um unseren materiellen Wohlstand zu schaffen: Sand, Kies, Wasser, Luft, Abräume, Erze, Zement, Erde und vieles andere. Jedes Produkt, das wir nutzen, jede Dienstleistung, die wir uns leisten, trägt einen Rucksack von Stoffen mit sich herum, die bewegt und umgewandelt werden mußten, um dieses Produkt oder diese Dienstleistung zu schaffen. Die Massen, die in diesen Rucksäcken stecken, wiegen sehr oft viel schwerer als die Produkte selbst (Abb. 6). Um ein Gramm Platin zu gewinnen, müssen wir zum Bei-

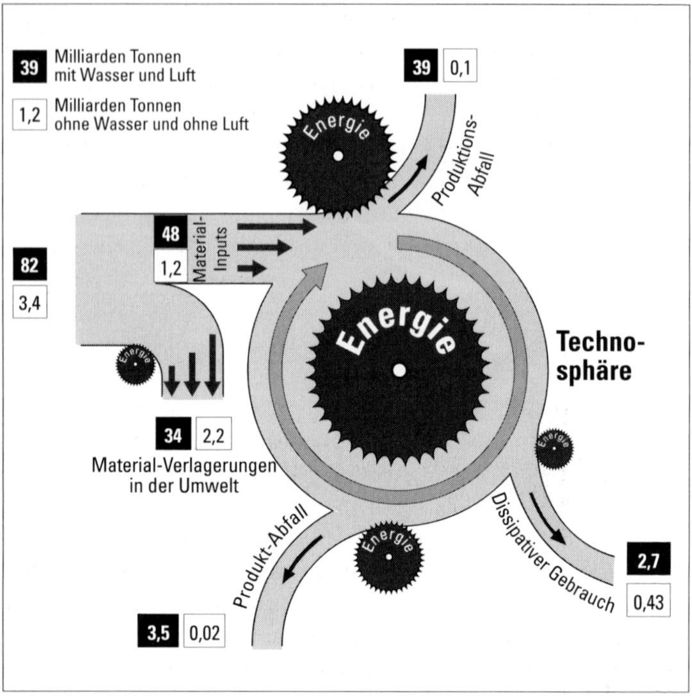

Abb. 5 *Die gegenwärtige Stoffstromsituation in Deutschland ist hier angedeutet. Wie ersichtlich, wird mehr als die Hälfte der vom Menschen bewegten Stoffstrommengen gar nicht in die Wirtschaftskreisläufe eingeführt. Sie sind daher auch nicht kreislauffähig, Und dennoch müssen sie bewegt werden, um materiellen Wohlstand zu schaffen. Sie sind in den Rucksäcken versteckt! Die Zahlen beziehen sich auf 1990 und gelten nur für Westdeutschland. Sie sind noch vorläufig, weil erst seit kurzer Zeit die notwendigen, und sehr komplizierten, Grunddaten erhoben werden. Helmut Schütze und Stefan Bringezu vom Wuppertal Institut stellten sie dankenswerterweise zur Verfügung.*

spiel an die 300.000 Gramm Gestein bewegen und bearbeiten. Und ohne Platin gäbe es den Katalysator am Auto nicht. Zwei bis drei Gramm Platin enthält so ein Katalysator, dazu hochwertige Stähle, Keramik und anderes. Umgerechnet ist der *ökologische Rucksack* des Katalysators, also die insgesamt für seinen Bau bewegte Menge Material, etwa eine Tonne Umwelt wert. Das bedeutet, daß der

Katalysator sozusagen jedem Auto eine Last an Umwelt aufbürdet, die dem Gewicht des Autos selbst entspricht. (Etwas anders sieht die Rechnung aus, wenn aus Altkatalysatoren wiedergewonnenes Platin verwendet wird.)

Wenn es binnen weniger Jahre zum wichtigsten bisher erkannten »Umweltproblem« werden konnte, daß der Mensch einen so natürlichen Stoffstrom wie den des Kohlendioxyds verändert, woher wollen wir dann wissen, ob sich nicht auch die Entnahme und Verschiebung noch viel größerer Stoffströme, und ihre Veränderung und »Rückgabe« in Form von »Abfällen«, massiv auf ökologische Gleichgewichte auswirken?

Da Wissenschaftler nur in sehr begrenztem Umfang die Auswirkungen solcher Stoffbewegungen voraussagen können, sollten wir wohl sicherheitshalber mit ökologisch katastrophalen Folgen rechnen. Das bleibt auch dann richtig, wenn wir in unserer und den nächsten Generationen viele – zum Teil bereits in Bewegung gesetzte – Veränderungen gar nicht wahrnehmen werden, zum Beispiel weil wir Menschen ganz schlechte Bemerker langsamer Veränderungen sind, weil wir es versäumt haben, ein Früherkennungsnetz für unerwartete Umweltveränderungen aufzubauen, weil die von uns in Bewegung gesetzten Veränderungen erst sehr viel später und vielleicht ganz anderswo als bei uns auftreten werden, oder weil die Ursachen-Wirkungs-Beziehungen beliebig komplex geworden sind, also mit unseren Kenntnissen nicht mehr entwirrt und auf ihre Ursachen zurückverfolgt werden können.

Das Plausibilitätsprinzip sollte also in Zukunft zur Regelbasis wirtschaftlicher Entscheidungen gemacht werden. Will sagen: wann immer möglich, sollten bei Entscheidungen die Alternativen mit hohem Umweltbelastungspotential vermieden werden. Nur ökologisch sinnvolle Investitionen können spätere Umweltreparaturen vermeiden helfen. Wie jeder weiß, ist Vorsorgen billiger als Nachkarren. Die Kosten des Nachkarrens für die »Reparatur« der Umwelt wurden bisher regelmäßig aus Steuergeldern beglichen – eine interessante Lösung aus der Perspektive marktwirtschaftlicher Entscheidungen.

Im übrigen aber ist völlig ungewiß und wissenschaftlich nicht vorhersagbar, ob und wann das uns tragende Ökosystem chaotisch aus dem Ruder laufen wird. Sicher ist nur, daß unser Erfindungswitz, unsere Maschinen und unser unbändiger Drang zu mehr materiellem Besitz und traumhaften Dienstleistungen in diese Richtung wirken.

Die Dematerialisierung der Wirtschaft hätte eine drastische Verminderung des Abfallstromes zur Folge.

Es ist ja etwas kurios, daß das »Mengenproblem« zuerst im Abfallbereich politisch relevant wurde und nicht etwa im Braunkohlebecken von Köln/Aachen oder bei der zwar sehr teuren, aber nutzlosen Ableitung ungeheuer großer Mengen von Regenwasser in unseren Städten. Mit immer neuen Technologien und unter rasant anwachsenden Kosten wurde über Jahre hinweg im Abfallbereich zunächst versucht, mit wissenschaftlich zweifelhaften Definitionen das schnell größer werdende Mengenproblem durch das Aussondern von »Sonderabfällen«, also schadstoffhaltigen Abfällen, in den Griff zu bekommen. Man tat einfach so, als sei der neunundneunzigmal größere Rest der Abfallawine ökologisch neutral. Inzwischen hat Bonn die »Kreislaufwirtschaft« als Ausweg entdeckt und die Industrie den Grünen Punkt. Beide setzen auf das Recycling.

Natürlich ist es richtig, einmal aus der Natur in die Technosphäre aufgenommene Materialien so viel und so lange wie möglich zu benutzen, also wohlstandsvermehrende Leistungen vollbringen zu lassen. Die Frage ist nur, zu welchem ökologischen und wirtschaftlichen Preis? Denn jede Kreislaufführung benötigt Energie und zusätzliche Maschinen, Transport etc., also Materialströme. Insgesamt kann die Lösung der Mengenprobleme ja wohl nicht darin bestehen, daß man vorne in die Technosphäre immer mehr Masse aus der Natur hineinsteckt und hinten immer weniger als Abfall entläßt. Man stelle sich vor, wie es einem Menschen wirtschaftlich wie biologisch ergehen würde, der dies mit Nahrungsmitteln ausprobieren wollte (Abb. 5).

Wir haben nun entdeckt, daß die bisherige Praxis, »Schad-

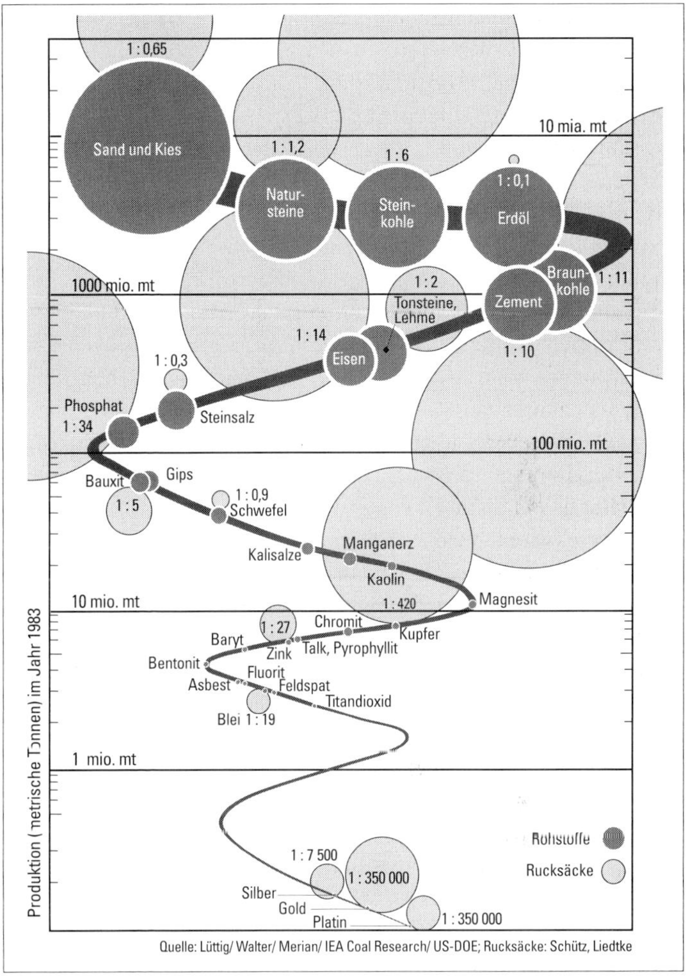

Abb. 6 *Die dunkleren Felder stellen die Weltproduktion verschiedener Wirtschaftsgüter dar (1983). Die helleren Felder sind die jeweils dazugehörigen »ökologischen Rucksäcke«. Die »Rucksäcke« stellen Mittelwerte dar, da sie von geologischen Verhältnissen und Technologien abhängen.*

stoffe« einen nach dem anderen wahrzunehmen, ökotoxikologisch zu bewerten und zu bekämpfen, also traditionelle Umweltpolitik, prinzipiell nur sehr bedingt das Vorsorgeprinzip unterstützen kann. Wie bekannt, sind auch die Kosten für das technische Vermeiden von Schadstoffen zur »Verbesserung der Umwelteigenschaften« traditioneller Technologien teuer. Viele Länder dieser Erde können sie gar nicht bezahlen. Darüber hinaus sind solche »Zusatzmaschinen für Maschinen« auch eher kurzlebig und störanfällig. Man denke etwa an den Katalysator im Auto.

Insbesondere aber kann der ökologische Strukturwandel nur in beschränktem Umfange, wenn überhaupt, auf Erkenntnissen über Auswirkungen von Schadstoffen fußen. Wie wir gesehen haben, ändert sich unser Wissen in diesem Bereich ständig. Grundlagen aber, die sich laufend ändern, taugen nicht viel für langfristige Planungen, schon gar nicht für solche, von denen das Wohlergehen aller Menschen abhängt.

Wie die vergangenen zwanzig Jahre OECD-Politik gezeigt haben, sind Konsequenzen aus Erkenntnissen über die Umweltgefährlichkeit einzelner Stoffe international auch nur in Einzelfällen und sehr zäh harmonisierbar. Und wie schließlich die frustrierenden und im wahrsten Sinne des Wortes kostbaren Ergebnisse bisheriger Ökobilanzen ausweisen, bleibt das Problem, unterschiedlichste Wirkungen von Umweltchemikalien gegeneinander zu verrechnen, weiterhin ungelöst.

Daher der verständliche Ruf nach einem richtungssicheren und robusten Maß für die Darstellung und den Vergleich der Umweltbelastungsintensität von Prozessen, Gütern und Dienstleistungen.

Es ist schwer vorstellbar, wie der ökologische Strukturwandel geplant, durchgeführt und messend verfolgt werden könnte, ohne daß die ökologischen Folgen unseres wirtschaftlichen Handelns verläßlich und international abgestimmt bemessen werden.

Hierzu brauchen wir ein neues ökologisches Maß, eines, das einfach ist, richtungssicher und zuverlässig, mit dessen Hilfe die Umweltauswirkungen unseres wirtschaftlichen Handelns und unserer Produkte zumindest grob abgeschätzt werden können. Daran werden sich in vielen Fällen weiterführende Überlegungen anschließen. Und ganz selbstverständlich wird all unser Wissen über toxische Eigenschaften von menschenverursachten Stoffströmen in Entscheidungen über neue Prozesse, Produkte und Dienstleistungen eingehen müssen. Nur Einfältige können glauben, Sand sei für Menschen so giftig wie Dioxine. Im vorliegenden Buch geht es um die langfristige Stabilität der Ökosphäre. Sie war durch Dioxine nie gefährdet.

Nur ein einfaches Maß kann im alltäglichen Leben, bei millionenfachen Einkäufen und anderen wirtschaftlichen Entscheidungen auf Dauer relevant werden. Und nur ein zuverlässiges und wissenschaftlich vertretbares Maß, das bei aller Einfachheit wenigstens immer die richtige Richtung angibt, hat die Chance, daß sich die Menschen über Interessen- und Ländergrenzen hinaus darauf einigen. Dieses Maß wird nicht im strengen Sinne ein wissenschaftliches Maß sein können, genausowenig wie Geld den Wert eines Produktes oder einer Dienstleistung wissenschaftlich nachvollziehbar angibt. Es wird ein Maß sein müssen, das Menschen verstehen und das sie benutzen können, ohne bei jeder Entscheidung die ganze Komplexität der Folgen für die Umwelt in Rechnung stellen zu müssen.

Da die Stoffströme, die den Wohlstand der Menschen schaffen – vor allem der Menschen in einigen reichen Ländern –, weltweit in Bewegung gesetzt werden, folgt, daß unsere gegenwärtigen Infrastrukturen, Güter und Dienstleistungen zu material- und energieintensiv sind, und zwar »von der Wiege bis zur Bahre«, oder, wie Walter Stahel[3] sagt, »von der Wiege bis zur Wiege«, da alle vom Menschen benutzten Stoffe ja zur Erde zurückkehren. Wir müssen eine »dematerialisierte« Wirtschaft aufbauen, untermauert von einer völlig neuartigen Technologie und getragen von der Akzeptanz und der weisen Nutzung der Menschen von morgen. Auch der Frage, ob die Flächenintensität unserer Wirtschaft zu hoch ist und wie man Flächennutzung möglicherweise ökologisch bemessen könnte, wollen wir uns im vorliegenden Buch zuwenden.

Wenn unser bisheriges Wirtschaften, unsere bisherige Art, materiellen Wohlstand zu schaffen, den Ruin einer menschenfreundlichen Umwelt zur Folge haben kann, dann muß eine zukünftige Ökopolitik – oder Erdpolitik, wie Ernst Ulrich von Weizsäcker[4] sagen würde – auf die Schaffung einer anderen, einer ökologisch tragfähigeren Wirtschaft ausgerichtet werden.

Wir müssen unsere westlichen Wirtschaften im Durchschnitt um einen Faktor 10 oder mehr dematerialisieren – und eben auch »de-energisieren« –, wenn sie zukunftsfähig werden sollen.

Das hat damit zu tun, daß wir in den industrialisierten Ländern etwa 80 Prozent der globalen menschenverursachten Stoffströme beanspruchen, um unseren materiellen Wohlstand zu schaffen, und daß eine gerechtere Teilung des Zugriffes auf Ressourcen zu erheblichen Einschränkungen im Westen führen muß, wenn wir die Umweltbelastung zugleich auch nur auf die Hälfte verringern wollen. Im Kapitel »Der Faktor 10« werden wir hierauf näher eingehen.

Offensichtlich würde eine solche Dematerialisierung auch zur drastischen Verringerung des Abfallaufkommens führen, zumal wenn sinnvolle Kreislaufoptionen zusätzlich genutzt würden. Darüber hinaus ergäben sich natürlich völlig neue Möglichkeiten, das Auftreten toxischer Substanzen zurückzudrängen. Aus technischer Sicht ist dies kein utopisches Ziel, auch nicht bei vergleichbarer Produktqualität und äquivalentem Dienstleistungsangebot. Wir werden im vorliegenden Buch einige Beispiele für diese »Öko-Effizienzrevolution« vorstellen.

Der ökologische Wirtschaftswandel ist offenbar eine der wichtigsten politischen Aufgaben für die kommenden Jahrzehnte, weltweit. Wenn wir einer »ökologischen Revolution« oder gar einer »Ökodiktatur« vorbauen wollen, müssen wir sehr bald mit dem ökologischen Strukturwandel beginnen, unser Wirtschaftssystem Schritt für Schritt besser an die ökologischen Leitplanken anpassen. So wichtig Beschäftigungs-, Gesundheits-, Finanzpolitik und viele andere Politikbereiche heute sind, so unangenehm die gegenwärtige Rezession in den OECD-Ländern sein mag, wenn wir erst einmal das ökologische Kapital, die Grundlage unserer biologischen Existenz und der unserer Kinder, vertan haben, bleibt wenig zum

Verteilen und für die Freude am Dasein auf dieser Erde übrig. Die jüngste Geschichte hat uns daran erinnert, daß die Grenzen von Nationalstaaten aus erdgeschichtlicher und ökologischer Sicht sehr vergängliche Gebilde sind. Schon aus diesem Grunde beinhaltet die Entscheidungsgewalt nationaler Regierungen die Verpflichtung zur Pflege der Ökosphäre und nicht etwa das Recht zu ihrer beliebigen Nutzung. Der Zugriff auf Ressourcen, die außerhalb nationaler Hoheitsgebiete liegen, kann künftig nur im internationalen Einverständnis richtig sein. Dies betrifft insbesondere den Schutz der Meere und der Antarktis. Ein symbolisch wichtiger Schritt wäre der längst überfällige Beitritt Deutschlands zur Seerechtskonvention.

Erinnern wir uns daran: Nahezu fünf Milliarden Menschen in der Dritten Welt, und in wenigen Jahrzehnten einige Milliarden zusätzliche Erdenbürger, haben zur Zeit kein größeres Ziel vor Augen, als unseren ökologisch katastrophalen Wirtschaftsstil nachzumachen, also das besitzen zu können, was wir doch selbst so schätzen. Zur Zeit leisten wir nach Kräften auch noch »Wirtschaftshilfe«, um diesen Prozeß zu beschleunigen, auch für die ehemalige DDR. Mit dieser Art Wirtschaftshilfe finanzieren wir unseren eigenen ökologischen Selbstmord. Da stimmt doch etwas ganz Entscheidendes nicht mehr! Wolfgang Sachs vom Wuppertal Institut hat ihr denn auch einen Nachruf formuliert[5].

Die Ökopolitik der Zukunft ist das systemorientierte Management von Stoff- und Energieströmen, das kluge Investieren in Technologien, Infrastrukturen, Güter und Dienstleistungen.

Es geht um die Entwicklung einer Wirtschaftspolitik, die uns den größtmöglichen Spielraum zur Entfaltung und Mehrung von Wohlstand im Rahmen der von der Natur gesetzten Grenzen gewährt. Das vorliegende Buch will einige erste praxisnahe Hilfen geben und Vorschläge machen, wie wir dahin gelangen könnten. Was hier vorgetragen wird, kann noch nichts Endgültiges sein. Aber es soll zur Diskussion über die Fragen beitragen, wie wir eine hoffnungsvollere Zukunft schaffen, den Verlust des politischen Konsensus und die scheinbare Lustlosigkeit der Entscheidungen westlicher Politiker beenden und die visionslose Öde unserer postsozialistischen Welt überwinden können.

Wenn die heute noch flagranten Widersprüche zwischen dem traditionellen wirtschaftspolitischen Ziel der Mehrung des nationalen Wohlstandes auf der einen Seite und den Bedingungen zur Erhaltung der globalen ökologischen Stabilität auf der anderen Seite nicht in überzeugender Weise überwunden werden können, dann wird der Verlust an politischer Glaubwürdigkeit weiter zunehmen. Er wird so lange zunehmen, bis die Legitimität von Regierungen und öffentlichen Einrichtungen auf den lokalen, nationalen und internationalen Ebenen erschöpft ist, und er wird Folgen zeitigen, die den noch anhaltenden Umbrüchen in der früheren sozialistischen Welt ähnlich sein werden. Eines der Opfer könnte die marktwirtschaftliche Ordnung sein. Ein anderes die liberale Gesellschaft.

Wir machen in diesem Buch den Versuch, das Problem der Umweltveränderungen, die der Mensch verursacht, an der Wurzel zu packen statt an Seitenästen. Diese Wurzel, so meinen wir, sind die Stoffströme, die wir in Bewegung setzen, auch jene, die es uns erlauben, Energie anzuwenden. Dies plausibel zu machen, daraus erste Konsequenzen zu ziehen und diese Konsequenzen zur Diskussion zu stellen, ist das Anliegen dieses Buches.

Die Grundlagen für das geforderte ökologische Maß wollen wir im *ersten Kapitel* vorstellen, indem wir Antwort auf die Frage suchen, was denn an unserer Wirtschaft noch immer zutiefst Unökologisches sein kann, nachdem wir seit Jahren große Beträge in die Verbesserung der Umwelttechnologie gesteckt haben. Das *zweite Kapitel* beleuchtet einige Aspekte der heutigen Umweltpolitik im Lichte des unausweichlichen ökologischen Strukturwandels, und wir wollen hier auch die heute üblichen Bewertungsverfahren des Umweltrisikos von Gütern zusammenfassen. In diesem Zusammenhang wollen wir auch einige Überlegungen zu dem erforderlichen Ausmaß der Strukturänderung anstellen.

Wie ein neues Maß für die Umweltverträglichkeit von Prozessen, Infrastrukturen, Gütern und Dienstleistungen aussehen und wie es in den ökonomischen Kreislauf eingeführt werden könnte, werden wir im *dritten* und in den danach folgenden Kapiteln vorstellen. Im *vierten Kapitel* wollen wir uns mit der Flächenbeanspruchung durch menschliche Aktivitäten befassen und uns danach im *fünften Kapitel* der Frage zuwenden, wieviel wir der Ökosphäre denn noch zumuten können, wie wir und um wieviel wir unsere Wirtschaftsweise verändern müssen, um sie zukunftsfähig zu gestalten.

Im *sechsten Kapitel* werden wir uns mit der Frage auseinandersetzen, was Dienstleistungen eigentlich sind. Hier wollen wir auch einige Ratschläge für ökologisches Einkaufen geben und einige Gedanken darüber zusammenfassen, daß es nicht genügen wird, Preise zu verändern und Wohlstandsansprüche mit neuen, ökologisch verträglicheren Techniken zu befriedigen. Das *siebte Kapitel* erzählt davon, wie ein ökologisch optimierter Kühlschrank entstand. Wir wollen an diesem Beispiel erläutern, wie Produkte der Zukunft systematisch erarbeitet werden können. Im *achten Kapitel* befassen wir uns mit wirtschaftlichen Fragen. Wir wollen insbesondere erörtern, wie der ökologische Strukturwandel in Gang gesetzt werden kann. Im abschließenden *neunten Kapitel* wollen wir aufzeigen, daß der Wandel zu einer ökologisch verträglicheren Ökonomie ein internationaler Wandel wird sein müssen.

Dies ist vielleicht der schwierigste Teil der Jahrhundertaufgabe, die vor uns liegt.

Anmerkungen, Einleitung

1 Rachel Carson: The Silent Spring. Boston 1962. Deutsch: Der stumme Frühling. München 1981.

2 M. J. Molina und F. S. Rowland: Stratospheric sink for chlorofluoromethanes, chlorine atom catalyzed destruction of ozone. Nature, Band 249, 1974, S. 810–814.

3 Orio Giarini, Walter R. Stahel: The Limits to Certainty – Falling Risks in the New Service Economy. Dordrecht 1993.

4 Ernst Ulrich von Weizsäcker: Erdpolitik – Ökologische Realpolitik an der Schwelle zum Jahrhundert der Umwelt. Darmstadt 1993.

5 Wolfgang Sachs (Hrsg.): Wie im Westen, so auf Erden. Reinbek 1993.

I
Der Mensch ist Teil der Ökosphäre

Handle so, daß die Maxime Deines Willens jederzeit zugleich als Prinzip einer allgemeinen Gesetzgebung gelten könnte.

Immanuel Kant, Kategorischer Imperativ

Quidquid agis, prudenter agas et respice finem[1]

Vermutlich Latinisierung eines Spruches aus dem alttestamentlichen Buch Jesus Sirach (7, 40), einem der Apokryphen.

Die angekratzte Ökosphäre

Die Menschen in den industrialisierten Ländern haben in den vergangenen zweihundert Jahren eine Leistung vollbracht, die in der Geschichte ohne Beispiel ist. Sie haben es geschafft, sich mit ihrem Willen und mit ihren Maschinen einen nie erreichten materiellen Wohlstand – im besten Sinne des Wortes – zu verschaffen. Sie haben es geschafft, daß dieser Teil der Menschheit heute in ungeheurem Reichtum an technischen Möglichkeiten, Produkten und Dienstleistungen lebt, der ganz ohne jeden Zweifel das Leben risikoärmer gemacht hat. Hunderten von Millionen von Menschen erspart dieser Wohlstand weitgehend den täglichen Lebenskampf um die Sicherung der Nahrungsmittel sowie die Versorgung mit Gütern und Energie. Wenn dies kein »Fortschritt« ist – wiederum im besten Sinne des Wortes –, wenn dies nicht eine echte Errungenschaft der menschlichen Zivilisation ist, was wäre dann Fortschritt, was wäre dann eine Errungenschaft?

Wir befassen uns in diesem Buch mit ökologischen Themen, wir befassen uns mit den negativen Folgen des bisherigen Fortschrittes. Doch ihn nicht als Fortschritt anzuerkennen, hieße, die Voraussetzungen der eigenen Arbeit zu ignorieren. Daß wir über die Folgen unserer Errungenschaften nachdenken können, daß wir darüber diskutieren, ökologische Zusammenhänge verstehen, Forschungen anstellen und Bücher schreiben können, ist eine direkte Folge dieser Errungenschaften. Vielleicht ist es gerade deshalb besonders schmerzhaft für die Menschheit, zu sehen oder auch nur zu ahnen, daß sie an Grenzen stößt. Daß sie verhängnisvolle Fehler gemacht hat.

Der Preis für den zivilisatorischen Fortschritt sind und waren immer schon Veränderungen an der natürlichen Umwelt, in der der

Mensch lebt. Diese Veränderungen haben nun aus drei Gründen eine neue Qualität bekommen.

Erstens: Der Mensch hat bis zur Erfindung moderner Maschinen, also bis zu James Watt, eigentlich immer nur seine Muskelkraft und tierische Muskelkraft, Wind und Wasser einsetzen können, um die Umwelt zu seinem Nutzen zu verändern. Die Menge an Nutzen, die er aus der Natur ziehen konnte, also die Produktivität seiner täglichen Arbeit, war begrenzt. Seit der Erfindung der Maschine ist diese »Arbeitsproduktivität« um einen Faktor dreißig, vierzig, fünfzig, in Einzelfällen bis zu fünfzigtausend gestiegen. Beim Braunkohle-Tagebau in Deutschland fördert eine Maschine, die von fünf Personen bedient wird, bis zu 240.000 Tonnen Kohle an einem Tag[2]. Maschinen haben die Fähigkeit des Menschen, Stoffströme zu bewegen, so stark erhöht, daß auch die ungewollten Folgen eine neue Qualität bekommen.

Zweitens: Die Menschheit hat sich seit der vorletzten Jahrhundertwende um einen Faktor drei oder mehr vermehrt. Nicht nur die technische Fähigkeit des Menschen, Stoffströme zu bewegen, ist also angestiegen, sondern auch die Zahl der Menschen, die diese Techniken anwenden und aus ihnen materiellen Wohlstand beziehen.

Drittens: Für kaum ein Massenprodukt verwenden wir noch, wie unsere Vorväter, die Stoffe, die wir den natürlichen Stoffkreisläufen entnehmen, in unveränderter Form. Die Produkte, die wir herstellen, benutzen und irgendwann auch wieder wegwerfen, bestehen aus Materialien, die in vielfacher Weise chemisch und physikalisch verändert sind. Die Chemisierung der Stoffströme hat dazu geführt, daß natürliche Abbau- und Umbauprozesse auf einen immer größeren Teil der Materialien, die in die Umwelt gelangen, nur noch in sehr langen Zeiträumen Einfluß haben.

Mit den Stoffströmen, die der Mensch in Bewegung setzt, nimmt er inzwischen natürliche Entwicklungsprozesse der Ökologie vorweg. Er zwingt dadurch die Ökosphäre zu großräumigen Reaktionen, und zwar auf zwei Wegen:

Erster Weg: Er verschiebt die natürlichen Mengenverhältnisse zwischen den Stoffen mittlerweile nicht mehr nur lokal, sondern längst global. Als Beispiel sei das CO_2 in der Atmosphäre genannt: Der Mensch hat es in den vergangenen 150 Jahren geschafft, die Konzentration dieses Gases in der Luft rund um den Globus um etwa 20 Prozent zu erhöhen, von rund 280 ppm auf mehr als 350 ppm (»parts per million«, zu deutsch: Teile pro Million Teile Luft). Dabei kann es nicht ausbleiben, daß sich das ökologische Gesamtsystem der Erde verschiebt und verändert, um diese menschengemachte Belastung auszugleichen oder aufzufangen. Bei primitiven Systemen kann man solche Reaktionen abschätzen. Je komplexer ein System aber ist – und die Erdatmosphäre ist ein außerordentlich komplexes System –, desto schwieriger wird eine solche Abschätzung, und vor allen Dingen kann man die Langzeitfolgen und indirekten Folgen nicht verläßlich vorhersagen.

Zweiter Weg: Es werden Stoffe in die Umwelt gebracht, die dort bisher gar nicht vorhanden waren. Spektakuläres Beispiel dafür sind die Fluorchlorkohlenwasserstoffe, kurz FCKW – spektakulär auch deshalb, weil an ihrem Beispiel besonders deutlich wurde, wie sehr man sich in den Spätfolgen irren kann, die ein solcher Stoff nach seiner Nutzung hat. Die Gruppe der FCKW-Verbindungen ist chemisch sehr träge, was aus der Sicht des Menschen und der Natur bedeutet: Es finden kaum chemische oder biologische Reaktionen mit FCKW statt, sie nehmen also kaum Einfluß auf biologische Prozesse – kurz, sie sind außerordentlich ungiftig. Jahrzehntelang galt das als gesicherte Erkenntnis, und man setzte diese Stoffgruppe wegen anderer, technisch wünschenswerter Eigenschaften in immer neuen Bereichen ein: in Kühlanlagen, zum Aufschäumen von Schaumstoffen, in Sprühdosen, zum Reinigen von Leiterplatten in der Elektronikindustrie. Plötzlich aber deuteten Messungen auf ein wachsendes »Ozonloch« in der Stratosphäre hin. Plötzlich stellte sich heraus, daß die FCKW in einer ganz anderen chemischen Umgebung, als sie auf dem Erdboden herrscht, gar nicht mehr so reaktionsträge sind – jedenfalls nicht träge genug, um nicht in der Lage zu sein, das labile chemische Gleichgewicht des Ozons in der Stratosphäre global zu beeinflussen. Niemand hatte das vorher so genau gewußt, daß Konsequenzen daraus hätten gezogen werden müssen. Einzig Sherry Rowland hatte aufgrund von Beobachtungen im Labor an völlig anderen Systemen darauf hingewiesen, daß Folgen der seither ja auch beobachteten Art entstehen könnten[3]. Niemand hatte also bis dahin aus Böswilligkeit oder wegen kurzsichtiger wirtschaftlicher Interessen einen Umweltschaden in Kauf genommen.

Die mögliche Zukunft des Menschen

Wie die Umwelt auf die menschenverursachten Stoffströme reagiert, kann dem Menschen keineswegs gleichgültig sein. Wir Menschen sind als Teil einer biologischen Entwicklung möglich geworden. Sie war getragen von einem komplexen, dynamischen ökologischen System. Das heißt: Die Ökosphäre dieses Planeten, die Summe allen Lebens auf ihm und die Summe der physikalischen Bedingungen auf ihm, wie Feuchtigkeit, Klima und anderes, haben einen Hintergrund geschaffen, auf dem ein Lebewesen wie der Mensch entstehen konnte und der diesem Lebewesen die Möglichkeit bot, zu überleben und das zu entwickeln, was wir Zivilisation nennen. Es ist im Grunde trivial: Wenn wir diesen Hintergrund, dieses Trägersystem verändern, dann wird es sich, wie auch immer wir das tun, von dem Zustand wegschieben, in dem es war, als es menschliches Leben möglich machte. Nicht das Ob steht in Frage, sondern das Wieviel, das Was, das Wo und vor allem das Wie-Schnell. Ökologische Veränderungen müssen nicht in jedem Einzelfall negativ sein. Sie sind es aber fast immer dann, wenn wir hastige Veränderungen erzwingen – und das ist genau das innerste Wesen unseres wirtschaftlichen Handelns: Zeit ist angeblich Geld. Solange aber Zeitsparen wirtschaftlichen Gewinn bedeutet, wird es wohl kein Wirtschaftssystem geben, das auch unter ökologischen Randbedingungen »zukunftsfähig« ist, um einen Ausdruck von Udo Ernst Simonis zu verwenden.

Wenn wir das ökologische System, bewußt oder unbewußt, wegdrängen von dem Zustand, in dem es das Leben von Menschen auf dieser Erde möglich gemacht und getragen hat, müssen wir erwarten, daß es auf lange Sicht menschenunfreundlicher wird. Die biologische Überlebensfähigkeit des Menschen kann gefährdet werden. Damit ist nicht gemeint, daß sich die Biologie des Menschen so verändern könnte, daß er nicht mehr lebensfähig wäre. Die Veränderung der globalen Ökologie bedroht unser Überleben nicht unbedingt durch Wirkungen auf den menschlichen Metabolismus, sondern eher durch negative Folgen für das Umfeld, für die Wasserversorgung etwa oder die Klimaverhältnisse oder die Strahlungsverhältnisse in der Atmosphäre (UV-Strahlung!).

Der Mensch lebt in einem ökologischen Umfeld und von ihm. In diesem Sinne ist er ein Lebewesen wie alle anderen. Aber dieses Lebewesen ist intelligent genug, das System, das es möglich gemacht hat und trägt, zu zerstören. Dem System, der Ökosphäre des Planeten Erde, ist das in einem sehr fundamentalen Sinne »gleichgültig«; es wird in irgendeiner veränderten Form weiter existieren. Ökologische Entwicklung ist niemals abhängig von einer einzelnen der vielen Lebensformen, die sie hervorgebracht hat. Wenn der Mensch will, daß die Ökosphäre ihn weiter trägt, dann muß er dafür sorgen, daß die ökologischen Verhältnisse des Umfeldes sich nicht mit großer Geschwindigkeit wegbewegen von der Situation, in welche er hineingeboren wurde. Und wenn er erwartet, daß diese Erde fünf oder bald zehn Milliarden Exemplare seiner Gattung trägt, dann muß er dafür sorgen, daß die ökologischen Rahmenbedingungen sogar besonders stabil bleiben – oder wieder werden.

Der Mensch ist stärker als die Geosphäre

Wie ist es nun bestellt mit der Stabilität der Ökosphäre? Die wissenschaftliche Grundannahme lautet: Die massiven und schnell anwachsenden, durch den Menschen verursachten Materialverschiebungen verändern die evolutionäre Balance. Diese Verschiebungen sind schon jetzt größer als die der Geosphäre[4] und in einigen Fällen bis zu zweihundertmal so groß. Über Jahrmillionen hinweg haben geologische Prozesse bestimmt, wie sich das Gesicht der Erde verändert; jetzt tut es der Mensch. In der vorindustrialisierten Natur – dem Ergebnis natürlicher Evolution über Milliarden von Jahren – waren die Materialflüsse zwischen Umweltreservoirs relativ ausgeglichen. Vorräte an wichtigem biologischen Material in den Kompartimenten (Luft, Wasser, Erde, Sedimente) blieben im Durchschnitt relativ konstant, sieht man von den Schwankungen zwischen den Jahreszeiten ab. Industrielle und wirtschaftliche Aktivitäten des Menschen haben diese Materialflüsse nun aus dem Gleichgewicht gebracht, und die Reservoirs verändern sich schnell, gemessen am Tempo natürlicher geologischer Prozesse (Abb. 7). Irgendwann einmal mögen sich neue Gleichgewichte einstellen. Aber diese neuen Zustände werden für den Menschen nicht vorteilhaft sein, weil sie sich wegbewegen von der ökologischen Situation, aus welcher der Mensch hervorging. Das Waldsterben, das Ozonloch, und die Klimaänderungen sind erste Beispiele dieser Entwicklung.

Der Mensch ist dabei, die Bewohnbarkeit der einzigen Erde, die er hat, in Frage zu stellen.

Die Krise der Bewohnbarkeit wird in unterschiedlichen Regionen der Erde auf unterschiedliche Art aufbrechen. Mal wird der Krisenfaktor das Klima sein, mal die Verfügbarkeit von Trinkwasser, dann die Veränderung der Vegetation oder die Ertragsfähigkeit der Böden. Und jede technische Maßnahme zur »Verbesserung« der Situation, soweit sie überhaupt wirksam werden könnte und bezahlbar wäre, wird neue Materialströme und Energieflüsse in Bewegung setzen, womit die ganze Sache ökologisch nur noch schlimmer wird. Soziale Konflikte, Kriege, Stadtflucht und Völkerwanderungen werden folgen. Es wird am Ende nur Verlierer geben.

Mensch contra Geosphäre und Ökosphäre

Wenn von den Folgen menschlichen Handelns für die Natur die Rede ist, werden diese Folgen oft am Energieverbrauch der Menschheit festgemacht[5].

Wir werden in einem späteren Kapitel begründen, warum wir das für keinen geeigneten Maßstab halten. Die mittelbaren Folgen

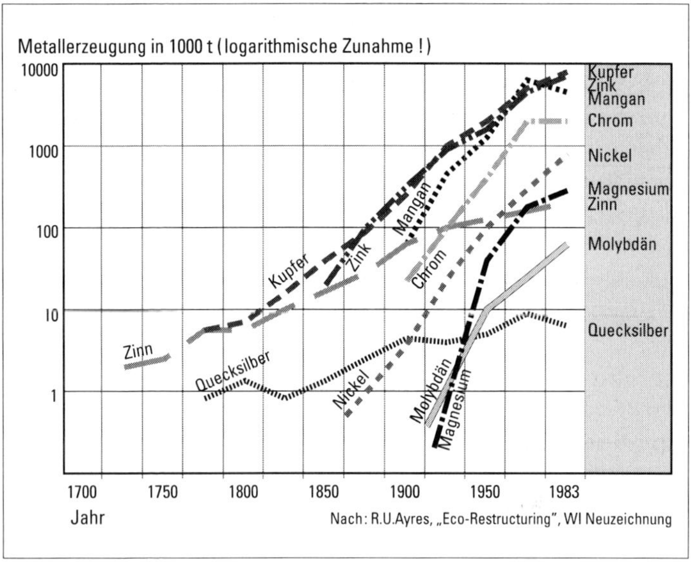

Abb. 7 *Seit Beginn der industriellen Revolution nahmen die menschenverursachten Stoffströme rapide zu, in vielen Fällen sehr viel schneller als die Zahl der Menschen. Hier wird die Zunahme des Verbrauchs von Metallen dargestellt.*

dieses Energie-»Verbrauchs« durch Technik sind nämlich aus ökologischer Sicht vergleichsweise marginal. Energie-»Verbrauch« wird jedoch über den Umweg der Stoffströme, die damit verbunden sind, umweltwirksam. Zu ihnen gehören die bewegten Mengen von Wasser, Öl, Kohlen, Erdgas, Kohlendioxyd, Schwefeldioxyd und Stickoxyden, aber genausogut auch die gewaltigen Abraumhalden, die bei der Kohlegewinnung bewegt werden, und die von Außenstehenden meist weit unterschätzten Mengen Grundwassers, die abgepumpt werden müssen.

Zu diesen Stoffströmen, die direkt mit der Energieumwandlung zu tun haben, kommen all die übrigen, die wir in Bewegung setzen: gepflügte Erde, Baumaterialien, Erdbewegungen für Bauvorhaben, Abraum, Erosion, Aushub, Sand, Mineralien, Wasser (für Wasserkraft, Bewässerung, Industriebedarf, Trinkwasser), Industrie-,

Landwirtschafts-, Natur- und Forstprodukte (wozu auch die durch den internationalen Handel bewegten gehören) und alle Arten von Emissionen, Abwässern und »Abfällen«.

Wenn in diesem Buch von Stoffströmen die Rede ist, dann ist dabei also keineswegs nur an Ströme von Stoffen gedacht, die der Mensch um ihres wirtschaftlichen Wertes willen produziert oder chemisch verändert hat (siehe Tab. 1).

Jede Bewegung von Stoffen, jedes Verlagern von Materie von einem Ort an einen anderen ist ein Stoffstrom, der Auswirkungen auf ökologische Zusammenhänge hat.

Das können positive Auswirkungen sein, das können auch dann, wenn der Stoffstrom von der Natur ausgelöst wurde, negative Auswirkungen sein – negativ in dem Sinne, daß funktionierende ökologische Lebensräume zerstört werden. Ein Erdrutsch im Gebirge ist für die Landschaft, die darunter verschüttet wird, eine ökologische Katastrophe. Ökologische Verhältnisse verändern sich durch die Stoffströme, die sie in Bewegung setzen, permanent selbst, und am Ende kommen neue ökologische Verhältnisse dabei heraus. Ökologie ist weder »sanft« noch »dauerhaft«, sie ist manchmal zerstörerisch und immer im Fluß. Insofern tut der Mensch nichts grundsätzlich Neues, wenn er neue Stoffströme in Bewegung setzt.

Aber der Mensch hält sich dabei nicht an die Regeln, die der Natur auferlegt sind. Natürliche ökologische Veränderungen sind, bis auf Ausnahmen, entweder langsam oder kleinräumig oder beides. Und ein ökologischer Umbruch kann zwar an einer Stelle zerstören, aber dafür bereitet ein anderer an anderer Stelle den Boden für neues Leben. Ökologische Veränderungen haben im Laufe der Evolution auf dieser Erde riesige, blühende Landschaften zu Wüsten gemacht. Aber sie haben auch Wüsten in blühende Landschaften verwandelt, in denen neues Leben entstehen und sich ansiedeln konnte, ohne die helfende und stützende Hand eines Gärtners. Ökologische Veränderungen waren in der Summe immer vielfältig und haben Vielfalt hervorgebracht. Niemals haben sie auf Dauer ein Lebewesen auf Kosten aller anderen gefördert.

Anders der Mensch. Er verändert seinen Lebensraum allein zu seinem eigenen Nutzen, zu seinem kurzfristigen Nutzen, er verändert ihn großräumig und in rasendem Tempo. Und er engt die Räume, in denen die Gesetze natürlicher, vom Menschen unabhän-

Tabelle 1 *Systematik der menschenverursachten Stoffströme*

I Primäre Materialien*

1. Erdmassen** (einschließlich Abräume, Aushübe, Ausschüttungen, bearbeitete Böden)
2. Geologische Roh- und Baumaterialien** (einschließlich Energieträgern, Sand, Kies, Mineralien, Erze)
3. Wasser**
4. Luft**
5. Biotische Rohstoffe (aus naturnahen und bewirtschafteten Bereichen)

II Intermediäre und Endprodukte

1. Industrielle Sekundär- und Zwischenprodukte
2. Industrielle Endprodukte***
3. Infrastrukturen (z. B. Transportsysteme, Anlagen und Gebäude)
4. Verpackungen

III Abfälle

1. Feste und flüssige Abfälle
2. Emissionen in die Luft
3. Verunreinigungen

* *Einige der »primären Materialien« haben keinen eigenen ökonomischen Wert. Einige der »primären Materialien« gehen nicht, oder nur zum Teil, in industrielle Produkte ein (z. B. bei Erzen, Wasser, Luft).*

** *Materialien, die nicht oder nicht vollständig im Kreislauf geführt werden können.*

*** *Dissipativ verwendete Endprodukte, also solche, die absichtsvoll so fein in den Umweltmedien verteilt werden, daß sie nicht wiedergewonnen werden können (z. B. Pestizide, Außenanstriche).*

giger Evolution gelten, immer mehr ein. Und selbstverständlich schafft er keine neue ökologische Vielfalt, die aus sich selbst heraus Bestand haben könnte. Er könnte es gar nicht, selbst wenn er wollte, denn dazu weiß er viel zu wenig über die komplexen Zusammenhänge in ökologischen Systemen.

Der Mensch schafft neue ökologische Rahmenbedingungen auf diesem Planeten, und er weiß nicht einmal, ob unter diesen neuen Rahmenbedingungen eines Tages für ihn selbst noch Platz sein wird. Er weiß mittlerweile nur: Es wird immer unwahrscheinlicher.

Das Faß ist voll

Die Ökosphäre kann die Stoffströme, die die Menschheit in Bewegung setzt, nicht mehr »schlucken«, als seien da irgendwo »Senken«, in denen alles ohne Spätfolgen verschwinden könne. Alle Stoffströme bleiben letztlich innerhalb der Ökosphäre, erzwingen Reaktionen der natürlichen Systeme und verändern dabei die Ökosphäre selbst. Jahrmillionen blieben diese Veränderungen entweder sehr klein, oder sie verliefen so langsam, daß der Mensch sie nicht bemerkte, oder sie erstreckten sich auf eine begrenzte Region, so daß die Menschen, die dort lebten, die Möglichkeit hatten auszuweichen. Inzwischen aber deutet vieles darauf hin, daß die Produktivität der Menschen vor allem in den Industrieländern eine Grenze erreicht, wenn nicht überschritten hat. Daß das so ist, kann man nicht an einem einzigen Indiz ablesen, sondern nur an der Summe der Alarmmeldungen und daran, daß diese Alarmmeldungen sich häufen.

Die großen Alarmrufe heißen Waldsterben, Bodenerosion und Trinkwassermangel, sie heißen Treibhauseffekt, Ozonloch und Atemwegskrankheiten, Artensterben und Meeresverseuchung, und sie werden ausgelöst durch Funde von Umweltgiften selbst in den Eiswüsten der Arktis und in Tiefbrunnen in der Provence. Überbracht werden sie uns von Wissenschaftlern, von Umweltschützern, von Ärzten, Fischern und Forstbeamten, von einzelnen Politikern und von wachsenden Scharen von Umweltflüchtlingen[6, 7]. Zum eindringlichen Mahner entwickelt sich seit einigen Jahren ein ganzer Wirtschaftszweig, die Versicherungswirtschaft[8]. Vor allem die großen Rückversicherungen – das sind solche, bei denen sich andere Versicherungen gegen große Verluste absichern – können inzwischen sogar ihren Bilanzen entnehmen, daß eine bedrohliche Entwicklung im Gange ist.

Im April 1993 kündigte beispielsweise die Münchener Rückversicherungs-Gesellschaft an, daß die Versicherungswirtschaft in Zukunft anders werde kalkulieren müssen[9]. Es müßten auch erwartete Trends berücksichtigt werden statt nur die Erfahrungen der Vergangenheit, wie bisher. Prämien müßten steigen, die Selbstbeteiligung der Versicherungsnehmer müsse angehoben werden. Begründet wurde diese Ankündigung mit einem Rückblick auf die Naturkatastrophen des Jahres 1992. Sowohl die Zahl der Stürme als auch ihre zerstörerische Kraft hätten zugenommen, stellten die Versicherungsmanager fest. Weltweit seien allein 1992 hundert Milliarden Mark volkswirtschaftlicher Schaden entstanden, wovon 40 Milliarden versichert gewesen seien. Insgesamt hatte die Versicherung 509 Naturkatastrophen gezählt, deutlich mehr als in den Vorjahren. Es falle auf, daß »in den letzten sechs Jahren fast jedes Jahr einen neuen Schadensrekord gebracht hat«.

Symptome kann also sehen, wer sie sehen will. Doch Symptome sind in vielen Fällen kaum mehr als die Spitze eines Eisberges. Dazu nur ein Beispiel: Wenn in einem Brunnen Nitrat in Mengen gefunden wird, die für den Menschen unverträglich sind, so bedeutet dies, daß Nitrat durch tiefe Bodenschichten bis ins Grundwasser gespült worden ist, meist von überdüngten Äckern. Nitrat wird aber von manchen Böden sehr gut festgehalten. Wenn es also bis ins Grundwasser vorgedrungen ist, ist entweder die Pufferkapazität der Böden schon erschöpft, oder – und dies ist wahrscheinlicher – es gibt zwischen Acker und Grundwasser Bodenstrukturen, die Nitrate nicht gut festhalten. In beiden Fällen ist der Fund im Brunnenwasser ein Zeichen dafür, daß mit großer Sicherheit in den Böden des Einzugsgebietes der Quelle große Mengen von Nitraten gespeichert sind. Diese Nitratdepots aber können mobilisiert werden, wenn sich beispielsweise das Klima ändert und die Niederschläge zunehmen. Schockartig kann dann das Grundwasser ganzer Regionen verseucht werden.

Symptome, so erschreckend sie oft sind, können also von viel dramatischeren Gefahren im Hintergrund künden. Viele Veränderungen in kleinen ökologischen Räumen oder in der gesamten Ökosphäre haben die gefährliche Eigenschaft, sich erst mit Verzögerung auszuwirken. Erkennt man die Symptome, kann es zum Bremsen bereits zu spät sein. Internationale Vereinbarungen sehen beispielsweise eine drastische Senkung des Gebrauchs von FCKW vor. Doch selbst wenn diese Vereinbarungen von allen FCKW-produzierenden und -nutzenden Staaten pünktlich erfüllt werden, werden diese Chemikalien noch einige Jahrzehnte weiter die Ozonschicht in der Stratosphäre angreifen, denn sie brauchen Jahrzehnte, bis sie dorthin aufgestiegen sind und ihr Zerstörungswerk beginnen können. Die FCKW-Mengen, die die heute gemessenen Schäden an der Ozonschicht verursachen, sind die, die die Menschheit vor Jahrzehnten produziert und in die Atmosphäre entlassen hat. Wie weit die Ozonschicht noch abgebaut werden und wie stark sich dieser Abbau auf der Erde auswirken wird, wissen wir heute nicht. Wir haben auf die Bremse getreten. Mehr können wir nicht tun. Jetzt können wir nur hoffen, daß das Fahrzeug noch rechtzeitig zum Stehen kommt.

Ein anderes Beispiel: Jahrzehnte der Luftverschmutzung durch Industrieabgase haben den nordamerikanischen Seen scheinbar nicht geschadet. Keinerlei Folgen des sauren Regens für die Wasserqualität waren zu beobachten. Dann aber war urplötzlich die Pufferkapazität dieser riesigen Wasserflächen erschöpft. Binnen kurzer Zeit versauerte das Wasser – jetzt waren die Folgen unübersehbar. Hier hat also die Stabilität der Natur und ihre Fähigkeit, Schäden zu puffern, alle bekannten Symptome sogar vollständig unterdrückt – bis zu dem Zeitpunkt, an dem es zum Gegensteuern zu spät war[10] (Abb. 8).

Systemforscher sprechen davon, daß ökologische Systeme wie die beschriebenen zu »Grenzüberziehungen« neigen[11]. Schädigende Einflüsse von außen zeigen ihre Wirkungen mit so starker Verzögerung, daß die Pufferfähigkeit des Systems überschritten

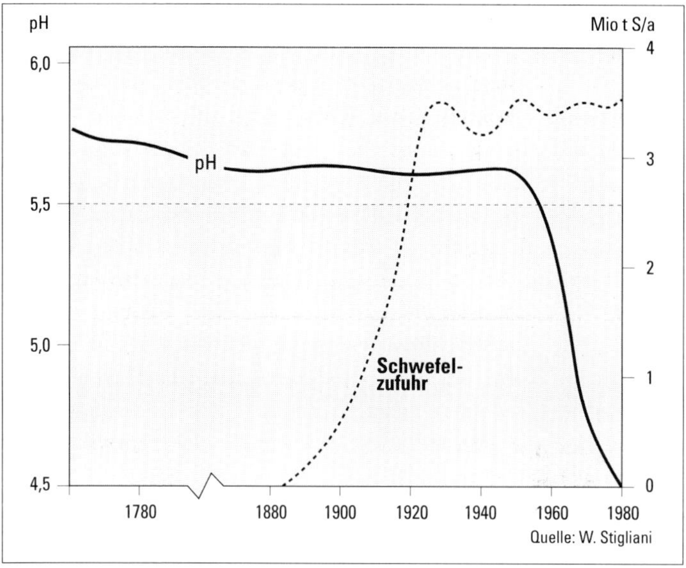

Abb. 8 *Gut fünfzig Jahre lang pufferte das Wasser des Großen Elchsees (USA) den Schwefel ab, der aus der Luft herunterregnete. Dann sackte der pH-Wert nahezu schlagartig ab – der See versauerte, als die Schwefelzufuhr sich bereits stabilisiert hatte. Niemand weiß, wie viele solcher Zeitbomben noch ticken.*

wird. Selbst wenn dann der schädigende Einfluß sofort zurückgenommen wird, kann das System bereits so stark geschädigt sein, daß es »erodiert«: Es hat nicht mehr die Kraft, sich zu erneuern, und »kippt« in einen neuen Gleichgewichtszustand. Wie dieser Gleichgewichtszustand aussehen wird und ob in ihm noch Platz für menschliches Leben ist, kann im voraus nur sehr schwer oder gar nicht gesagt werden. Ein vollständiges Verschwinden der Ozonschicht über der Erde könnte beispielsweise das irdische Leben zurück ins Meer treiben, aus dem es vor Jahrmillionen gekommen ist. Alle Lebensformen auf dem Lande würden so stark geschädigt – entweder direkt oder durch die Vernichtung ihrer Ernährungsgrundlage –, daß vermutlich nur wenige Tier- und Pflanzenarten übrigbleiben würden.

Aber auch wenn die ökologische Katastrophe nicht dieses vernichtende Ausmaß annimmt, könnte ein so anspruchsvolles Lebewesen wie der Mensch unter Druck geraten. Wenn die Menschen nicht zu einer ökologischeren Wirtschaftsform kommen – wozu auch das Verhalten der Konsumenten gehört –, dann ist aus gegenwärtiger Sicht durchaus damit zu rechnen, daß das Wirtschaften in hundert oder zweihundert Jahren von einem Abwehrkampf gegen ökologische Katastrophen bestimmt wird, die wir in diesem Jahrhundert und im nächsten eingeleitet haben. Es wird also buchstäblich zum Überlebenskampf kommen, den dann für eine gewisse Zeit nur noch die Reicheren werden aufnehmen können, die auf den richtigen Rohstoffen sitzen und die richtigen Erfahrungen und technischen Fertigkeiten haben. Wir sollten nicht unbedingt damit rechnen, daß die OECD-Länder dann noch zu den privilegierten gehören werden.

Es gibt Indizien, die darauf hinweisen, daß wir an die Grenzen der Ökosphäre gestoßen sind, lange, bevor die Katastrophe eine globale ökologische ist. Denn lange vorher beginnt die ökonomische und damit die soziale Katastrophe. Meadows, Meadows und Randers[12] haben in ihrer Fortschreibung des berühmten Berichtes »Die Grenzen des Wachstums« an den Club of Rome eine Liste von Indizien für das Erreichen einer Grenzüberziehung aufgestellt, die sich im ökonomischen Raum bemerkbar machen. Die in diesem Zusammenhang wichtigsten davon sind:

> *Kapital, Ressourcen und Arbeitskräfte müssen von der Gebrauchsgüterproduktion abgezogen und zur Exploration rarer werdender, weiter entfernter und tiefer liegender Lagerstätten mit geringerer Konzentration eingesetzt werden.*

In der Tat werden überall auf der Welt bereits heute Kohle und viele Mineralien mit steigendem Aufwand und sinkender Ausbeute aus immer ärmeren Lagerstätten geholt. Die Tiefe deutscher Steinkohlegruben mißt sich mittlerweile in Kilometern. In der Kupfermine Butte in Montana sank mit der Zeit der Kupfergehalt des abgebauten Erzes von 30 auf 0,5 Prozent. Anfangs hatte man drei Tonnen taubes Gestein aus der Erde holen müssen, um eine Tonne

Kupfer gewinnen zu können; am Ende waren es 200 Tonnen, nicht eingerechnet der entsprechend gestiegene Energiebedarf und die abgepumpten Wassermassen. Doch bisher macht sich dieser erhöhte Aufwand in den Industrieländern nicht als Konkurrenz zur Gebrauchsgüterproduktion bemerkbar. Immer noch gibt es reiche Lagerstätten aller wichtigen Rohstoffe auf der Erde, die sich billig – oft auf Kosten der dort arbeitenden Menschen – ausbeuten lassen.

Die ehemals kostenfreien Dienstleistungen der Natur wie Luftreinhaltung, Schutz vor Überschwemmungen und Eindämmung von Seuchen, die Regenerierung von Nährstoffen in Böden, der Artenschutz und die Keimfähigkeit von Saatgut müssen mehr und mehr vom Kapital und mit Arbeitskraft gestützt werden, die von der Güterproduktion abgezweigt werden.

Rauchgaswäsche in Kraftwerken und der Automobilkatalysator sind zwei Beispiele dafür, daß wir bereits dabei sind, technisch und finanziell durchaus erheblichen Aufwand zu betreiben, um die Atemluft für uns wenigstens nicht zum Schadgas werden zu lassen. In den USA hat der Wirtschaftswissenschaftler William Cline berechnet, daß eine globale Klimaveränderung das Land nahezu 60 Milliarden Dollar pro Jahr kosten könnte, für Ernteverluste beispielsweise, höheren Stromverbrauch, schwierigere Wasserversorgung, Sturm- und andere Schäden[13]. Durch Erosion verlieren wir nach einer Schätzung von Ernst Ulrich von Weizsäcker[14] in jeder Sekunde dreitausend Tonnen Mutterboden mit wertvollen Nährstoffen. Lester Brown vom Worldwatch-Institut beziffert den Bodenverlust der USA des Jahres 1977 auf sechs Tonnen Mutterboden für jede Tonne produziertes Getreide[15]. In der Deccan Region Indiens liegen die Erosionsraten zwischen 40 und 100 Tonnen pro Hektar und Jahr, im Becken des Gelben Flusses in China bei 100, in Guatemala zwischen 200 und 3.600[16]. Bodenschutz findet noch viel zu selten statt. Dort, wo er versucht wird, hat sich gezeigt, daß Bodenregenerierung ein teures und aufwendiges Projekt ist. Aber auch für diesen Punkt gilt: In den Industrieländern sind die Folgen zwar meßbar, aber nicht in Form reduzierter Güterproduktion spürbar.

Kapital, Ressourcen und Arbeit müssen aufgewendet werden, um immer weniger Fundstellen zugänglich zu machen und zu verteidigen.

Den ersten offensichtlichen Krieg um billiges Erdöl hat die Welt hinter sich – den Kuwaitkrieg von 1991. Die Pläne der USA für Ölprospektion in den unwirtlichen (und ökologisch sehr empfindlichen) Regionen Alaskas sprechen ebenfalls eine deutliche Sprache. Die Erfahrungen mit dem Ausbeuten der russischen Öl- und Erdgasvorkommen in Sibirien sind ökologisch katastrophal.

Soviel zu den Anzeichen für eine »Grenzüberziehung«. Es gibt also allen Grund, nicht zu warten, bis katastrophale Reaktionen der Ökosphäre eindeutig erkennbar werden. Nicht jede Reaktion der Ökosphäre auf menschengemachte Stoffströme muß zwangsläufig zu einem Kollaps führen. Ein Versuch, entschlossen gegenzusteuern, lohnt sich immer – je eher, desto besser. In unserem Falle heißt das: Die Menschheit muß ihren Energieverbrauch und die Stoffströme drastisch reduzieren. Wir, vor allem die Menschen in den Industrieländern des Nordens, müssen mit deutlich geringeren Stoffströmen auskommen. Wir müssen unsere Produkte und Dienstleistungen dematerialisieren.

Sägen am Baum des ökonomischen Wohlstands

Westliche Industrieprodukte und Dienstleistungen von heute destabilisieren die Ökosphäre, weil sie über ihre gesamte Lebensdauer hinweg, von der Wiege bis zur Bahre, mit verschwenderischem Materialaufwand bereitgestellt, genutzt und letztlich »ausgeschieden« werden. Jedes Industrieprodukt und jede Dienstleistung schleppt einen »Rucksack« von Stoffen mit sich herum, die irgendwann im Laufe seiner Nutzungsdauer angefallen sind. Der »Rucksack« jeder Tonne Braunkohle aus dem rheinischen Braunkohlebecken enthält etwa acht Tonnen Abraum; jedem Kilo

Platin muß man 300.000 Kilo bewegter Erdmassen allein aus dem Bergbau auf den Rücken packen. Technisch wäre es in aller Regel kein großes Problem, das gleiche Ziel – die gleiche »Dienstleistung« – mit erheblich geringerem Materialaufwand zu erreichen. So kann man heute beispielsweise sogar Diamanten, statt sie durch Bergbau zu gewinnen, künstlich auf durchaus handlichen Maschinen herstellen.

Wenn hohe Stoffströme bewegt werden müssen, um ein Produkt herzustellen oder eine Dienstleistung anbieten zu können, dann hat dieses Produkt oder diese Dienstleistung eine hohe »Materialintensität«, bzw., da mit viel Ressourceneinsatz wenig produziert wird, eine niedrige »Ressourcenproduktivität«. In den westlichen Industriestaaten wird im Durchschnitt mit sehr viel höherer Materialintensität und entsprechend niedrigerer Ressourcenproduktivität gearbeitet, als technisch notwendig wäre; und nichts anderes galt für die ehemaligen industrialisierten Plan- und Kommandowirtschaften. Ressourcen wurden und werden verschwenderisch eingesetzt. Nicht die Verfügbarkeit von Rohstoffen begrenzt das ökonomische Wachstum; diese Sorge, die in den siebziger Jahren aufkam, als der Club of Rome seine aufsehenerregende Studie »Die Grenzen des Wachstums« veröffentlichte, ist aus heutiger Sicht in den Hintergrund bzw. die langfristige Zukunft gerückt. Gefahr für Mensch, Natur und nicht zuletzt auch für das ökonomische Wachstum droht lange vorher durch die Summe der ökologischen Folgen von Stoffströmen, die die Menschheit in Bewegung gesetzt hat und immer noch setzt. Hubert Markl hat diese Summe in drei Bestandteile aufgelöst:

1. *Das Problem der Abfallakkumulation oder noch klarer: Müllerstickung.*
2. *Das Problem der externen Umweltkosten, das man als Rücksichtslosigkeit bezeichnen kann, obwohl es meist eher an Voraussicht mangelt.*
3. *Das Problem der Gegenevolution oder, anders gesagt: der Gegenwehr der Natur.*[17]

Solange »business as usual«, wie es sich in den vergangenen zweihundert Jahren in den industrialisierten Ländern herausgebildet hat, nicht neuen Herangehensweisen Platz macht, wird die Menschheit die Ökosphäre zwingen, immer massiver zu reagieren, und in der Konsequenz wird das (Über-)Leben der Menschen zunehmend ein kostspieliger Abwehrkampf gegen menschengemachte »ökologische Desaster« werden. Verschiedene Versuche, die Kosten der Umweltzerstörung in Geldwert zu berechnen, lieferten das Ergebnis, daß schon heute ein erheblicher Teil des erarbeiteten Bruttosozialprodukts nicht in die Verbesserung der Lebensbedingungen oder die Vermehrung des Wohlstands fließt, sondern in die Reparatur von Schäden, die Produktion und Konsum hinterlassen. Die Summe dieser »defensiven« Ausgaben in Deutschland wird auf 12 Prozent des Bruttosozialprodukts geschätzt[18]. So vorläufig die Zahlen sein mögen, die Studien dieser Art liefern können, so machen sie doch im Kern eine unbestreitbare Aussage: Wenn wir Menschen die biologische Grundlage unserer Existenz destabilisieren, dann müssen wir einen Teil der Aufgaben, die in der Vergangenheit die Natur kostenlos ausgeführt hat, selbst übernehmen, mit allen Kosten und mit allen nicht vorhersehbaren Rückschlägen. Und wenn wir diese Lektion nicht irgendwann lernen, dann ist es durchaus wahrscheinlich, daß uns diese Kosten über den Kopf wachsen.

Ernst Ulrich von Weizsäcker hat es so formuliert: »Wir treten, ob wir es wollen oder nicht, in ein Jahrhundert der Umwelt ein. In diesem wird jeder, der sich Realist nennen möchte, gezwungen, seine Handlungsweise als Beitrag zum Erhalt der Umwelt zu rechtfertigen.«[19] Das Ernüchternde an dieser Feststellung liegt in den Worten: »Ob wir es wollen oder nicht«. Denn entweder werden wir das Jahrhundert zu einem Jahrhundert der Umwelt machen, oder die Umwelt wird uns dazu zwingen. Die schöne Formel vom »Jahrhundert der Umwelt« meint auch von Weizsäcker keineswegs als Verheißung. »Gemeint ist die grausame Realität, die sich einstellt und die unvermeidlich kulturbestimmend wird, wenn die Plünderung des Planeten durch den Menschen sich noch ein bis zwei Jahrzehnte fortsetzt.«

Die »reicheren« Staaten, also die, die in der Vergangenheit materiellen Wohlstand auf Kosten der Ökosphäre angesammelt haben, werden in diesem Kampf gegen schwieriger werdende ökologische Rahmenbedingungen eine Zeitlang die besseren Ausgangspositionen haben und besser in der Lage sein, ihre Bürger mit abwehrenden oder passiven Maßnahmen vor einer zunehmend lebensfeindlichen Umwelt zu schützen. Ihnen stehen mehr Technik und Wissen zur Verfügung. In ihren Ländern gibt es die Infrastrukturen dafür, Umweltschäden lange Zeit zu mildern, zu reparieren und zu kaschieren. Sie werden Dämme bauen können, im doppelten Sinne: physische Dämme an den Küsten gegen steigende oder zumindest stürmischer werdende Meere, und Dämme gegen die Millionen, die jede Chance ergreifen, dorthin zu fliehen, wo selbst Armut mehr Reichtum bedeutet, als sie sich zu Hause je hätten träumen lassen.

Die Konsequenz muß heißen: Güter und Dienstleistungen müssen dramatisch »dematerialisiert« werden, und zwar von der Wiege bis zur Bahre und zuerst in den Industriestaaten. Wie dramatisch die Dematerialisierung sein muß, werden wir in den folgenden Kapiteln abzuschätzen versuchen, und wir werden zeigen, daß eine Technik, die anders mit Ressourcen umgeht, vieles erreichen kann. Doch der notwendige Wandel ist nicht nur ein technischer; es ist ein struktureller, der weite Bereiche des Wirtschaftslebens und auch kulturelle Werte einbeziehen muß.

Strukturwandel und das Immunsystem menschlicher Gesellschaften

Nach diesem kurzen Abriß des gedanklichen Ausgangspunktes dieses Buches und seiner Ziele noch eine Bemerkung an die Ungeduldigen, die resignieren möchten angesichts der Langsamkeit der Umweltpolitik in einer Welt, die doch ohne Zweifel auf dramatische Veränderungen zusteuert (wenn sie nicht schon mitten drin steckt).

Es ist richtig, daß es schon lange Warnungen vor den Umweltschäden gibt, die der Mensch verursacht, und es ist richtig, daß diese Mahnungen in aller Regel keine politische Wirkung ausgelöst haben. Es ist auch richtig, daß die Wissenschaft heute in einer ganz anderen Situation ist als etwa im vergangenen Jahrhundert; ihr Verhältnis zur Politik ist enger, und ihr Wissen ist tiefer. Doch das rechtfertigt weder Ungeduld noch Resignation. Blicken wir zurück. Wie lange ist es her, daß die ersten großräumigen oder gar globalen Veränderungen der Ökosphäre sichtbar wurden – für jedermann sichtbar? Waldschäden beispielsweise sind schon lange bekannt, doch dies war ein Phänomen der Industrieregionen. Daß Bäume auch in Reinluftgebieten fern aller Industrie sterben, daß Seen in der klaren Luft Skandinaviens und Nordamerikas tödlich versauern, das beobachten wir noch keine dreißig Jahre. Und das Ozonloch wurde vor noch nicht einem Jahrzehnt entdeckt.

Das heißt: Wir wissen nun endgültig, daß sich manche Folgen des menschlichen Handelns nicht oder nicht mehr verflüchtigen und bis zur Unschädlichkeit verdünnen. Wir wissen, daß wir handeln müssen. Aber wir wissen es noch nicht lange, gemessen an den Zeiträumen, die ganze Gesellschaften brauchen, um umzulernen.

Natürlich haben wir es auch mit Ignoranz zu tun, mit Machtverhältnissen und machtvollen, kurzsichtigen Wirtschaftsinteressen. Und natürlich wissen wir nicht, wieviel Spielraum für Experimente und Zögerlichkeiten uns die Ökosphäre noch läßt. Doch wenn wir den Wandel zu einer ökologisch verträglicheren Wirtschaftsform auf demokratische Weise und im Rahmen der Marktwirtschaft vollziehen wollen, bleibt uns nichts übrig, als die Langsamkeit gesellschaftlicher Lernprozesse einzukalkulieren und auf sie mit demokratischen Mitteln Einfluß zu nehmen.

Wenn wir einer »ökologischen Revolution«, oder gar einer »Ökodiktatur« vorbeugen wollen, müssen wir sehr bald mit dem ökologischen Strukturwandel beginnen.

Jede Gesellschaft hat einen Abwehrmechanismus gegen Veränderungen, die die Gesamtheit und die Individuen überfordern; man könnte von einem Immunsystem sprechen.[20] Dieses Immunsystem ist für eine Gesellschaft so notwendig wie das biologische Immunsystem für die Gesundheit des einzelnen Lebewesens. Wird eine

Gesellschaft durch innere oder äußere Zwänge genötigt, allzu viele Dinge gleichzeitig zu ändern, dann kann dies in der Tat zerstörerisch wirken. Man mag sich über Beharrungsvermögen und Konservatismus ärgern, auch über ökologische Unvernunft. Doch man sollte sich stets darüber im klaren sein, daß der erforderliche Wandel einen sehr weitgehenden Konsens verlangt, einen gesellschaftlichen Pakt, der um so schwerer zu erreichen sein wird, je größer die inneren Konflikte einer Gesellschaft (und auf globaler Ebene der Menschheit als ganzer) sind. Konsensfähige Politik war noch nie ein Feld für Freunde einfacher Lösungen; die Ökopolitik der Zukunft wird es erst recht nicht sein.

Man muß diese Immunabwehr der Gesellschaft berücksichtigen, wenn man einen so tiefgreifenden Strukturwandel in Gang zu setzen versucht, wie er im Interesse der langfristigen Stabilität der Ökosphäre nötig ist. Ziel muß es sein, Entwicklungen anzustoßen, die es der Gesellschaft erlauben, Schritt für Schritt das bisher Fremde als positiv zu entdecken und aufzunehmen. Dies ist dann keine Revolution, sondern man kann es als Hilfe zur Selbsthilfe bezeichnen, die dem Neuen die Chance verschafft zu wachsen. Voraussetzung dafür, daß dieses Ziel erreicht wird, ist, daß Entwicklungen an der richtigen Stelle angestoßen werden. Um im medizinischen Bilde zu bleiben: Der richtige Reiz an den richtigen »Akupunkturpunkten« mag genügen, langfristige Entwicklungen in Bewegung zu setzen. Aber die Punkte müssen richtig gewählt sein.

Wir werden auf einige geeignete »Akupunkturpunkte« in den folgenden Kapiteln zurückkommen. Der »Akupunkturpunkt« par excellence ist zweifellos der *Preis* für Umweltnutzung. Es gibt für die Menschen weltweit kaum eine größere Selbstverständlichkeit, als wichtige Entscheidungen, insbesondere die ökologisch wichtigen Investitions- und Kaufentscheidungen, an den Marktpreisen auszurichten. Wenn Preise die »ökologische Wahrheit« sagen, wie es Ernst Ulrich von Weizsäcker formuliert hat[21], regelt sich vieles von dem, was ökologisch notwendig ist, fast von selbst. Ein zweiter »Akupunkturpunkt« ist die Verfügbarkeit von *Informationen* über die ökologische Relevanz des Tuns und Lassens. Diese Informationen sind indirekt in den Preisen enthalten, wenn sie die ökologischen Kosten zum Ausdruck bringen; wenn das, was ökologisch »teuer« ist, einen hohen Geldpreis hat, sind Aufkleber und Zertifikate mit Kaufempfehlungen nicht mehr so wichtig. Solange die Preise diese Rolle aber nicht spielen können, wird es nötig sein, auf Umweltkennzeichen wie etwa den »Blauen Engel« zurückzugreifen, um der unvollständigen Preisinformation eine ökologische Information hinzuzufügen.

Ein machtvolles Mittel konsensfähiger Politik ist es, zu zeigen, daß Alternativen vorhanden und erreichbar sind. Nicht zuletzt das wollen wir in diesem Buch tun.

Anmerkungen, Kapitel 1

1 Was du auch tust, tue klug und bedenke das Ende.
2 Nach Auskunft der Rheinbraun AG in Köln.
3 Molina, Rowland: a. a. O.
4 Lester R. Brown in: State of the World 1992.
5 Man spricht von Energie-»Verbrauch«, sollte sich aber darüber im klaren sein, daß Energie niemals verbraucht wird; sie wird allenfalls umgewandelt, die Hitze des Dampfes zum Beispiel in die mechanische Drehung der Turbine, die wieder in Elektrizität, diese in die Bewegungsenergie der Straßenbahn und weiter in die Reibung auf den Schienen und in den Bremsen. Letztlich bleibt bei allen Energieumwandlungsprozessen Wärmeenergie übrig, in der gleichen Menge, wie am Anfang hineingesteckt wurde, aber von so niedriger Temperatur, daß sie nicht mehr nutzbar ist. Aber immerhin: Auch diese Wärme heizt die Erdatmosphäre auf, wenn auch in geringem Maße.
6 Al Gore: Earth in the Balance. Deutsch: Wege zum Gleichgewicht. Frankfurt a. M. 1992.
7 Weizsäcker: Erdpolitik, a. a. O.
8 Schweizer Rück: Umweltschutz – Lebensschutz (Broschüre). Zürich 1989.
9 Frankfurter Rundschau, 23.4.93.
10 William Stigliani: Changes in valued »capacities« of soils and sediments as indicators of nonlinear and time-delayed environmental effects, in: International Institute for Applied Systems Analysis (IIASA), November 1988.
11 Meadows, Donella und Dennis, und Randers, Jørgen: Die neuen Grenzen des Wachstums, Stuttgart 1992.
12 Meadows u. a.: Die neuen Grenzen des Wachstums. a. a. O.

13 zitiert nach: Lester R. Brown: Ein neues Zeitalter kündigt sich an, in: Zur Lage der Welt 1993 – Worldwatch Institute Report. Frankfurt a. M. 1993.

14 Ernst Ulrich von Weizsäcker: (unveröffentlichtes Vortragsmanuskript).

15 Worldwatch-Institut: Zur Lage der Welt 89/90. Frankfurt a. M. 1989.

16 D. Pimentel (Hrsg.): World Soil Erosion and Conservation – Cambridge Studies in Applied Ecology and Resource Management.

17 Hubert Markl: Die ökologische Herausforderung der Wissenschaft. Festrede zur 172. Ordentlichen Mitgliederversammlung der Senckenbergischen Naturforschenden Gesellschaft, Frankfurt, 14. November 1989, in: Natur und Museum, 120 (4), Frankfurt a. M., 1.4.1990.

18 C. Leippert: Die heimlichen Kosten des Fortschritts. Frankfurt a. M. 1989.

19 Weizsäcker: Erdpolitik. a. a. O.

20 Klaus Woltron: Der Wald, die Bäume und dazwischen – Die Suche nach dem verlorenen Ganzen. Wien 1992.

21 Weizsäcker: Erdpolitik. a. a. O.

2
Umweltpolitik heute

Der Umwelt-Minister ist heute noch viel zu sehr ein »End-of-the-pipe«-Minister, ein Mann für die nachgeschaltete Umweltreparatur. Andere machen ihre Sektorenpolitik, und der Umweltminister setzt hinten noch einen Filter der Umweltbeachtung hinzu. Das ist und bleibt der zweitbeste Fall; besser ist es, die Umweltverträglichkeit von vorneherein in den Fachpolitiken zu sichern.

Umweltminister Klaus Töpfer in einem Interview der »Frankfurter Rundschau«, 1.6.1993

Klassische Umweltpolitik: Das Beispiel Wasser

Genaugenommen werden bis heute ökologische Probleme vom größten Teil der Gesellschaft und von der Politik nicht wirklich wahrgenommen. Der Grund liegt darin, daß der Blick verengt ist. Dort, wo Veränderungen der Umwelt sich unmittelbar auf das Wohlergehen des Menschen auswirken, werden sie natürlich schmerzlich wahrgenommen und geben Anlaß zu Abhilfemaßnahmen mit hoher politischer Priorität. Die vom Menschen ausgelösten sachten und – am Leben eines Menschen gemessen – langsamen Veränderungen des Trägersystems Ökosphäre selbst aber können die langfristig viel gefährlicheren sein. Der verengte Blick kann dazu verführen, Fehler zu machen – erstens den Fehler, ungeeignete oder vielleicht sogar schädliche Gegenmaßnahmen zu ergreifen, und zweitens den Fehler, die Ökosphäre im engsten Sinne als »Um«-Welt des Menschen von ihm abgelöst zu betrachten. Doch der Mensch ist ein Teil der Ökosphäre; er lebt in und mit ihr. Solange wir die Aufregung über das Waldsterben einigen Umweltgruppen und den Waldbesitzern überlassen, haben wir noch nicht wirklich begriffen, was dort mit dem biologischen Trägersystem vor sich geht, das uns am Leben erhält. Anders gesagt: Unser Maßstab ist im Grunde gar nicht das Wohlergehen der Menschheit, sondern das einer Generation, nämlich der unsrigen. In der Geschichte war dies nie ein Widerspruch. Heute, angesichts der Geschwindigkeit, mit der wir die Ökosphäre verändern, ist es einer.

Der Umgang mit Wasser ist ein besonders plastisches Beispiel für kurzatmige Reaktionen auf sehr tiefgehende Schäden. Das Beispiel eignet sich nicht zuletzt deshalb, weil sich auf diesem Sektor einiges zum Guten verändert zu haben scheint – in Wahrheit allerdings noch längst nicht genug.

Eine der ersten allgemein sichtbaren und zur Kenntnis genommenen Folgen der Industrialisierung für das, was erst seit kurzer Zeit Umwelt heißt, war die Verschmutzung der Flüsse und Bäche. Schmutziges Wasser und seine Folgen wie Cholera und Ruhr sind zwar so alt wie das Phänomen Stadt; das ist aber hier nicht gemeint, denn jahrhundertelang verstanden die Menschen diesen Zusammenhang gar nicht. Gemeint sind solche Folgen, die jeder sehen und riechen konnte: in den aktuellen Modefarben verfärbtes Wasser, Schaumberge und tote Fische.

Die ersten Kämpfe um die Reinhaltung von Bächen und Flüssen sind aus dem vergangenen Jahrhundert belegt; die wohl bekannteste Beschreibung ist Wilhelm Raabes Roman »Pfisters Mühle«[1]. Diese ersten Kämpfe wurden nicht von Umweltschützern oder Ökologen ausgefochten, die das Wasser als funktionierenden Lebensraum erhalten wissen wollten, sondern von Fischern, die sich um ihre Existenz gebracht sahen. Die Fischer verloren zunächst; ihr Beitrag zur Versorgung der Menschen mit Gütern wurde offenbar weniger hoch eingestuft als der der wasserverschmutzenden Industrie. Bis heute, da man stolz darauf ist, daß das Leben in Flüsse wie die Themse und den Rhein zurückkehrt, waren aus ökologischer Sicht noch viele derartige Niederlagen im Kampf um das Wasser zu verbuchen.

Mit dem Aussterben der Flußfischerei schwanden zunächst die Hemmungen. Karl Otto Henseling schildert in seinem Buch über die Geschichte der Chemieindustrie[2] eindrucksvoll die Entwicklung von Rechtsprechung und Gewerbeordnung in der zweiten Hälfte des vergangenen Jahrhunderts. Einen Meilenstein in dieser Entwicklung stellt ein Urteil des Reichsgerichtes vom 22. Dezember 1897 dar, aus dem Henseling den folgenden Satz zitiert: »Das Wasser eines öffentlichen wie eines Privatflusses ist die von der Natur gegebene Abflußrinne, nicht nur für das vom Boden selbst abfließende, sondern auch für das vielfach mit fremden Stoffen vermischte Wasser, welches zu Wirtschaftszwecken gedient hat und künstlich fortgeschafft werden muß.«

Erst in der Zeit nach dem Zweiten Weltkrieg mußte dann eingegriffen werden – wiederum keineswegs aus ökologischen Gründen: Der Schaum wurde vom Wind aus den Bächen auf die Straßen geweht und behinderte den Verkehr, Grundstücke in Wassernähe verloren ihren Wert, Baden wurde fast überall untersagt. Heute kann Deutschland – genauer gesagt: der westliche Teil Deutschlands – durchaus stolz sein auf sein, auch im internationalen Vergleich, dichtes Netz von Kläranlagen auf dem jeweils höchsten Stand der Technik. Nach der neuesten OECD-Statistik[3] werden in Deutschland 86 Prozent aller Einwohner (West 91 Prozent, Ost 62 Prozent) durch öffentliche Kläranlagen entsorgt, in Großbritannien 87 Prozent, in Frankreich 68 Prozent, in den USA 74 Prozent und in Japan 39 Prozent. Der OECD-Durchschnitt liegt bei 62 Prozent.

Und dennoch müssen wir uns vor dem Wasser der meisten Flüsse weiterhin durch Badeverbote schützen; und dennoch ist es bis heute kaum ein Gegenstand öffentlicher Auseinandersetzungen, daß Städte und auch viele ländliche Gemeinden ihr Trinkwasser entweder aus Tiefbrunnen oder sogar über Fernleitungen aus teils Hunderte von Kilometern entfernten Speichern beziehen müssen, weil das eigene Grundwasser nicht ausreicht oder mit Nitraten und anderen Stoffen verseucht ist. Die Ökologie des Bodensees stand bereits einmal auf der Kippe. Sie wurde gerettet. Der Antrieb dazu waren der Tourismus und die Entscheidung, Mitteleuropas größtes Binnengewässer zum Trinkwasserspeicher für Millionen von Menschen bis hinauf nach Stuttgart und darüber hinaus zu machen.

Und während in Deutschland und anderen europäischen Staaten die Flüsse »sauberer« werden, waren den Bemühungen um die Reinhaltung der Anrainermeere – was nicht zuletzt wieder einmal im Interesse der Fischerei wäre! – bisher nur bescheidene Erfolge gegönnt.

Öko- und Gesundheitspolitik?

Noch schauen wir nicht hinreichend auf ökologische Zusammenhänge, achten nicht darauf, sie aus sich selbst heraus intakt und funktionsfähig zu erhalten. Wir handeln, wenn unsere Interessen, die Interessen des Erdbewohners Mensch, direkt bedroht sind.

Wir haben bisher immer gefragt: Was sind denn die Wirkungen einzelner Stoffe, und wir sind über diese toxikologischen Feinschnitte, die aus der Humantoxikologie kamen, nicht sehr weit hinausgekommen. Dioxin ist kein Problem für das Ökosystem, sondern eine Gefahr für die Gesundheit des Menschen. Ähnliches gilt für Formaldehyd, für Asbest, für Pentachlorphenol (PCP), Blei oder Cadmium.

Man fragte nach Giftigkeit, Krebsgefahr und anderen negativen Folgen für den Menschen und einzelne wenige Pflanzen, Tiere, Mikroorganismen und Gemeinschaften. Umweltpolitik befaßte sich ganz wesentlich damit zu fragen, ob das, was sich in der Umwelt an menschengemachten Stoffen vorfindet, dem Menschen schadet. Bemerkenswerterweise dreht man die Frage kaum einmal um und fragt, ob das, was dem Menschen nützen soll, der Umwelt schaden könnte. Nirgends auf der Welt wird bis heute systematisch nach der Giftigkeit von Pharmaka für die Umwelt geforscht. Das Befinden von Fischen nach der Einnahme von Valium ist offenbar noch von geringem Interesse. (Klaus Töpfer, der deutsche Umweltminister, hat jetzt eine entsprechende Prüfung für Pharmaka angeregt.)

Eine Unterscheidung zwischen Gesundheitspolitik und Ökopolitik wird bisher so gut wie nicht getroffen. Im Interesse eines besseren Schutzes der Ökosphäre wäre das aber sinnvoll. Was heute als Umweltpolitik bezeichnet und betrieben wird, ist sehr oft eine Mischung aus beidem. Würde das Umweltministerium wirklich Umweltprobleme ins Zentrum seiner Arbeit stellen, dann könnte sich das angesichts der beschränkten Mittel des Ressorts positiv auswirken.

Wir wollen in diesem Buch die Begriffe Gesundheitspolitik, Umweltpolitik und Ökopolitik voneinander unterscheiden. Im Mittelpunkt der Gesundheitspolitik steht die individuelle Gesundheit des Menschen. Ökopolitik hingegen hat den Zustand und die Stabilität der Ökosphäre zum Gegenstand. Ziel ist letztlich auch wieder der Mensch, seine Überlebensmöglichkeiten auf diesem Planeten und darüber hinaus sein langfristiges Wohlergehen, seine Entfaltungsmöglichkeiten, seine langfristigen wirtschaftlichen Interessen. Um diese Ziele erreichen zu können, muß Ökopolitik aber den Blick über den einzelnen Menschen, über die gegenwärtig lebende Generation und über Ländergrenzen hinaus erheben und sich mit der langfristigen Stabilität des Trägersystems befassen, das menschliches Leben überhaupt möglich macht: der Ökosphäre des Planeten Erde. Dies ist ein völlig anderer Ansatz, als ihn eine schadstofforientierte Umweltpolitik verfolgt. Schadstoffe und ihre toxischen und ökotoxischen Wirkungen sind nur einer von verschiedenen Aspekten, mit denen sich Ökopolitik befassen muß. Die klassische Umweltpolitik befaßt sich damit, einen See, dessen Wasser durch menschliche Einflüsse verändert wurde, wieder zu säubern; Ökopolitik hat zum Ziel, das ökologische Erbe der Menschheit zu bewahren und deshalb mit Stoffströmen, Energie und der verfügbaren Oberfläche der Erde ökologisch verträglich umzugehen.

Umweltpolitik richtet ihren Blick meist auf das Ende einer menschlichen Tätigkeit, Ökopolitik auf den Anfang.

Umweltpolitik kann mit dem Ordnungsrecht, mit Geboten und Verboten, mit Gesetzen, Auflagen und ähnlichen Instrumenten operieren; das Ziel von Ökopolitik ist ein sehr tiefgreifender Strukturwandel der Wirtschaft.

Kommen wir zurück auf das Beispiel Wasser: Schadstoffe in Frischwässern z. B. sind immer ein Gesundheitsproblem und oft auch von Bedeutung für die Umwelt. Die Reinhaltung von Gewässern bleibt deshalb ein wichtiges gesundheits- und umweltpolitisches Ziel. Das ökologische Problem aber sind nicht die geringen Mengen beigemengter Schadstoffe im Wasser, sondern die Millionen Tonnen Erde im Wasser, die der Mensch der Erosion überlassen hat, oder die riesigen Mengen Wasser selbst, die über Kanäle umgeleitet und zum Teil für Bewässerungen eingesetzt werden. Wasser wird abgeleitet, umgeleitet, drainiert, gepumpt, um andere Wirtschaftsgüter gewinnen zu können, etwa Wasserkraft, Kohle, Sand, Straßennetze, ganze Städte oder anderes. Ob die Ökosphäre auf diese Eingriffe reagiert, wird in der Regel nicht bedacht.

Damit soll nicht gesagt werden, daß der Mensch natürliche Stoffströme überhaupt nicht nutzen oder umleiten solle. Bisher tut der Mensch dies aber in großem Umfang, meist ohne die Folgen zu kennen, ohne die Folgen zu untersuchen und sehr oft auch, ohne sich von einem ökologischen – und nicht nur von einem ökonomischen – Standpunkt aus Gedanken darüber zu machen, ob dieser Eingriff vermeidbar oder weniger einschneidend gestaltbar wäre.

Gemeinhin wird z. B. angenommen, Binnenschiffahrt sei ausgesprochen ökologisch verträglich. Neue Zahlen von Hartmut Stiller[4] vom Wuppertal Institut weisen aus, daß dieses Bild zu einfach ist. Berechnet man die Tonnen an Baumasse, die bewegt werden müssen, wenn Wasserstraßen angelegt werden, und rechnet man diese Baumasse um auf die von Schiffen transportierten Tonnen Fracht und die Kilometer, die diese Frachten bewegt werden – also die »Tonnenkilometer« –, dann ist Binnenschiffahrt zwar etwas besser als Transport auf der Straße oder Güterverkehr auf elektrifizierten Bahnstrecken, die Unterschiede bewegen sich jedoch nur im Bereich von 10 bis 15 Prozent, und der »Umweltverbrauch« liegt in allen Fällen bei mehr als 300 Gramm pro Tonnenkilometer! Zum Vergleich: Ein Diesel-Kleinlastwagen verbrennt um die 60 bis 80 Gramm Treibstoff pro Tonnenkilometer Fracht. Der hohe Naturverbrauch der Binnenschiffahrt rührt vom Bau der Anlagen her. Zum Ausschachten und Auskleiden für aufwendige Hochbauten, einschließlich der Hebewerke, müssen ungeheure Mengen an Erde bewegt sowie Zement und Stahl verbaut werden. Der Betrieb einer vorhandenen Wasserstraße ist relativ wenig aufwendig, wenngleich in manchen Fällen erhebliche Verschlammungen laufend beseitigt werden müssen und die Schleusenanlagen starken Beanspruchungen unterliegen.

Die Menschheit hat in den vergangenen Jahrzehnten erlebt, daß die Ökosphäre regional und global auf menschengemachte Stoffströme reagiert, die der Mensch für harmlos hielt (Einstürze von Untertagebauten, Assuan-Staudamm, FCKW, CO_2). Es scheint, als müsse die Menschheit immer dann, wenn sie Stoffströme bewegt, vorsichtshalber einkalkulieren, daß über kurz oder lang eine Reaktion der Ökosphäre eintritt. Ob dies geschehen wird, wie, wo und wann, ist nur in den Fällen vorhersagbar, in denen der Mensch spezielle Kenntnisse von Wirkungen und Wirkungsketten in der Ökosphäre hat. Diese eher zufälligen, aber letztlich immer beschränkten Kenntnisse sind jedoch keine sehr vertrauenerweckende Basis für eine Politik, die sich darin bewähren muß, für die Wirtschaft einen verläßlichen ökologischen Strukturwandel einzuleiten. Es wird also ein Indikator gebraucht, an dem sich Politik und Wirtschaft auch dann orientieren können, wenn nur unvollständige oder noch gar keine Kenntnisse vorliegen. Wir haben weiter oben in diesem Zusammenhang von der Anwendung des Plausibilitätsprinzips gesprochen.

Der Schadstoff der Woche

Noch in einem anderen Sinne steckt die »klassische« Umweltpolitik in einem Dilemma: Sie möchte etwas erreichen, was sie grundsätzlich nicht erreichen kann.

Mit den Reaktionen der Umwelt geht der Mensch bisher auf eine Art um, die gelegentlich mit dem schon erwähnten Schlagwort »Chemikalie der Woche« karikiert wird. Diese Karikatur sagt: Es wird immer dann gehandelt, wenn die Umwelt überraschend reagiert oder ein Unfall passiert und dies medienöffentlich wird.

Nach Betriebsunfällen mit Chemikalien geht, von außen betrachtet, immer alles drunter und drüber. Es fängt damit an, daß der Betreiber die Sache zunächst als mehr oder weniger harmlos darstellt, was ihm kaum jemand glaubt, schon gar nicht die Presse. Eine für die Öffentlichkeit unübersichtliche Kette von Vermutungen, offensichtlich unzureichendem Wissen über die wirklichen Gefahrenpotentiale dieser »nie vorher dagewesenen« Situation, politischen Profilierungsversuchen, harter Arbeit beim Aufräumen und Reparieren, menschlichen Leidens und Ängsten zieht sich hin und ebbt schließlich ab, zumal das Interesse der Massenmedien an wirklichen Folgen und Erkenntnissen nicht stark ausgeprägt ist. Wer weiß schon, was in Bhopal oder in Basel heute geschieht? All diese Störfälle und Unfälle führen jedoch zu neuem Wissen und in vielen Fällen auch zu Investitionen bei den Betreibern und Verbesserungen des Managements, um solche Unfälle in der Zukunft vermeiden zu können.

Das Problem liegt darin, daß der nächste Unfall ganz gewiß an einer anderen Stelle im Betrieb und mit anderen Chemikalien stattfindet. Dann geht zunächst, von außen betrachtet, alles drüber und drunter. Fortsetzung siehe oben.

Es ist nicht Ziel dieses Buches, das Problem der »Chemikalie der Woche« weiter zu beleuchten. Angefangen mit Egmont Kochs und Fritz Vahrenholts Buch »Seveso ist überall«[5] gibt es eine lange Reihe von Veröffentlichungen zu diesem Thema. Es ist auch nicht unsere Absicht, Neues beizutragen zu der alten Frage, welche Produkte für unsere Gesellschaft sinnvoll und welche Güter unsinnigen Luxusbedürfnissen oder gar irreführender und maßloser Reklame zuzuschreiben sind. Was uns beschäftigt, ist die unmäßige Inanspruchnahme der Natur für alle, aber auch wirklich alle Produkte.

Doch das Phänomen der »Chemikalie der Woche«, das immer wieder neue Entsetzen über neue »nie dagewesene« Effekte und Wirkungen, beleuchtet schlaglichtartig, daß unser Wissen über Chemikalien und die Zunahme dieses Wissens mit der Zeit weder eine ausreichende noch eine sehr stabile Grundlage für den Aufbau einer ökologischen Wirtschaft sind. Wenn man berücksichtigt, daß um die hunderttausend Stoffe für den Markt produziert werden – wenn auch nur zwanzig- oder dreißigtausend in größeren Mengen –, wenn man weiß, daß aus den Emissionen und Einleitungen nochmals hundert- oder zweihunderttausend Stoffe dazukommen, und wenn man weiß, daß die Natur selbst Millionen von Stoffen produziert, verfallen und wieder entstehen läßt, dann muß man es als illusorisch erkennen, mit Hilfe der schrittweisen Untersuchung von Einzelsubstanzen jemals komplexe Umweltprobleme erklären, geschweige denn verläßlich vorhersagen zu können.

Diese Feststellung schließt selbstverständlich solche Substanzen aus, deren Wirkungen akut vernichtender Natur sind, wie etwa konzentrierte Schwefelsäure, Strychnin oder Dioxine. Solche

Substanzen werden in verantwortlichen Gesellschaften jedoch aus Gründen des unmittelbaren Gesundheitsschutzes wohl kaum jemals zu ökologischen Problemen avancieren.

Das Unvermögen, Wirkungszusammenhänge umfassend zu verstehen oder vorherzusagen, hat nicht nur eine Menge zu tun mit der enormen Zahl unterschiedlicher Chemikalien, Materialien und Mischungen (natürlichen und künstlichen), die der Mensch in Bewegung setzt, sondern auch mit der Komplexität der aufnehmenden Systeme in der Ökosphäre, der ungeheuren Vielfalt von Reaktionsmöglichkeiten und Reaktionsintensitäten, den üblicherweise ziemlich langen Reaktionszeiten der Ökosphäre und nicht zuletzt mit der möglicherweise weiträumigen Verschiebung der Folgen. (Wer hätte je vermutet, daß Haarspray in 30 Kilometer Höhe zum Abbau der Ozonschicht beitragen könnte?)

Es kann wohl nicht angehen, daß wir einen tiefgreifenden internationalen Strukturwandel der Wirtschaft auf der Basis einer kleinen Zahl mehr oder weniger zufällig bereits als ökologisch »schädlich« erkannter Stoffströme planen. Jedes Jahr kämen erfahrungsgemäß ja dann, nach entsprechend langwierigen internationalen Debatten, einige neue »Schadstoffe« hinzu, und die Planungen müßten jedesmal entsprechend revidiert werden.

Wenn politisch an ökologischen Teilproblemen angesetzt wird, kann das sogar dazu führen, daß Entscheidungen getroffen werden, die neue und durchaus vergleichbare ökologische Probleme an anderer Stelle erzeugen. Zwei Beispiele führen wir später in diesem Kapitel vor. Nicht zuletzt ist der skeptische Blick der Einzelwissenschaft gar nicht in der Lage, globale ökologische Folgen des Handelns in der Zukunft zuverlässig und politikrelevant vorherzusagen. Wissenschaftstheoretisch ist es naheliegend, daß der Mensch niemals in der Lage sein wird, alle denkbaren Folgen, alle Synergismen und Antagonismen von Stoffen und Stoffkombinationen in der Umwelt und schon gar nicht die Auswirkungen dieser Zusammenhänge in Raum und Zeit so vorherzusehen, daß politisch rechtzeitig gegengesteuert werden kann. Und selbst wenn es möglich wäre: Welcher Wissenschaftler wäre bereit, auch die politischen und wirtschaftlichen Konsequenzen solcher Vorhersagen zu tragen?

Viele globale Umweltfolgen bauen sich zudem im Laufe von Jahrzehnten langsam auf. Von einem bestimmten Zeitpunkt an ist es dann ziemlich gleichgültig, ob etwas an der Technik verändert wird; die einmal angestoßenen Entwicklungen in der Ökosphäre werden Jahrzehnte weiterlaufen. Sie sind nicht mehr zu stoppen, und es gibt möglicherweise sogar komplett irreversible Entwicklungen, die eine Eigendynamik entwickeln, dann völlig unabhängig von dem, was wir weiterhin tun.

Es ist wissenschaftlich grundsätzlich unmöglich, auch nur für einen einzigen in die Umwelt entlassenen Stoff alle möglichen chemischen, physikalischen und biologischen Auswirkungen auf ökologische Systeme zu untersuchen, zu simulieren, zu quantifizieren oder gar zu monetarisieren, also in Geldwerten auszudrücken.

Eine Umweltpolitik, die unter diesen Beschränkungen antritt, kann grundsätzlich nichts anderes tun, als aufzuräumen, wo ein Schaden bereits angerichtet ist, und Vorkehrungen zu treffen, um bekannt gewordene Probleme in der Zukunft möglichst auszuschließen. Dies ist zwar weit mehr, als die meisten Länder heute wirklich tun. Es kann aber nicht ausreichen, um die Wirtschaftsabläufe so zu gestalten, daß sie langfristig im Rahmen der ökologischen Vorgaben ablaufen.

Prinzipien für den Umweltschutz

Drei Prinzipien wurden 1973 vom Bundestag für die deutsche Umweltpolitik formuliert:

1. *Das Vorsorgeprinzip*: Umweltpolitik soll Schäden verhüten, nicht nur die Folgen beseitigen.
2. *Das Kooperationsprinzip*: Die verschiedenen Gruppen der Ge-

sellschaft wie Wirtschaft, Staat und Arbeitnehmerorganisationen sollen an umweltpolitischen Entscheidungen teilnehmen.
3. *Das Verursacherprinzip*: Wer für einen Schaden verantwortlich ist, soll auch für die Folgen aufkommen.

Nach zwanzig Jahren Erfahrung mit diesen Prinzipien kann man für den Bereich der Umweltpolitik, der sich mit den Stoffströmen befaßt, dazu anmerken:

1. *Zum Vorsorgeprinzip:* Das Vermeiden von Schadstoffen, die sich bereits durch Episoden als umweltgefährlich zu erkennen gegeben haben, ist als Grundlage einer vorsorgenden Politik nicht ausreichend; die Gründe haben wir genannt. Dennoch ist die vorsorgende Untersuchung neuer Stoffe vor ihrer Erstvermarktung, und ihre regelmäßige weitere Beobachtung und Überprüfung, etwa im Sinne des Chemikaliengesetzes, sinnvoll, weil hierdurch eine Reihe als besonders bedrohlich eingeschätzter Auswirkungen vermieden werden kann.

Für die Ökopolitik der Zukunft ist eine international anerkannte Methode zur Bemessung der Umweltbelastungsintensität von Prozessen, Gütern und Dienstleistungen Voraussetzung für die sinnvolle Anwendung des Vorsorgeprinzips.

2. *Das Kooperationsprinzip* hat überall dort seinen Sinn und war auch wirksam, wo staatliche Stellen vor Entscheidungen den Rat betroffener Kreise eingeholt und in fairer Weise berücksichtigt haben. Dies gilt für gesetzliche Vorhaben ebenso wie für freiwillige Vereinbarungen. Das Kooperationsprinzip war in den vergangenen zwanzig Jahren in Deutschland öfter wirksam, als die Öffentlichkeit zu glauben scheint. Dennoch wären Verbesserungen wünschenswert. Dies gilt auch für die unvoreingenommene Diskussionsbereitschaft von seiten der Industrie, der Bürgerinitiativen und der Gewerkschaften. Unsere Diskussionskultur in Deutschland ist der unserer wirtschaftlichen Stärke noch nicht angepaßt. Insbesondere das Fernsehen gibt da leider nicht genug Anlaß zum Nacheifern.

Ökopolitik, wie wir sie in diesem Buch vorstellen, verlangt einen tiefgreifenden und obendrein internationalen gesellschaftlichen

Wandel. Solch ein Wandel ist unter keinen Umständen ohne die Bereitschaft aller gesellschaftlichen Gruppen und Individuen zur Mitarbeit zu verwirklichen. Die Menschen brauchen hierfür verläßliche und einfach zu verstehende Informationen über die Umweltverträglichkeit von Planungen, Prozessen, Gütern und Dienstleistungen, damit sie sich als Teilnehmer an der politischen Willensbildung und als Konsumenten am Markt orientieren und sinnvoll entscheiden können. Demzufolge ist auch hier eine allgemein anerkannte Methode zur Bemessung der Umweltbelastungsintensität von politischen und wirtschaftlichen Alternativen Voraussetzung zum Erfolg.

3. *Das Verursacherprinzip*, so sinnvoll es ist, blieb bis heute international unwirksam. Solange Ursache und Wirkung ökologischer Schäden innerhalb der Grenzen eines Landes bleiben, ist dieses Prinzip ein praktikabler Ansatz – wenn sich auch die Umsetzung schon in diesem Raum als schwierig erweist. Doch auf der internationalen Ebene waren die Hürden bis heute zu hoch. Das hat nicht nur mit der enormen Verflechtung der internationalen Handelsströme, der Besitz- und der Verantwortungsverhältnisse zu tun. Es hängt auch damit zusammen, daß die Länder des Nordens zweihundert Jahre lang ihren Wohlstand auf den Rohstoffen aus aller Welt aufgebaut und dabei aus der Sicht der Dritten Welt zweihundert Jahre lang einen Schuldenberg an Umweltsünden aufgetürmt haben, der in internationalen Verhandlungen nun von den Ländern des Südens eingefordert wird.

Erst wenn international vereinbart worden ist, nach welchen Grundsätzen die Umweltverträglichkeit von Prozessen, Gütern und Dienstleistungen bemessen werden soll, können Umweltschäden quantifiziert und ihren Ursachen zugerechnet werden. Ein solches Zurechnungsverfahren könnte zum Beispiel den Schaden auf die jeweils erbrachte funktionell äquivalente Leistung beziehen. Dies ist unter anderem für zukünftige GATT-Verhandlungen (Globales Zoll- und Handelsabkommen) von ausschlaggebender Bedeutung.[6] Im vorliegenden Buch werden wir ein Verfahren hierfür vorstellen.

Neben diesen drei Prinzipien könnten für die Ökopolitik der Zukunft zusätzliche prinzipielle Vereinbarungen in Erwägung gezogen werden, so z. B. in den folgenden Bereichen:

1. Das Plausibilitätsprinzip sollte in Zukunft zur Regelbasis wirtschaftlicher Entscheidungen gemacht werden. Mit anderen Worten: wann immer möglich, sollten bei Entscheidungen Alternativen mit hohem Umweltbelastungspotential vermieden werden.
2. Verschwenderisches – aus technischer Sicht unnötig aufwendiges – Umgehen mit Materie, Energie und Raum führt unweigerlich zu unerwünschten ökologischen Folgen, oft über Ländergrenzen hinweg.
3. Gesellschaftliche Kontrakte auf nationaler und internationaler Ebene sind Voraussetzung für eine zukunftsfähige Wirtschaft, da der Markt selbst die ökologischen Kosten falschen Handelns nicht zu internalisieren vermag[7].
4. Wirtschafts-, technologie- und gesellschaftsverträgliche Anpassungen an ökologische Leitplanken erfordern Jahrzehnte und setzen deshalb langfristige politische Verläßlichkeit und Stabilität voraus.
5. Die Entscheidungsgewalt nationaler Regierungen schließt die Verpflichtung zur Pflege der Ökosphäre ein, und nicht etwa das Recht zu ihrer beliebigen Nutzung.
6. Existierende Anlagen und Produkte sollten erst dann durch ökologisch bessere Lösungen ersetzt werden, wenn die Erneuerung ökologische Vorteile bringt.
7. Das Prinzip der Vorsicht (Precautionary Principle) sollte allgemeiner Maßstab sein[8], ebenso
8. das Prinzip der Konvergenz zwischen Süd und Nord, Ost und West für die Nutzung natürlicher Ressourcen.

Gründe für das Dilemma der Umweltpolitik

Es ist wichtig, sich klarzumachen, was die Gründe für das Dilemma der klassischen Umweltpolitik sind, wenn man neue Konzepte entwerfen will. Sechs Gründe seien hier genannt; wir werden auf sie im Verlauf dieses Buches immer wieder zurückkommen:

1. Die Verkennung von Systemfehlern in unserer Wirtschaftsweise. Die Fehler liegen nicht im System der Marktwirtschaft, sondern in der Wirtschaftsweise, wie sie heute betrieben wird. Diese Wirtschaftsweise ist darauf ausgerichtet, aus dem vorhandenen Kapital und der Arbeit den höchstmöglichen Gewinn zu schöpfen. Sie maximiert also die Kapital- und Arbeitsproduktivität. Hingegen zählen die Rohstoffe für den Gestehungspreis von Gütern und Dienstleistungen verhältnismäßig wenig; man schaue sich nur einmal die Rohstoffpreise der internationalen Märkte in einer Tageszeitung an. Eine Maximierung der Ressourcenproduktivität findet deshalb nicht statt. Betriebswirtschaftliche Optimierung führt heute zu volkswirtschaftlich und ökologisch völlig unsinnigen Ergebnissen. Es lohnt sich z. B., Äpfel aus Neuseeland in Meran zu verkaufen und Tomaten aus Holland (fast nur Wasser) in Wien. Es lohnt sich auch, wie Stefanie Böge vom Wuppertal Institut im einzelnen gezeigt hat, ungeahnte Transportleistungen in ein Glas Joghurt zu stecken (siehe Kapitel »Ein Joghurt geht auf Reisen«). Man verdient dennoch Geld.
2. Die Annahme, man könne durch eine Summe politischer Einzelreaktionen auf nach und nach erkannte Umweltprobleme mit anschließenden technischen »Verbesserungsmaßnahmen« langfristige Umweltpolitik betreiben. Darüber haben wir weiter oben schon ausführlich gesprochen.
3. Die verwirrende Vielzahl komplexer, problemspezifischer und international oft nicht vergleichbarer Annahmen und Daten von (wirklichen und selbsternannten) Experten zu den Ursachen und Beseitigungsmöglichkeiten einzelner Umweltprobleme.

4. Das Fehlen eines robusten ökologischen Indikators, mit dessen Hilfe in allen Fällen das Ausmaß der Umweltbelastung von Maßnahmen und Wirtschaftsleistungen zumindest grob abgeschätzt werden kann und richtungssichere Verbesserungen möglich werden.
5. Das Fehlen international anerkannter Methoden für lebenszyklusweite Ökobilanzierungen (Life-Cycle-Analysis, LCA).
6. Die tiefe Unsicherheit darüber, wie weitgehend der Strukturwandel von Wirtschaft und Entwicklung gehen müsse, um zu einer Restabilisierung und langfristiger »Gesundheit« der Ökosphäre zu gelangen.

Die Menschheit weiß, daß sie die Ökosphäre bereits erheblich aus dem Gleichgewicht gebracht hat, und es geschieht einiges, um zu optimieren oder, meist regional, aufzuräumen. So können oft Erfolge gefeiert werden: die Rückkehr der Lachse in die Themse und vielleicht auch bald in den Rhein, ein blauer Himmel über der Ruhr, die Entkopplung von Wirtschaftswachstum und Energieverbrauch in den Ländern des Nordens, das Anwachsen der Gesamtfläche der Naturschutzgebiete in Deutschland und vieles andere. Doch genausogut lassen sich Beispiele für dramatische Verschlechterungen des Zustands der Umwelt finden; die erschreckendsten sind zur Zeit die Anzeichen globaler Folgen menschlichen Handelns wie Klimaveränderung und Ozonschwund in der Stratosphäre. Die nächsten regionalen Probleme werden möglicherweise im Wasserbereich entdeckt.

Offensichtlich hat die Menschheit also mit ihren Einzelerfolgen die Dynamik der Umweltveränderung nicht gestoppt. Niemand aber kann bis heute sagen, was und wieviel getan werden muß, um diese Dynamik zu stoppen. Doch nur, wenn dieses Wieviel wenigstens ungefähr bekannt ist, weiß die Politik, ob einzelne Reformen genügen oder ob grundlegende Strukturveränderungen nötig sind. Ohne dieses Wissen ist eine sinnvolle Ökopolitik nicht möglich. Wir haben versucht abzuschätzen, wie weit die Menschheit, in erster Linie die Menschen des Nordens, ihr Öko-Konto überziehen. Diese Abschätzung werden wir noch vorstellen, und wir werden begründen, warum wir meinen, daß die internationale Gemeinschaft um einen tiefgreifenden Strukturwandel der Wirtschaftsweise nicht herumkommen wird.

In einem Satz kann man die genannten Gründe für das Dilemma der klassischen Umweltpolitik so zusammenfassen:

Was bei der schadstofforientierten Umweltpolitik grundsätzlich zu kurz kommt, ist die notwendige Fokussierung auf Strukturänderungen, die geeignet wären, die Ökosphäre insgesamt zu restabilisieren und zu erhalten – als Grundlage für menschliches Wirtschaften und als einzig denkbare Grundlage für das biologische Leben, wie wir es kennen.

Zum Schluß dieses Abschnittes wollen wir einige Überlegungen darüber anstellen, wie eine schadstofforientierte Umweltpolitik aussehen könnte, die ihren eigenen Ansprüchen genügt. Einer dieser Ansprüche ist im Vorsorgeprinzip formuliert: Das Erkennen und Verhindern von Umweltfolgen menschlichen Tuns, bevor der Mensch darunter leiden muß oder die Umwelt irreversibel geschädigt wird. Dieser Anspruch ließe sich zum Teil durch Instrumente verwirklichen, mit deren Hilfe Umweltschäden sehr frühzeitig erkannt werden können. Instrumente dieser Art müßten allerdings in der Lage sein, auch solche Umweltveränderungen zu erkennen, mit denen bis dahin niemand gerechnet hat. Die Astronomen, die derzeit in den USA mit ihren Radioteleskopen nach fremden Lebensformen im Weltall Ausschau halten, wären ziemlich schlecht beraten, wenn sie nur in auch auf der Erde benutzten Frequenzbereichen suchen würden, oder nach Signalen, wie sie auch die Menschheit auf der Erde erzeugt.

Kein Land der Erde hat ein Umweltbeobachtungssystem, welches zum Erkennen einer breiten Skala verschiedenartiger unerwarteter Veränderungen der Ökosphäre ausgelegt ist und entsprechend verläßliche Frühwarnsignale geben könnte.

Die Betonung liegt auf dem Wort »unerwartet«. Würde ein solches

Beobachtungsnetz mit der gleichen technischen Raffinesse ausgelegt, die heute in technisch-wissenschaftliche Innovationen und die Schaffung neuer Produkte und Dienstleistungen gesteckt wird, dann wäre nicht auszuschließen, daß es viele ökologische Konsequenzen heutigen Wirtschaftens frühzeitig erfassen könnte. Zwar kann kein Beobachtungsnetz Prozesse erfassen, die nicht bereits im Gange sind, so daß auch dieses Netz durchaus seine Beschränkungen hätte. Doch ohne Zweifel würde es der Umweltpolitik eine zusätzliche Chance geben, Fehlentwicklungen frühzeitig aufzuspüren und korrigieren zu können.

Ein Frühwarnsystem, das unerwartete Reaktionen der Ökosphäre erfassen soll, muß deshalb aggregierende Parameter messen, also solche, die nicht einzelne Ursachen anzeigen, sondern Wirkungen, und möglichst sogar verallgemeinerte oder in Gruppen zusammengefaßte Wirkungen. Im Prinzip würde es also wie eine Ansammlung verschiedener Fieberthermometer funktionieren: Wichtig wäre als erster Schritt nur das sichere Wissen, daß etwas schiefläuft. In beschränktem Umfang gibt es solche Anzeigen für die Umwelt auch schon. So ist etwa der pH-Wert eines Gewässers, also sein Säuregrad, ein solcher aggregierender Parameter, denn er gibt Auskunft über Zustand und Veränderung der ökologischen Qualität des Gewässers, ohne daß er explizit Annahmen über chemische Verursacher der Veränderung enthält. Ähnlich der sogenannte biologische Sauerstoffbedarf (BOD für englisch »biologic oxygen demand«), ein Maß für den Nährstoffgehalt eines Gewässers.

Im biologischen Bereich aber wäre noch viel zu tun. Ziel müßte es sein, zum einen automatisierte, verläßliche Systeme zu schaffen, welche mit hoher Empfindlichkeit anzeigen können, ob grundlegend wichtige biologische Prozesse in der Umwelt schneller oder langsamer abzulaufen beginnen. Es würde sich also um »Umweltqualitätssonden« handeln, die einerseits aus einer Kombination von kultivierten Organismen, Zellen oder Organellen bestehen und andererseits aus einer Registriereinheit. Zum anderen könnten Meßanordnungen weiter entwickelt und automatisiert werden, die bereits auf geringe Abweichungen im Verhalten von Fischen,

Daphnien (Wasserflöhe), Ameisen oder anderen Arten ansprechen und es von natürlichen statistischen Abweichungen unterscheiden können[9].

Exkurs: Das Dreieck Wissenschaft – Politik – Presse

Wir haben uns sehr skeptisch über die Aussichten geäußert, daß die Wissenschaft eines Tages alle umweltpolitisch erforderlichen Informationen über das komplexe Netz von Ursachen und Wirkungen menschlichen Tuns auf die Ökosphäre liefern könnte. Damit wir nicht mißverstanden werden: Selbstverständlich stellt die Wissenschaft auch Fragen nach komplexen Zusammenhängen in der Ökosphäre und versucht, sie zu beantworten. Die Frage etwa nach den Folgen einer Zunahme von CO_2 in der Atmosphäre konnte Svante Arrhenius bereits vor hundert Jahren stellen[10]. Das Motiv für solche Fragen und damit zusammenhängende Bedenken ist jedoch zunächst nicht politischer Natur. Wissenschaftler formulieren solche Fragen vielmehr aus dem Wollen heraus, exakt, »seriös« und eben auch komplex zu sein, weil dies eine komplexe Welt ist. Ihre Fragen wollen und können in diesem Stadium nicht die Funktion einer ernsthaften politischen Mahnung übernehmen. Das hat heute, in einer Zeit, in der Politiker immer stärker auf die Expertise von Wissenschaftlern angewiesen sind, Folgen – und diese Folgen können für alle Beteiligten und die zuschauende und zuhörende Öffentlichkeit unerfreulich sein.

Wir kennen die Klage: Schon Ende des vergangenen Jahrhunderts gab es die ersten Warnungen vor dem Anstieg des Treibhauseffekts durch das Verbrennen von Kohle. Spätestens um die Jahrhundertwende lagen zahlreiche wissenschaftliche Arbeiten über das Waldsterben und andere Umweltschäden auf dem Tisch oder doch mindestens in den Archiven. Aber Konsequenzen wurden daraus nicht gezogen. Warum sollte das heute anders sein?

Vielen Menschen, die die Berichte über Umweltkatastrophen und Anzeichen für globale Veränderungen verfolgen, ist es unverständlich, daß politisch so wenig zur Stabilisierung der Ökosphäre geschieht, und das Wenige so langsam. In der Tat deutet manches darauf hin, daß die Menschheit nicht mehr beliebig viel Zeit hat, sich zum Handeln durchzuringen. Doch abgesehen davon, daß Ungeduld noch nie ein guter Berater war, darf eines nicht übersehen werden: Daß der Mensch nicht fähig oder nicht willens sei, ökologisch zu wirtschaften, kann man nicht daraus ableiten, daß es während der gesamten Zeit der Industrialisierung immer wieder Warnungen vor ökologischen Folgen gegeben hat. Einzelne wissenschaftliche Erkenntnisse sind noch keineswegs eine gesellschaftliche Macht – sie sollen es aus der Sicht der Wissenschaftler selbst meist auch gar nicht sein. Wissenschaftliche Erkenntnisse sind zunächst immer begrenzte, punktuelle Erkenntnisse. Ein redlicher Wissenschaftler wird auch eine alarmierende Entdeckung zunächst einmal als Aufforderung an die Kollegen zu Widerspruch oder Bestätigung verstehen, und nicht als Einladung zu politischen Krisensitzungen. Erst die Verknüpfung vieler wissenschaftlicher Erkenntnisse zu einem Gesamtbild, verbunden mit mehr oder weniger schweren, beobachtbaren Schäden dort, wo sie wissenschaftlich prophezeit wurden oder erklärbar sind, machen es möglich, daß wissenschaftliche Erkenntnisse Einfluß auf Politik gewinnen. Im Umweltbereich ist Sherry Rowlands Warnung vor den Folgen der FCKW-Nutzung hierfür ein einzigartiges Beispiel[11].

So weit ist die Wissenschaft aber heute erst in einzelnen Bereichen. Sie sieht lokale Schäden ähnlicher Art an unterschiedlichen Orten auftreten, sie sieht globale Schäden, und sie ist immer häufiger in der Lage, komplexe Ursache-Wirkungs-Ketten zu verfolgen. Sie ist sogar in Einzelfällen so weit, selbst globale Folgen des menschlichen Handelns, die sich erst andeuten, wissenschaftlich so zuverlässig nachweisen zu können, daß der verbleibende Zweifel eigentlich nur noch wissenschaftsintern von Bedeutung sein sollte.

Es gibt aber Grenzen der Gewißheit. Ergebnisse, an denen kein Zweifel mehr erlaubt ist, darf es in der Wissenschaft nicht geben, wenn Wissenschaft nicht zur Ideologie mutieren soll; und nichts wäre schlimmer, als wenn es keinen Forscher mehr gäbe, der den Kollegen seines Fachs öffentlich widerspräche – auch und gerade in politisch so aufsehenerregenden Gebieten wie der Umwelt- und der Klimaforschung.

Doch dieser Zweifel, der die Triebkraft der Wissenschaft ist, wird heute immer häufiger zur Lähmung der Politik. Je mehr die Wissenschaft in einer komplexen, oft nur mehr mit wissenschaftlichen Mitteln erfaßbaren Welt zur Basis politischer Entscheidungen wird und werden muß, desto schärfer entwickelt sich der Konflikt zwischen den inneren Ansprüchen der Wissenschaft und den Anforderungen der Politik, und desto größer werden zwei Gefahren, die weder der Politik noch der Wissenschaft und schon gar nicht der Umwelt guttun:

Erstens: Wissenschaft muß immer offen für Zweifel bleiben, doch genau diese Offenheit wird Politikern allzu häufig zum Vorwand für Nichtstun.

Und *zweitens:* Gelegentlich suchen einzelne Wissenschaftler die Bestätigung, die sie in Kollegenkreisen nicht finden, in der Öffentlichkeit und bei Politikern.

Beides zusammen führt immer häufiger dazu, daß sich ein unheiliges Gespann aus Wissenschaftlern, Politikern und den Medien als dem Dritten im Bunde entwickelt, das nach einem einfachen Schema Hand in Hand arbeitet und am Ende nichts produziert als viel Rauch und umweltpolitische Stagnation. Oft wurde er schon beobachtet, dieser »Standardweg der Wissenschaft in die Politik«, und, je nach Temperament, verflucht oder belächelt. Obwohl das Problem ernst ist, tragen doch seine Erscheinungsformen alle Züge einer Karikatur:

1. Am Anfang der Geschichte steht eine Presse-»Enthüllung« oder eine Industriekatastrophe.
2. Der zuständige Minister ist betroffen und holt sich Rat bei Wissenschaftlern innerhalb und außerhalb der Industrie. Eine seiner wichtigsten Fragen: Kann »das« (die Katastrophe) auch »bei uns« passieren?
3. Die Wissenschaft trumpft mit teils weit zurückliegenden Erkenntnissen und frühen Warnungen auf, konstatiert aber weiteren Forschungsbedarf, da die vorhandenen wissenschaftlichen Ergebnisse nicht uneingeschränkt auf das vorliegende Problem

übertragbar sind und/oder nicht auf politische, sondern lediglich auf wissenschaftliche Fragestellung Antwort gaben und geben sollten.

4. Die Presse verbreitet den Vorwurf, daß die erwähnten frühen Erkenntnisse der Wissenschaft ignoriert oder sogar zurückgehalten worden seien.
5. Der Minister verteidigt sich unter Hinweis auf den von den Wissenschaftlern konstatierten Forschungsbedarf. Er bewilligt Gelder.
6. Die Wissenschaft nimmt die Gelder freudig an und verstärkt ihre Forschungsaktivitäten. Wenn dem auslösenden Ereignis eine Kette weiterer, ähnlicher Ereignisse folgt, wird der Ruf nach ordnungspolitischen Lösungen (Verboten, Werksschließungen) laut. Ansonsten aber passiert politisch zunächst oder bis zur nächsten »Enthüllung« bzw. Katastrophe selten Grundsätzliches; dann: siehe oben, Punkt 1.

Der Weg aus dem Dilemma führt auf seiten der Wissenschaft sicherlich nicht über den Elfenbeinturm, also das Beharren darauf, Erkenntnisse ausschließlich nach wissenschaftsinternen Kriterien zu bewerten und die politische Verwertung anderen zu überlassen. Im Gegenteil: gerade angesichts der karikierten Situation wird es immer wichtiger, daß Wissenschaftler selbst Beiträge zur politischen Interpretation ihrer Ergebnisse leisten, daß sie zumindest den intensiven Austausch mit der Politik suchen.

Dieser Austausch kann und darf aber nicht nur darin bestehen, die Komplexität wissenschaftlicher Erkenntnis in ihrer ganzen Tiefe den Politikern vermitteln zu wollen, in der Hoffnung, sie unverkürzt in politischen Entscheidungen wiederzufinden. Eine Chance, politisch relevant zu werden, hat immer eher das Einfache und das Vereinfachte. Es wird in der Zukunft eine wichtige Aufgabe der Wissenschaft sein, an dieser Vereinfachung mitzuarbeiten, »wissenschaftlich« zu vereinfachen, indem zum Beispiel aggregierende, zusammenfassende Indikatoren gesucht werden, die komplexe Probleme auf einfache Maßangaben zurückführen. Nur so ist die Hoffnung berechtigt, daß keine Verfälschungen entstehen, sondern am Ende der Kern der wissenschaftlichen Erkenntnis erhalten bleibt.

In den Ohren vieler Wissenschaftler wird dies klingen wie das unsittliche Ansinnen, sie sollten sich jetzt an der Banalisierung ihrer Arbeitsergebnisse auch noch selbst beteiligen. Doch dies wäre ein Mißverständnis. Gemeint ist ein Übersetzungsprozeß von der wissenschaftlichen Erkenntnis in die politische Praxis, von der Komplexität der Diskussion unter Kollegen zu der Einfachheit, die notwendig ist, wenn Wissen zur Basis alltäglichen Handelns von Nichtwissenschaftlern werden soll. Das Anliegen dieses Buches, ein im Alltag anwendbares ökologisches Maß vorzustellen, ist ein Beispiel für das, was hier gemeint ist.

Energie – Umweltfeind Nr. 1?

Wir können uns den Luxus nicht leisten, jahrzehntelang eine Chemikalie nach der anderen zu untersuchen und dann (vielleicht) ordnungspolitische Verminderungsentscheidungen zu treffen. Wir brauchen vielmehr verläßliche generelle Maßstäbe für ökologiegerechtes wirtschaftliches Handeln. Die Suche nach solchen Maßstäben ist nichts Neues. In Wissenschaft und Öffentlichkeit wird seit langem der Energieverbrauch als ein denkbarer Kandidat für solch einen Maßstab diskutiert. Schauen wir uns diese Vermutung einmal genauer an, bevor wir uns dann im einzelnen mit den heute praktizierten Verfahren der Bewertung von Umwelteinflüssen befassen wollen.

Um es vorweg zusammenzufassen:

Die Umweltschädlichkeit des Energieverbrauchs ist nicht die Umweltschädlichkeit der Energie. Die Energieströme, die der Mensch freisetzt, sind ökologisch nur marginal von Bedeutung. Das Problem sind die Stoffströme, die bei der Beschaffung und Anwendung der Energie fließen müssen.

Der Energieumsatz der Menschheit macht nur einen Bruchteil der Energie aus, die die Sonne auf die Erde strahlt; die Energiebilanz der Erde ist auch durch den enormen Energiehunger aller modernen Industrie- und Konsumgesellschaften dieser Erde zusammen nicht wesentlich berührt. Allein auf die Landflächen der Erde trifft von der Sonne 3.000mal soviel Energie, wie die gesamte Menschheit im Jahre 1990 verbraucht hat.

Energieverbrauch – ein Indikator für Umweltbelastung?

Einige Dutzend Liter Dieselöl reichen aus, um mit Hilfe primitiver Straßenbaumaschinen einen Hektar Wald, auch Urwald, von Bäumen zu entblößen. Das macht etwa tausend Tonnen Holz, oder vielleicht zweimal so viel, und darüber hinaus die katastrophengleiche Zerstörung des Lebensraums ungezählter Tier- und Pflanzenarten. Das Nachwachsen der Bäume, wenn es denn überhaupt möglich ist, dauert Jahrzehnte oder gar Jahrhunderte. Die resultierende Erosion kann den Verlust von 10.000 bis 50.000 Tonnen Erde bedeuten und die völlige Unfruchtbarkeit der zurückgebliebenen Landschaft. Und das alles für eine Treibstoffmenge, die wir auf der Fahrt in den Urlaub so ganz nebenbei in den Tank fließen lassen. Kann unter solchen Umständen Energieverbrauch ein Maß für Umweltbelastung sein?

Wie jeder in der Provence weiß, genügen eine Schachtel Streichhölzer und einige Streifen synthetischer Grill-Anzünder, um ganze Abhänge des Maurengebirges abzubrennen. Das Anzünden der Wälder ist in einigen mediterranen Ländern ein anscheinend beliebter Sport, unter anderem, um Gelände in sonst geschützten Gegenden für profitables Bauen verfügbar zu machen. Energieverbrauch: nahezu null. Auch das Pflügen von Erde mit tiefgreifenden Geräten und großen landwirtschaftlichen Schleppern ist keine sehr energieintensive Aktivität. Sie hat aber in einigen Staaten im Mittelwesten der USA dazu geführt, daß bereits mehr als die Hälfte des ursprünglichen Mutterbodens durch Erosion verlorengegangen ist.

Auch das Wegkippen riesiger Mengen von Abraum im Tagebau der dünnflözigen Appalachenkohle wurde ein halbes Jahrhundert lang – bis in die späten siebziger Jahre unseres Jahrhunderts – mit einfachsten Straßenbaumaschinen erledigt. Bis zu zwanzigmal mehr Abraum als Kohle wurde so erzeugt und in die Schluchten gekippt. Zehntausende von Kilometern Einschnitte an steilen Halden wurden so geschaffen. Tausende von Quadratkilometer Wald wurden auf diese Art vernichtet. Etwa 10 Prozent der Energie, die aus der Braunkohle gewonnen wurde, waren bereits durch diese Holzvernichtung vertan. Aber Holz taugt eben nicht zur Feuerung von Kraftwerken. Hunderte von Bächen wurden zugeschüttet, Überschwemmungen waren die Folge. Weit über zehntausend Kilometer Bäche und Flüsse wurden (durch die Oxydation der im Abraum enthaltenen Schwefelverbindungen) so versauert, daß sie auch als Gebrauchswasser untauglich waren.

Weiter oben haben wir das Beispiel der absinkenden Flächen im Ruhrgebiet erwähnt, das durch Untertagebau verursacht wurde. Auch hier war die Energiebilanz zunächst positiv.

Eine Energiebilanz allein erfaßt die ökologischen Folgen vieler Arten menschlicher Tätigkeiten nicht; sie kann sogar völlig irreführende Ergebnisse liefern, wie die genannten Extrembeispiele zeigen. Energieverbrauch ist nur ein Teil der ökologischen Wahrheit über menschliches Tun, manchmal ein wichtiger Teil, manchmal aber auch nicht. In der Praxis wird immer wieder die Frage auftauchen, inwieweit es möglich ist, bei der Abschätzung der Umweltbelastungsintensität von Wirtschaftsleistungen durch verkürzende, vereinfachende Annahmen schneller zum Ziel zu kommen. Wir glauben, daß nur sorgfältige Analysen der Stoffströme *und* Energieeinsätze in allen Bereichen des Lebensweges repräsentativer Produkte und Dienstleistungen darüber Auskunft geben werden. Wir dürfen nichts vernachlässigen, bevor wir nicht an repräsentativen Beispielen erkundet haben, wie groß das ist, was wir vernachlässigen.

Erneuerbare Energien

Umweltpolitik kann auch Umweltprobleme erst erzeugen, wenn sie ihr Augenmerk zu stark auf einen Teilaspekt richtet. Ein drastisches Beispiel dafür wäre der Versuch, den gegenwärtigen Energieverbrauch (und gar den von vielen Experten vermuteten Bedarf von morgen) in den gegenwärtigen Energieversorgungs- und Verbrauchsstrukturen mit Solarenergie oder Wasserkraft zu decken. Unter ökologischen Bedingungen wäre das überhaupt nicht realisierbar. Riesige Flächen müßten mit Solarzellen überdeckt, weltweite Netze müßten geschaffen werden für den Transport einer Energie, die sich bis heute großtechnisch nur mit einer Ausbeute von um die 10 bis 15 Prozent – allerdings mit steigender Tendenz – einfangen läßt. Gleichzeitig müßten wohl nahezu sämtliche verfügbaren Täler zugemauert und geflutet werden, um die Ansprüche einer Gesellschaft zu befriedigen, die sich mit einem Überfluß an Kohle, Öl, Erdgas und Kernenergie bequem eingerichtet hat.

Es gibt wohl keinen vernünftigen Zweifel daran, daß die Menschheit die Nutzung erneuerbarer Energiequellen stark ausbauen muß. Langfristig werden sich die nicht-erneuerbaren Energiequellen, wie ihr Name schon sagt, erschöpfen; mittelfristig tragen sie über ihren »Rucksack« an Materialströmen zur Destabilisierung der Ökosphäre bei. Doch kein Befürworter der erneuerbaren Energien würde das beschriebene Szenario unterstützen. Er stünde von vornherein zu Recht im Verdacht, selbst ein Beitrag zu der ökologischen Katastrophe zu sein, die er vermeiden zu wollen vorgibt. Zu einem Solarenergie-Szenario gehört untrennbar, daß die Dienstleistungen, für die wir Energie einsetzen, mit deutlich verringertem Energieaufwand bereitgestellt werden; und das heißt, daß sich der Materialaufwand verringern muß. Nur wenn Energie mit entscheidend geringerer Materialintensität pro Energieeinheit (zum Beispiel pro Kilowattstunde) angeboten werden kann, nur wenn deutlich weniger Energie pro Dienstleistungseinheit eingesetzt wird, sind wir auf dem Weg zu einer zukunftsfähigen Wirtschaft. Eine Energiepolitik unter ökologischen Gesichtspunkten muß also eine Politik der Veränderung der Struktur der Versorgung und des Verbrauches sein; Patentlösungen, die an einem einzelnen Punkt ansetzen, dürfen zu Recht unter dem Anfangsverdacht stehen, das ökologische Problem bestenfalls zu verschieben.

Der Fall Kohlendioxyd

Die jüngste Diskussion über mögliche Klimaveränderungen macht auf ein wichtiges Einzelproblem aufmerksam, wohl das bisher größte Umweltproblem, das öffentlich diskutiert wird. Aber aus ökologischer Sicht ist es nur ein Teilproblem, und deshalb besteht die Gefahr, daß die Diskussion über eine CO_2-Reduzierung die über andere Umweltprobleme zu Unrecht verdrängt. Binnen weniger Jahre wurde der Kohlendioxydausstoß zu einem neuen Maß für die Qualität aller Techniken und Dienstleistungen. Selbst die Fronten zwischen Kernenergiebefürwortern und Kernenergiegegnern, die zuvor so übersichtlich zwischen den politischen Lagern verlaufen waren, gerieten in Bewegung.

Kohlendioxyd strömt aus unterschiedlichen menschengemachten Quellen in die Atmosphäre, und nur eine davon, allerdings die kräftigste, ist das Verbrennen von fossilen Brennstoffen, also Kohle, Erdöl und Erdgas. Betrachten wir nur diese Quelle, dann ist der Strom von Kohlendioxyd, mit dem wir die Erdatmosphäre belasten und das Erdklima beeinflussen, nur einer der vielen Stoffströme, die bei der Bereitstellung und Nutzung von Energie entstehen. Also muß das Kohlendioxyd als Teilaspekt der Energieproblematik behandelt werden. Insbesondere darf das Vermeiden von CO_2 oder gar das Entfernen von CO_2 aus der Erdatmosphäre nicht selbst wieder gewaltige Ströme von Energie und Materie in Bewegung setzen, wenn es nicht ökologisch kontraproduktiv werden soll.

Der Präsident des japanischen Wissenschaftsrates, Professor Jero Kondo, schlägt z. B. als Problemlösung vor, das in der Atmosphäre nunmehr »überschüssige« Kohlendioxyd mit Hilfe von Sonnenenergie einzufangen und in Industriechemikalien umzuwandeln; ebenso das in Schornsteine geleitete CO_2. Er zeigt auch Bilder, wie solche Anlagen aussehen und welche chemischen Produkte vorteilhaft gewonnen werden könnten[12]. Das ist wohl das bisher gewaltigste Beispiel für eine »End-of-the-pipe«-Technologie. Professor Kaya von der Tokio-Universität, einer der hochrangigsten Regierungsberater Japans, bezeichnet das nächste Jahrhundert als das der »Dekarbonisierung«!

Am Rande bemerkt, ist die Annahme, der Beitrag von Kohlendioxyd zu einer Klimaveränderung sei die einzige mögliche ökologische Folge der massiven menschenverursachten CO_2-Emission, zu kurz gegriffen. Schließlich ist Kohlendioxyd einer der wichtigsten Nährstoffe für grüne Pflanzen. Bis heute liegen allerdings nur spärliche Hinweise auf direkte biologische Auswirkungen der erhöhten CO_2-Konzentrationen in der Erdatmosphäre vor.

Die Diskussion über Klima und CO_2 ist also alles andere als überflüssig. Wenn sie nicht dazu führt, die Gewichte in der Umweltdiskussion und der politischen Praxis unangemessen zu verteilen, hat sie sogar eine für die Zukunft der Ökopolitik enorm wichtige Funktion: Wenn sich weltweit Wissenschaftler mit einem Problem vom Umfang einer globalen Klimaveränderung befassen, wenn sie sich wissenschaftlich davon faszinieren lassen, wenn Konferenzen abgehalten und mittlerweile sogar einzelne politische Konsequenzen gezogen werden, dann erleben wir an einem Modellfall von erstrangiger Bedeutung, zu welchen Formen des politischen und wissenschaftlichen Handelns, der Auseinandersetzung und letztlich der Konsensfindung die Menschheit fähig ist. Es ist nötig, Debatten dieser Art über ein Teilproblem der Ökopolitik zu führen, und sei es nur, um Instrumente einer internationalen Ökopolitik zu entwickeln. Es könnte jedoch zu falschen Konsequenzen führen, verlöre man dabei aus den Augen, daß es sich um ein Teilproblem handelt.

Bilanzen: Wieviel Umwelt kostet ein Produktleben?

Es ist eine allgemeine Erfahrung, daß Geld knapp ist und daß Kosten deshalb sorgfältig kalkuliert werden müssen. Darin unterscheiden sich Arm und Reich kaum: Sie haben eine mehr oder weniger klare Vorstellung von dem Budget, mit dem sie planen können, und sie wissen, daß sie im privaten Sektor nur bei Strafe des sofortigen Scheiterns versuchen können, ihr Geld zweimal auszugeben. Begriffe wie Folge- oder Nebenkosten gehören auf ökonomischem Gebiet zur Alltagssprache, weil Geld selbstverständlich als ein Gut akzeptiert wird, das nicht in beliebigen Mengen verfügbar ist.

Ganz anders der Umgang mit den Rohstoffen dieser Erde. Daß der Schnickschnack, mit dem das Auto äußerlich aufgemotzt wird, vom Spoiler über den Breitreifen bis zur Zierfelge, aus quer über die halbe Erdkugel transportierten und mit ungeheurem Energieaufwand produzierten Roh- und Hilfsstoffen besteht, daß für einen Teakholzbaum tiefe Schneisen in urtümliche Wälder geschlagen werden, daß für eine Verpackung, die ihren Sinn hinter der Ladenkasse verliert, hochwertige Rohstoffe verarbeitet werden und daß der Flug in den Urlaub mehr Kohlendioxyd produziert, als zum Schutze des Erdklimas jedem Menschen in einem ganzen Jahr zugebilligt werden kann – all dies hat für Kaufentscheidungen überhaupt keine Relevanz, weil es sich nicht oder nicht nennenswert im Preis niederschlägt. Nach den Preisen zu urteilen, sind Rohstoffe heute immer noch scheinbar unerschöpflich und billig zu holen, und die ökologischen Folgen ihrer Nutzung ändern an ihrem Preis überhaupt nichts. Noch nicht.

Wie die Erfahrung der letzten Jahre gezeigt hat, müssen für die Abschätzung der Umweltverträglichkeit von Gütern grundsätzlich alle als Input beteiligten Anlagen, Rohstoffe, Produkte, Verpackungen und Transportleistungen berücksichtigt werden, und die Abschätzung muß sich auf alle Lebensbereiche des Gutes erstrecken, das heißt, auf die Bereiche der Rohstoffgewinnung, der Produktion, des Gebrauches, des Recyclings und der Entsorgung. Zum Abschätzen der Umweltbelastungsintensität von Prozessen und Dienstleistungen gelten vergleichbare Ansprüche. Der wesentlichste Grund für diese sehr anspruchsvollen Forderungen liegt darin, daß a priori nicht ersichtlich oder abschätzbar ist, durch welche Inputs in ein Gut oder in welchen Lebensphasen die größten Umweltbelastungen auftreten. Ein Kernkraftwerk z. B. bedarf ungeheuer großer Materialströme, ehe es an das Netz angeschlossen werden kann, während ein Kohlekraftwerk den größten Materialdurchsatz während der Stromerzeugung verursacht. Aluminium ist aus ökotoxikologischer Sicht nach bisherigen Erkenntnissen ein harmloses Material, für seine Produktion werden jedoch große Flächen verwüstet und große Energiemengen verbraucht. Die Materialströme, welche durch die Produktion eines Katalysators für das Auto in Bewegung gesetzt werden, liegen in der Größenordnung des Gewichtes des fertigen Autos. Aus dieser kurzen Aufzählung deutet sich auch an, daß große Datenmengen gebraucht werden und eine große Zahl von ganz unterschiedlichen Kriterien berücksichtigt werden muß, wenn die Umweltverträglichkeit von Gütern abgeschätzt werden soll.

Seit wenigen Jahren werden nun für immer mehr Einzelprodukte oder sogar Produktlinien »Ökobilanzen«, »Energiebilanzen«, »Umweltbilanzen« oder ähnliches aufgestellt. Sie sind, wie wir eben angedeutet haben, um so einfacher aufzustellen, je weiter man sich bei den Abschätzungen einschränkt. Der Energie- und Wasserverbrauch einer Waschmaschine über ihre gesamte Nutzungsdauer läßt sich zum Beispiel relativ einfach errechnen, und deshalb ist es nicht schwer, eine »Öko«-Waschmaschine mit einer konventionellen Waschmaschine auf dieser Ebene zu vergleichen. Ob diese Vereinfachung zulässig ist, kann aus der Hand nicht entschieden werden. Je tiefer jedoch die Analyse geht, desto schwieriger wird sie, und desto wichtiger wird es, sich zu entscheiden, worauf man in dieser Bilanz eigentlich Wert legt. Ist das Kriterium der reine Verbrauch an Nutzenergie, also der Energie, die aus der Steckdose kommt? Was ist dann aber mit der Energie, die bei Rohstoffsuche, Produktion, Verpackung und Transport verbraucht wird? Oder ist die Menge produzierter Abfälle und Schadstoffe das Kriterium? Was zählt in diesem Fall zu den Schadstoffen und was nicht? Oder geht es um den auf das Produkt umgerechneten Landschaftsverbrauch bei der Herstellung? Wie sollen dann aber verschiedene Landschaftsformen gegeneinander aufgerechnet werden?

Im Idealfall berücksichtigt eine Bilanz natürlich sämtliche direkten und indirekten Einflüsse eines Produkts oder einer Dienstleistung auf die Umwelt. Doch spätestens beim ersten praktischen Versuch, sich diesem Idealfall zu nähern, stößt der bilanzierende Wissenschaftler auf ein weiteres Problem: Er muß sehr unterschiedliche Schadenspotentiale gegeneinander abwägen. Wie soll man zum Beispiel erbgutverändernde Eigenschaften mit akuter Fischgiftigkeit, klimabeeinflussende Potentiale mit günstigen Werten der Bio-Abbaubarkeit vergleichen? Für Vergleiche dieser Art gibt es so gut wie keine objektiven Kriterien, also solche Kriterien, die von der Interessenlage der bilanzierenden Experten und der jeweils herrschenden politischen Beurteilung unabhängig sind. Wie wir bereits festgestellt haben, ist zur Zeit die spezifische CO_2-Emission, die mit einem Produkt zusammenhängt, von besonders großer Bedeutung. Das war vor fünf Jahren noch ganz anders. An dieser entscheidenden Stelle fließt ein subjektives Moment in die Bilanz ein. Das macht sie angreifbar.

Dies sind, kurz zusammengefaßt, die Gründe dafür, daß es zur Zeit keine allgemein anwendbare Methode zum Vergleich der Umweltbelastungsintensität verschiedener Prozesse, Güter oder Dienstleistungen gibt. Ohne sie bleibt jedoch fraglich, ob eine zukunftsfähige Wirtschaft geschaffen werden kann. Wenn ökologische Kriterien in wirtschaftliche Entscheidungen einfließen sollen – und das müssen sie, damit Wirtschaft zukunftsfähig wird –, muß berücksichtigt werden können, in welchem Umfang eine Entscheidung die Ökosphäre im Vergleich zu anderen belasten wird. Dazu brauchen Wirtschaft und Gesetzgeber zuverlässige und transparente Informationen über die Umweltbelastungsintensität ökonomisch und ökologisch relevanter Prozesse, Güter und Dienstleistungen, und zwar berechnet von der Wiege bis zur Bahre, vom ersten Spatenstich oder Baggerbiß in die Erde beim Abbau der Rohstoffe bis zur Deponie oder Müllverbrennung am Ende der Nutzungsdauer. Jede Unvollständigkeit in diesem Informationspaket, jeder Mangel in den Informationen kann zu Fehlentscheidungen führen, die das ökologische Ziel mehr oder weniger grob verfehlen.

Selbstverständlich gibt es Produkte, die in einer Phase ihrer Lebensdauer so viel materialintensiver sind als in anderen, daß sich unter dem Strich nur diese Phase auf die ökologische Qualität wesentlich auswirkt. So steckt zwar in der Produktion einer Waschmaschine ein beträchtlicher Material- und Energieaufwand. Doch die Waschmaschine ist, abstrakt formuliert, eine Maschine, die dazu gebaut ist, in der Nutzungsphase hohe Stoffströme zu bewegen: Jeder Waschgang braucht Strom und so viel Wasser, daß schon nach recht kurzer Nutzungszeit die Maschine allein mit diesem verbrauchten Wasser aufgewogen werden könnte. Käme also bereits eine recht zuverlässige Ökobilanz der Waschmaschine heraus, wenn man nur die Nutzungsphase untersuchen würde? Das kann man zunächst nur vermuten. Diese Vermutung könnte zum Beispiel schon dann falsch sein, wenn zum Bau dieser Maschine geringe Mengen eines Materials verwendet wurden, zu dessen Gewinnung riesige Mengen an Energien verbraucht oder sehr große Stoffströme verursacht wurden, das also einen riesigen ökologischen Rucksack mit sich herumschleppt.

Es ist deshalb wichtig, in allen Fällen die materielle Zusammensetzung der Geräte so exakt wie möglich zu kennen. Vermutungen der angesprochenen Art eignen sich deshalb nicht als Basis für unternehmerische Entscheidungen oder Gesetzgebungen, die einen ökologischen Strukturwandel zum Ziel haben. Eine Steuergesetzgebung beispielsweise kann nur dann richtungssicher einen Strukturwandel ansteuern, wenn ein zuverlässiges Bild der Energie- und Stoffströme vorliegt und die Möglichkeit besteht, die vielen kleinen Rinnsale zusammenzuzählen, die sonst unbemerkt bleiben, die sich aber am Ende zu ökologisch relevanten Strömen zusammenfinden können.

Ein weiterer Grund dafür, daß es unerläßlich ist, Stoffströme von der Wiege bis zur Bahre zu bilanzieren, ist die ungeheure Verschränkung der Warenströme auf dem Weltmarkt. Wenn ein kleines Land mit hohen Importquoten sich entschließen würde, Rohstoffeinsatz zu besteuern, so könnte diese Maßnahme völlig ins Leere laufen, da der größte Teil der im Land benutzten, rohstoffintensiv produzierten Güter und Dienstleistungen aus dem Ausland kommt und von der Steuer nicht erfaßt würde. Erst wenn bekannt ist, wie die Stoffströme fließen, kann ein Land ökologisch wirksame politische Entscheidungen treffen (und müßte in dem genannten Fall z. B. auf internationale Vereinbarungen dringen).

Stoffstromanalysen »von der Wiege bis zur Bahre«, oder besser

»von der Wiege bis zur Wiege«, wie Walter Stahel sagen würde, sind also erforderlich. Insofern ist das Ziel von Ökobilanzen und ähnlichen Verfahren richtig, wenn auch – wie wir im folgenden zu zeigen versuchen – praktisch noch immer kaum erreichbar. Eine sorgfältig durchgeführte Ökobilanz kostet heute einen Arbeitsaufwand von zwei bis drei Personenjahren; unter einem Personenjahr geht es auf keinen Fall. Rechnet man allein die Personalkosten in sechsstelliger Höhe, und berücksichtigt man, daß Millionen von Waren auf dem Markt sind, die untersucht werden müßten, um ein vollständiges Bild zu erzeugen, dann erweist sich dieses Vorgehen leider schon finanziell als problematisch.

Die internationale Harmonisierung der Beurteilung der Umweltgefährlichkeit von Stoffen ist ein frustrierendes Geschäft. In zwanzig Jahren hat es die OECD vermocht, Übereinstimmung in weniger als zehn Fällen zu erreichen.

Wie man es auch dreht und wendet: Ohne ein wissenschaftlich vertretbares Grobmaß, das sich einfach, billig und schnell anlegen läßt, das Kriterien berücksichtigt, die ohne Ausnahmen für alle Prozesse, Güter und Diestleistungen relevant sind, das unkompliziert und widerspruchsfrei die ermittelten Daten verrechnen läßt und das dennoch zuverlässig in die richtige Richtung weist, wird die erforderliche Übersicht über nationale und globale Stoffströme wohl nicht zustande kommen. Welche Eigenschaften dieses Maß haben müßte und wie es aussehen könnte, stellen wir im nächsten Kapitel vor. Erst mit Hilfe eines solchen Maßes können Ökobilanzen als Screening-Verfahren in vertretbarer Zeit, mit vertretbarem Aufwand und in dem nötigen Umfang, das heißt: für alle ökologisch relevanten Prozesse, Produkte und Dienstleistungen, erstellt werden. Wo es sich dann als nötig erweist, z. B. weil die Eingangsanalyse keine eindeutig vorzuziehende Alternative ausweist, können sich an solche Analysen selbstverständlich mehr ins Detail gehende Verfahren anschließen, auch und gerade unter Berücksichtigung des verfügbaren Wissens um ökotoxikologische Eigenschaften beteiligter Materialien. Stefan Bringezu vom Wuppertal Institut hat diese Argumentation systematisch ausgearbeitet[13].

Es gibt eine Vielzahl von methodischen Ansätzen, ökologische Risiken von Sachen und Prozessen zu umschreiben, und es gibt eine Vielzahl von Namen und Begriffen, die in diesem Zusammenhang benutzt werden. Diese Vielfalt ist mit einer gewissen Zwangsläufigkeit bei unzähligen Versuchen entstanden, die Auswirkungen menschlichen Tuns auf die Ökosphäre auf unterschiedlichen Ebenen zu erfassen. So ist es etwa durchaus sinnvoll, die Umweltrelevanz einer Chemikalie mit anderen Methoden zu prüfen als die eines Betriebes oder einer Anlage, und die wieder anders als den Stoffwechsel einer ganzen Stadt, eines Landes oder einer Region mit der Umwelt. So unterschiedlich die Methoden aber sein können, Ziel muß es doch immer sein, Handlungskriterien für den Schutz der Ökosphäre zu bekommen. Deshalb stellt sich die Frage, was all diesen unterschiedlichen Arten der Einflußnahme auf die Umwelt gemeinsam ist, ob es so etwas wie eine gemeinsame »Grundverursachung« von Umwelteinflüssen gibt. Diese Frage läßt sich in der Tat mit Ja beantworten: Überall, wo menschliches Tun die Ökosphäre verändert, sind Stoffströme im Spiel, auch solche, die in Bewegung gesetzt werden, um Energie verfügbar zu machen. Auf die Frage, in welcher Weise sie zu einem Maß für Umweltbelastungen herangezogen werden können, werden wir zurückkommen.

Weil einige Begriffe im Verlauf dieses Buches immer wieder auftauchen werden, und weil dieses Buch auf den bisher gewonnenen Erfahrungen mit dem Erkennen von Umweltauswirkungen aufbaut, wollen wir uns im folgenden – kurz, aber sicher nicht erschöpfend – einige wichtige der derzeit gebräuchlichen Instrumente zur Beschreibung, Erfassung und Quantifizierung von Umweltbelastungen ansehen. Detaillierte Ausführungen finden sich im Anhang.

Ökobilanzen

Das Umweltbundesamt hat den Begriff »Ökobilanz« wie folgt definiert:

> *Die Ökobilanz ist ein möglichst umfassender Vergleich der Umweltauswirkungen zweier oder mehrerer unterschiedlicher Produkte, Produktgruppen, Systeme, Verfahren oder Verhaltensweisen. Sie dient der Offenlegung von Schwachstellen, der Verbesserung der Umwelteigenschaften der Produkte, der Entscheidungsfindung in der Beschaffung und im Einkauf, der Förderung umweltfreundlicher Produkte und Verfahren, dem Vergleich alternativer Verhaltensweisen und der Begründung von Handlungsempfehlungen. Je nach der zugrundeliegenden Fragestellung wird dieser Vergleich um weitere Aspekte ergänzt, z.B. eine Beurteilung der Umweltschutzeffizienz finanzieller Mittel.*

Produktlinienanalysen

Der Begriff der Produktlinienanalyse wurde in Deutschland vom Öko-Institut Freiburg eingeführt[14]. Er ist ein Versuch, das sehr stark naturwissenschaftlich-ökologisch orientierte Instrument der Ökobilanz um soziale Aspekte und den Aspekt des Nutzens (von Produkten oder Dienstleistungen) zu erweitern. In diesem Sinne ist also die Produktlinienanalyse irgendwo zwischen der Ökobilanz und der Technikfolgenabschätzung einzuordnen.

Ökobilanzierung von räumlichen Einheiten

Eine besondere Art der Ökobilanz befaßt sich mit den Auswirkungen menschlichen Handelns auf räumlich begrenzte Ökosysteme wie etwa das Wattenmeer, Alpengebiete oder andere ökologisch empfindliche Regionen, aber auch auf das Ruhrgebiet oder andere städtische Lebensräume. Für Berlin und sein Umland sowie die Stadt Düsseldorf gibt es beispielsweise solche Untersuchungen. Im Zentrum dieser Art der Ökobilanz steht also nicht ein Produkt oder eine Dienstleistung, sondern die Erfassung der Belastung und der theoretischen Tragfähigkeit einer Region. Ziel ist es in aller Regel, Informationen für die langfristige Entwicklung einer Region zu bekommen, etwa die Industrieansiedlung oder den Tourismus. Aber auch zur Sanierung einer geschädigten Region für das Management eines Strukturwandels wird eine Bilanz gebraucht, der zu entnehmen ist, wo noch eine »ungestörte« Entwicklung in Ansätzen möglich ist, wie die Belastungsströme fließen und anderes. Das Umweltbundesamt hat auf diesem Gebiet eine Reihe von Arbeiten veröffentlicht. Helmut Schütz und Stefan Bringezu vom Wuppertal Institut haben dargestellt, wie am Beispiel des Ruhrgebietes eine flächenbezogene Ökobilanz aussehen könnte (siehe Kapitel »FIPS«). Diese Entwicklungen sind auch für eine zukünftige Umweltstatistik von Deutschland oder anderer Länder und geographischer Bereiche von hohem Interesse.

Ökoprofile

Die Ergebnisse einer Ökobilanz können sehr komplex sein. Damit diese Ergebnisse in der Praxis handhabbar sind, zum Beispiel zur Vergabe eines Umweltzeichens, werden sie durch das Raster eines Bewertungsschemas betrachtet. Das Ergebnis ist ein sogenanntes Ökoprofil, im einfachsten Fall eine Tabelle, aus der erkennbar ist, welche Punkte des Bewertungsschemas von den verschiedenen verglichenen Produkten, Verfahren oder Dienstleistungen erfüllt werden und welche nicht. Das Ökoprofil vereinfacht also stark. Es steht am Ende einer Kette von Arbeitsschritten und kann nicht sinnvoll für weitere Analyse- oder Bewertungsschritte weiterverwendet werden, ohne daß die Ökobilanz und das Bewertungsschema bekannt sind.

Technikfolgenabschätzungen

Die Technikfolgenabschätzung gehört inzwischen zu den ältesten Verfahren der Technikbewertung. Ihr Anspruch geht weit über die

Erfassung von Auswirkungen auf die natürliche Umwelt hinaus. Der angelsächsische Ausdruck »Technology Assessment« (TA) stammt aus dem US-amerikanischen Kongreßausschuß für »Science, Technology, and Development«, der sich von 1966 an mit den »ungeahnten Nebenfolgen« von Technik befaßte. Der Ausschuß definierte TA als eine Art Frühwarnsystem, das gesellschaftliche, gesundheitliche und ökologische Nebenwirkungen neuer Techniken rechtzeitig erkennen helfen sollte. Damit auch langfristige und kumulative Effekte in dieses Beobachtungsraster fielen, wurde verlangt, auch komplexe Wechselwirkungsmechanismen zwischen gesellschaftlichen Bedingungen, technisch-wissenschaftlicher Entwicklung und deren Auswirkungen zu untersuchen. Dabei sollte nicht nur eine Risikoanalyse entstehen, sondern darüber hinaus ein Katalog mit Entscheidungshilfen und Alternativvorschlägen für die Politik. Als Folge der Arbeit des Ausschusses wurde 1972 beim US-Kongreß das »Büro für Technikfolgenabschätzung« (OTA, Office of Technology Assessment) eingerichtet, das sich in nunmehr zwei Jahrzehnten ein hohes Ansehen erworben hat.

Auch in Deutschland wurde viele Jahre über eine eigene Institution für Technikfolgenabschätzung diskutiert. Eine Enquêtekommission befaßte sich mit diesem Thema. Seit 1990 gibt es eine Koordinationsstelle für TA, das Büro für Technikfolgenabschätzung des Deutschen Bundestages. Wegen ihres breiten Anspruches gehört zur TA immer auch die Kooperation zwischen unterschiedlichen gesellschaftlichen Gruppen; sie als rein naturwissenschaftliches Verfahren zu verstehen, wäre also zu eng.

Die Technikfolgenabschätzung ist seit längerer Zeit auch eine Forderung der Gewerkschaften und wird in diesem Zusammenhang als Verfahren der Beurteilung sozialer Folgen von Techniken in der Produktion verstanden. Dabei befaßt sie sich sowohl mit vorhandenen Techniken, die aus irgend einem Grunde als problematisch erkannt worden sind, als auch mit Technikentwicklungen, von denen Auswirkungen in der Zukunft erwartet werden.

Umweltkennzeichen

Was ein Umweltzeichen ist, haben 1991 Experten auf einer vom Umweltprogramm der Vereinten Nationen (UNEP) organisierten Tagung definiert: »Programme zur Umweltkennzeichnung treffen eine positive Aussage, die ein Produkt oder eine Dienstleistung, das oder die für einen bestimmten Zweck benutzt wird, als weniger schädlich für die Umwelt erklärt als ähnliche Produkte oder Dienstleistungen.«[15]

In Deutschland wird seit 15 Jahren der »Blaue Engel« verliehen; eigene Kennzeichensysteme haben Kanada, Japan, die skandinavischen Staaten, Österreich, die Niederlande, Frankreich, Singapur und Indien. 1992 beschloß die Europäische Gemeinschaft, ein eigenes Umweltkennzeichen einzuführen.

Der »Blaue Engel« hat sich in Deutschland zu einem Markenzeichen und einer viel genutzten Entscheidungshilfe entwickelt. Im Mai 1993 trugen 3.500 Einzelprodukte von 873 Herstellern das Zeichen; 14 Prozent der Produkte und 15 Prozent der Hersteller kamen aus dem Ausland. Verliehen wird das Zeichen für 71 verschiedene Produktkategorien, darunter Haushaltschemikalien, Haushalts, Garten- und Bürogeräte, Baumaterialien, Wassersparеinrichtungen, lärmarme Geräte, Papier- und Pappenprodukte sowie wiederverwendbare Verpackungen und nicht zuletzt Geräte aus dem Transportbereich wie öffentlicher Transport, runderneuerte Reifen oder Autowaschanlagen.

Benutzt werden darf der »Blaue Engel« auf der Basis eines privatrechtlichen Vertrages mit dem »Deutschen Institut für Gütesicherung und Kennzeichnung« (RAL). Verliehen wird er von der pluralistisch besetzten »Jury Umweltzeichen« auf der Basis von Kriterien, die das Umweltbundesamt aufstellt.

Umweltverträglichkeitsprüfungen

Öffentliche Vorhaben müssen seit 1990 auf eine Reihe von Umweltauswirkungen hin geprüft werden. Das ist seitdem im Gesetz über die Umweltverträglichkeitsprüfung vorgeschrieben.

Geprüft werden Auswirkungen auf Menschen, Tiere, Pflanzen, Boden, Luft, Klima und Landschaft sowie Kultur- und Sachwerte. Umweltverträglichkeitsprüfungen sind ein erster Versuch, Stoffbewegungen bei der Erstellung von Anlagen und Betrieben systematisch zu erfassen und zu vergleichen. Ziel ist, verschiedene Alternativen zu vergleichen und entweder alle Varianten zu verwerfen (»Null-Variante«) oder die auszuwählen, die die geringsten Umweltschäden verursacht. Das Verfahren einer Umweltverträglichkeitsprüfung entspricht etwa dem einer Sachbilanz innerhalb der Ökobilanz mit anschließender Bilanzbewertung.

Umweltaudits

Ein Umweltaudit oder, im Amtsdeutsch, eine Umweltbetriebsprüfung, ist nach einer EG-Verordnung[16] definiert als »ein Managementinstrument, das eine systematische, dokumentierte, regelmäßige und objektive Bewertung der Leistung der Organisation, des Managements und der Abläufe zum Schutz der Umwelt umfaßt und folgenden Zielen dient:

1. Erleichterung der Managementkontrolle von Verhaltensweisen, die eine Auswirkung auf die Umwelt haben können;
2. Beurteilung der Übereinstimmung mit der Unternehmenspolitik im Umweltbereich.«

Stoffberichte

Stoffberichte haben das Ziel, die Auswirkung eines chemischen Stoffes auf die Umwelt zu beschreiben. Dabei wird die Giftigkeit für Mensch und Umwelt (Human- und Ökotoxizität) nach einem differenzierten Raster beschrieben. Seit einigen Jahren wird hierzu ein international abgestimmtes Schema verwandt, welches zunächst von der OECD entwickelt und später von der Weltgesundheitsorganisation (WHO) übernommen wurde.

Anmerkungen, Kapitel 2

1 Wilhelm Raabe: Pfisters Mühle. Frankfurt am Main 1985.
2 Karl Otto Henseling: Ein Planet wird vergiftet. Reinbek 1992.
3 OECD: Environmental Performance Reviews, Germany 1993.
4 Hartmut Stiller: Material consumption in transport infrastructure. Fresenius Environmental Bulletin Vol. 2, No. 8, August 1993.
5 Egmont R. Koch und Fritz Vahrenholt: Seveso ist überall – Die tödlichen Risiken der Chemie. Köln 1978.
6 F. Schmidt-Bleek und H. Wohlmeyer (Hrsg.): International Trade and the Environment. Forschungsbericht, International Institute for Applied Systems Analysis (IIASA), Laxenburg, 1991.
7 Siehe Zitat am Anfang des Kapitels »Marktsignale«.
8 Bergen Ministerial Declaration on Sustainable Development in the ECE-Region. Bergen, 16. Mai 1990; siehe:
Raimund Bleischwitz: Die Globalisierung der Umweltpolitik, in: Interdependenz Nr. 7, Bonn 1991.
9 F. Schmidt-Bleek et al: A Concept for Early Recognition and Assessment of Environmental Changes – Une Démarche pour la Reconnaissance Précose de Modifications dans l'Environment et pour l'evaluation de leurs Conséquences. GSF Bericht 21/87, Neuherberg bei München, 1987. Siehe auch GSF Bericht 28/87 Parts I and II.
10 Svante Arrhenius: On the Influence of Carbonic Acid in the Air upon the Temperature of the Ground, in: Phil. Mag. 5, 41 (251), 237, 1896.
11 Molina, Rowland: a. a. O.
12 Jero Kondo: Beitrag auf der Europerspektive-Konferenz, Wiesbaden, Juni 1993.
13 Stefan Bringezu: Resource Intensity Analysis – a Screening Step for LCA, in: Fresenius Environmental Bulletin, Vol. 2, No. 8, August 1993.
14 Projektgruppe Ökologische Wirtschaft (Öko-Institut und andere): Produktlinienanalyse – Bedürfnisse, Produkte und ihre Folgen. Köln 1987.
15 zitiert nach: Harald Neitzel: The development of the Blue Angel scheme in Germany. Redemanuskript, Berlin, August 1993.
16 Verordnung (EWG) Nr. 1836/93 des Rates vom 29. Juni 1993 über die freiwillige Beteiligung gewerblicher Unternehmen an einem Gemeinschaftssystem für das Umweltmanagement und die Umweltbetriebsprüfung, veröffentlicht im Amtsblatt der Europäischen Gemeinschaften Nr. L 168/1 vom 10.7.93.

Ein Joghurt geht auf Reisen

So ein kleines Gläschen Erdbeerjoghurt ist ein Niedrigpreisprodukt. Es kostet ein paar Groschen. Viel Spielraum für aufwendige Produktionsverfahren bleibt dem Hersteller also nicht, sollte man meinen. Und außerdem: was ist schon dran an einem Erdbeerjoghurt, das die Umwelt schädigen kann? Milch aus der nahen Molkerei, ein paar Früchte, ein Deckel, immerhin aus Aluminium, aber ansonsten: harmlose Kleinigkeiten. Sollte man meinen.

Stefanie Böge vom Wuppertal Institut hat sich die Kleinigkeiten genauer angesehen*. Mit Unterstützung der Südmilch AG in Stuttgart machte sie sich ein genaues Bild von nur einem einzigen Umweltaspekt des schwäbischen Erdbeerjoghurts, nämlich dem Transport. Unversehens fand sie sich auf einer Reise quer durch Deutschland und darüber hinaus wieder.

Die Milchbauern fand die Verkehrswissenschaftlerin tatsächlich in der Umgebung Stuttgarts. Auch der Zucker wird nicht weit gefahren. Doch schon die Bakterienkulturen, die aus der Milch Joghurt werden lassen, reisen aus Niebüll in Schleswig-Holstein an. Das Glas wird in Bayern mit Rohstoffen aus Nordrhein-Westfalen hergestellt, und auch der Aluminiumdeckel reist vom Niederrhein über Bayern nach Baden-Württemberg. Die Erdbeeren gedeihen in polnischen Plantagen und werden in Aachen verarbeitet, bevor sie in Stuttgart beigegeben werden; und in der Transportverpackung, mit der die Joghurtgläser schließlich transportiert werden, treffen sich Zutaten wie verschiedene Pappen, Leim und

---

* *Stefanie Böge: Die Auswirkungen des Straßengüterverkehrs auf den Raum – Die Erfassung und Bewertung von Transportvorgängen in einem Produktlebenszyklus*
Diplomarbeit am Fachbereich Raumplanung der Universität Dortmund, Juni 1992.

Kunststoffolie aus Bad Rappenau, Aalen, Köln, Lüneburg, Varel, Ludwigsburg und von Lieferanten in Österreich und Frankreich.

Heimgekehrt von langer Reise zählte Stefanie Böge zusammen: 7.857 Kilometer Straßen waren benutzt worden, alles mit einem Lastwagen. Umgerechnet auf das Gläschen Erdbeerjoghurt bedeutet das: Jede Portion, Inhalt 150 Gramm, wird mindestens 9,2 Meter weit gefahren, bis sie in einem Laden in Süddeutschland in der Kühltheke steht. Diese gut neun Meter sind mit Sicherheit sogar noch knapp gerechnet, denn nicht berücksichtigt ist, daß die Lastwagen teilweise leer zurückfahren und zum Einkaufen und Entsorgen auch noch Transportwege zurückgelegt werden.

Man kann sich lange darüber streiten, ob neun Meter ein langer Weg sind oder nicht. Sicher ist: etliche Meter davon müßten nicht zurückgelegt werden, würde der Transport nach ökologischen Kriterien optimiert. Erdbeerplantagen gibt es auch in der Nähe von Stuttgart, ebenso Hersteller von Fruchtzubereitung und Verpackungsmaterialien.

Und dennoch läßt keine Molkerei Zutaten aus Boshaftigkeit oder Gleichgültigkeit Tausende von Kilometern durch die Lande fahren. Ökonomisch haben heute solche »Transportketten«, wie die Verkehrswissenschaftlerin das nennt, einen Sinn. Wir subventionieren über eine Vielzahl von Steuern, Abgaben und anderes den Verkehr. Deshalb sollten wir uns nicht wundern, wenn kühl rechnende Unternehmen Verkehr erzeugen. Prognosen sagten schon vor der Öffnung der europäischen Grenzen eine Verdoppelung des Lastwagenverkehrs voraus.

Was tun? Stefanie Böge macht Vorschläge. So kann schon der Verbraucher durch bewußtes Auswählen von regionalen Produkten und Einkaufen im Laden »um die Ecke« seinen Beitrag leisten. Die Politik muß Rahmenbedingungen setzen, damit Unternehmen einen Anreiz haben, unnötigen Transport zu vermeiden sowie unvermeidlichen Transport zu optimieren und, wo möglich und sinnvoll, auf andere Verkehrsträger zu verlagern (Schiene, Schiff). Wenn Joghurt beispielsweise in standardisierten Mehrwegverpackungen angeboten würde, könnten viele Rück- und Zuliefertransporte vermieden werden. Und höhere Transportpreise würden das Einkaufen der Zutaten in der Region ökonomisch selbstverständlich machen.

Als Appell an die Unternehmen formuliert sie, was man auch als allgemeines Fazit bezeichnen könnte: »Je dezentraler die Wirtschaft ihre Produktionsstrukturen organisiert und je schneller eine Harmonisierung der Verpackungen (Transportverpackungen sowie Verpackungen für die einzelnen Produkte) und der Transportwirtschaft vorangetrieben wird, desto schneller kann das Ziel erreicht werden, Gütertransporte umwelt- und menschenverträglich zu gestalten.«

3
MIPS:
Ein neues ökologisches Maß

MIPS in der Kerntechnik:
micropulse inspection and processing software

MIPS in der Informatik:
million instructions per second

MIPS in diesem Buch:
material-intensity per service-unit

Was ein neues Maß können müßte

Am Schluß des vorangehenden Kapitels haben wir gezeigt, daß es eine ganze Reihe von Ansätzen in Wissenschaft, Verwaltung und Wirtschaft gibt, Umweltauswirkungen menschlichen Tuns in einer Weise zu erfassen, die Vergleiche möglich machen und Handlungsalternativen aufzeigen soll. Die beispielhaft aufgezählten Verfahren unterscheiden sich in ihrer Methodik, in der Fragestellung und im Ziel. Es wäre also nicht sinnvoll, entscheiden zu wollen, welches denn nun die »beste« Methode im Hinblick darauf sei, Produkte, Dienstleistungen und Verfahren zukünftig besser an die ökologischen Randbedingungen anzupassen. Die Ökobilanz z. B. soll bestimmte Produkte und Dienstleistungen vergleichbar machen, die Umweltverträglichkeitsprüfung Betriebe und Anlagen bewerten, die Ökobilanz einer Region soll die Dynamik der Stoffströme innerhalb eines politischen oder ökonomischen Raums erfassen, und Stoffberichte sollen die Beurteilung einzelner Chemikalien erleichtern sowie bis zu einem gewissen Grade international vergleichbar machen.

Viel wurde also schon getan und manches davon auch in handfeste politische Entscheidungen übersetzt. Aber sind wir auf dem richtigen Wege? Bildet das, was heute an Wissen und analytischen Methoden vorliegt, eine belastbare Basis, um die Konsequenzen mannigfacher menschlicher Eingriffe in die Natur untereinander vergleichbar, verständlicher und vor allem vermeidbarer zu machen? Was ist der gemeinsame Nenner für Ozonlöcher, Fischsterben, Streusalzschäden, Erosion, verseuchtes Wasser, Klimaveränderungen, Waldsterben, Luftverschmutzung, Überschwemmungen, Abfallawine, Bodenversalzung, Wüstenausbreitung und die Verschmutzung der Meere? Was macht eigentlich unsere heutige Wirtschaftsweise zutiefst unökologisch, obgleich wir seit nunmehr fast zwanzig Jahren an offensichtlich wirksamen Umwelttechnologien basteln und sehr viel Geld dafür ausgegeben haben? Aus was ist Ariadnes Faden gesponnen, der uns aus dem Labyrinth scheinbar endloser und endlos verschiedener Umweltprobleme herausführen kann?

Wenn es unser Ziel ist, eine ökologischere, eine zukunftsfähige Wirtschaft aufzubauen, sollten wir in der Lage sein, erste Antworten auf die gestellten Fragen zu geben und intensiv nach gültigen Antworten zu suchen. Andernfalls ist doch wohl eine systematische und trittsichere Anpassung des im Westen seit vielen Jahrzehnten gewachsenen und in sich funktionstüchtigen Wirtschaftssystemes nicht denkbar.

Die vielbeschworene »marriage de l'économie avec l'écologie« findet nur unter der Bedingung statt, daß der Wert und die Belastbarkeit der Ökosphäre für die Wirtschaft verständlich und verrechenbar ist.

Die ökologische Währung muß gehandelt werden können. Gute Regierungschefs zeichnen sich selten durch tiefes wissenschaftliches Verständnis komplexer nichtlinearer Systeme aus.

Die Konzepte für die Beurteilung der Umweltverträglichkeit, die wir oben vorgestellt haben, sind noch nicht hinreichend, um verläßlichen Rat geben zu können, wie eine zukünftige Wirtschaft aussehen könnte: Die Analysen bleiben meist auf der Ebene des untersuchten Einzelfalles stehen. Eine Verallgemeinerung ist gar nicht ihr Ziel. Eine Verallgemeinerung wäre auch deshalb kaum möglich, weil bei Untersuchungen ökologischer Zusammenhänge und Auswirkungen schon in eng begrenzten Untersuchungsräumen eine enorme Komplexität zu Tage kommt. Selbst wenn diese Komplexität innerhalb einer Untersuchung vollständig erfaßt werden könnte, wäre damit keineswegs sicher, daß die gewonnenen Erkenntnisse auf andere untersuchte Stoffe, Verfahren, Anlagen oder Dienstleistungen übertragbar wären.

Dies soll selbstverständlich nicht heißen, daß solche Einzelfalluntersuchungen unsinnig sind. Der Weg »bottom-up«, das Ansetzen ganz unten, beim Einzelfall, ist notwendig, damit eine Basis für ordnungsrechtliche Entscheidungen, also Verbote und Beschränkungen, geschaffen werden kann, insbesondere dann, wenn Gefahr im Verzuge ist. Doch Ordnungsrecht schafft keinen Strukturwandel, und eine noch so große Vielzahl von Einzeluntersuchungen wird sich schwerlich jemals in der Art eines Puzzles zu einem Gesamtbild der Wechselwirkung des Menschen mit der Ökosphäre zusammenfinden. Dazu ist die Zahl der in Frage kommenden Einzelprodukte, Einzeldienstleistungen und Einzelverfahren viel zu hoch, und zugleich kommen dank der enormen Kreativität unseres Wirtschaftssystems viel zu schnell neue hinzu, als daß zeitaufwendige und teure wissenschaftliche Bewertungsverfahren mithalten könnten.

Das aber heißt: Die Menschheit braucht einen Basisindikator, der auch komplexe Zusammenhänge in aggregierter Form zum Ausdruck bringt, ein robustes und dennoch wissenschaftlich vertretbares Maß, mit dem sie Umweltbelastung einfach messen kann, trotz der hohen Komplexität der Ursachen. Und dieses Maß muß, obwohl es einfach sein sollte, zumindest in erster Näherung richtig sein, es sollte also in der überwiegenden Zahl aller Fälle eine zutreffende erste Abschätzung der Umweltbelastungsintensitäten liefern.

Im einzelnen sollte ein solches Maß die folgenden Bedingungen erfüllen:

1. Es sollte einfach sein, aber wesentliche Umweltbeeinflussungsfaktoren widerspiegeln.
2. Es sollte auf Charakteristika fußen, die allen Prozessen, Gütern und Dienstleistungen eigen sind.
3. Die gewählten Charakteristika müssen in einfacher Weise meßbar oder rechnerisch zugänglich sein.
4. Die Anwendung des Maßes sollte kosteneffizient sein.
5. Das Maß sollte transparente und reproduzierbare Abschätzungen der Umweltbelastungspotentiale aller möglichen Pläne, Prozesse, Güter und Dienstleistungen »von der Wiege bis zur Wiege« ermöglichen.
6. Seine Anwendung sollte immer zu richtungssicheren Ergebnissen führen.

7. Das Maß sollte eine Brücke zu Aktivitäten auf den Märkten bilden.
8. Es sollte auf allen Ebenen anwendbar sein, lokal, regional und global.

Die Furchen im Antlitz der Erde

Die Grundannahme dieses Buches ist, daß die massiven und schnell anwachsenden menschengemachten und menschenverursachten Materialverschiebungen die evolutionäre Balance der Erde verändern. Damit ist die Stabilität der Ökosphäre in Frage gestellt. Diese menschengemachten Massenverschiebungen sind, wie erwähnt, schon jetzt größer als die der Geosphäre und in einigen Fällen bis zu zweihundertmal so groß. Hier sei nur erinnert an die wachsenden Städte, neuen Industriegebiete sowie Einkaufszentren, an die Verkehrsnetze, Energieversorgungssysteme, an die landwirtschaftlichen Eingriffe, Flugplätze, Abfalldeponien, Kahlschläge, Feuerrodungen, Erz- und Energieträgergewinnungsanlagen, Kiesgruben und Flußbegradigungen.

Es gibt in den Naturwissenschaften so etwas wie Grundgesetze. In der Physik zählen dazu die »Hauptsätze der Thermodynamik«, mit denen begründet wird, daß es kein »Perpetuum mobile« geben kann. Auf unsere Betrachtungen übertragen, sagen diese Sätze, daß, je mehr Stoffe wir in Bewegung setzen, desto größer die Wahrscheinlichkeit von Wirkungen ist, die auch negativer Art sein können, daß wir um so mehr Unordnung auf der Erde insgesamt verursachen, je mehr Energie wir in ein System, zum Beispiel in unsere Wirtschaft, stecken. Das Waldsterben, das Ozonloch und die Klimaänderungen sind erste meßbare Beispiele dieser Entwicklung.

Bei simplen Systemen weiß man, wie das Hinzufügen oder Wegnehmen von Stoffen, die mit anderen anwesenden Materialien im Austausch stehen oder mit ihnen reagieren, das ganze System zur Anpassung zwingen. Mit Hilfe des Massenwirkungsgesetzes kann man sogar berechnen, welche Konzentrationsverhältnisse sich zwischen den einzelnen Bestandteilen eines solchen einfachen Systems nach Abschluß der Anpassung einstellen. In der Chemie haben solche Berechnungen praktische und theoretische Bedeutung. Das Massenwirkungsgesetz kann nun nicht einfach auf die sehr viel komplizierteren Verhältnisse in der Natur übertragen werden. Aber wir sollten uns klarmachen, daß jedweder menschliche Eingriff in die materielle Zusammensetzung an irgendeiner Stelle der Ökosphäre diese zwingt, sich auf die neue Situation einzustellen. Und je großflächiger und materialintensiver diese Eingriffe sind, desto umfassender muß die ökologische Reaktion ausfallen.

Die Versiegelung einer Grünfläche zum Beispiel wird aus der Sicht betroffener Regenwürmer und tausender anderer Lebewesen sicherlich eine andere Bedeutung haben als für den Parkplatzbenutzer. Versiegeln heißt, biologische Prozesse im Boden radikal zu ändern. Versiegeln bedeutet, die Photosynthese zu unterbinden, und dies bedeutet, daß auf dieser Fläche kein CO_2 mehr von Pflanzen in Biomasse gebunden wird. Versiegeln heißt auch, den Wasserhaushalt zu verändern, unter der versiegelten Fläche und darüber, weil das Regenwasser ja irgendwo anders hin muß. Das Bauen von Häusern, Städten, Parkplätzen, Sportanlagen, Straßennetzen, Bahnanlagen und vieles andere, was wir Menschen für unseren materiellen Wohlstand tun, wird mit Versiegelungen erkauft. Und Versiegelung ist ja nur eine von vielen ökologischen Konsequenzen des Bauens von Häusern, von Städten, von Parkplätzen und und und. Und das Versiegeln ist ja nur eine von vielen verschiedenen menschlichen Tätigkeiten, welche das Antlitz der Erde verändern.

Wenn jemand sagt, das habe der Ökosphäre doch offensichtlich überhaupt nicht geschadet, dann sollte man fragen dürfen: Hat denn irgend jemand schon mal wirklich nachgesehen?

Materialintensität und Dienstleistungseinheiten

Die meisten Menschen würden wohl instinktiv der Vermutung zustimmen, daß der Material-, Energie- und Flächenverbrauch eines Produktes eine Menge mit seiner Umweltverträglichkeit zu tun hat: Je mehr »Umwelt« für das Produkt verbraucht wird, desto schlechter steht es aus ökologischer Sicht da.

Zwischenruf
Wolfgang Sachs[1] fragt: Ist nicht weit vor allem wissenschaftlichen Aufweis etwa die Ästhetik ein »Frühindikator«, wie auch »Ethik« oder »Anstand«? Daß Menschen »instinktiv« unserer Vermutung zustimmen, hat damit etwas zu tun. Sagt nicht schon unser Empfinden für ästhetische Qualität uns »instinktiv« etwas über ökologische Qualität? Das wäre ein ganz anderer Einstieg in die Diskussion. Recht hat er, aber darüber müssen wir erst einmal gründlich nachdenken.

Daß dies aber noch nicht alles Erwägenswerte sein kann, erkennen wir, wenn wir etwa zwei Autos vergleichen, die beide in ihrer Produktion genau gleich viel »Umwelt gekostet« haben, beide gleich viel Treibstoff und Öl verbrauchen, von denen jedoch eines zweimal so viele Kilometer während seines Lebens hergibt wie das andere. Das Auto mit dem größeren Nutzeffekt ist natürlich das ökologisch bessere Produkt, weil das andere ja schon »auf halber Wegstrecke« durch ein neues ersetzt werden muß.

Wenn nun aber der Besitzer des längerlebigen Autos zweimal so viel fährt wie früher, weil er ja ein ökologisch besseres Produkt erstanden hat, dann ist der Vorteil für die Umwelt dahin.

Genau dies ist die Entwicklung der vergangenen Jahre, und wir werden später in diesem Buch auf die Frage zu sprechen kommen, ob Menschen in der Zukunft ihre Gewohnheiten ändern sollten.

In Diskussionen wird gerne hervorgehoben, daß das Auto hierzulande weit mehr für das Gemüt sei als ein Mittel zur Befriedigung von Transport- oder Mobilitätsbedürfnissen. Es sei, so sagt man, auch ein Protzmittel oder gar ein Sexsymbol. Da der menschliche Drang zum Auffallen sicher nicht erst mit der Erfindung des Automobils entstand, erhebt sich die Frage, was denn vorher üblich war? Vielleicht hilft da ein Blick auf alte Fotografien: Waren es etwa Uniformen, Orden, Federbüsche? Jedenfalls sind viele Ausdrucksformen für das menschliche Bedürfnis, sich zur Schau zu stellen, denkbar, auch ökologisch verträgliche. Hier existiert ein weites Feld für intelligentes Marketing – und vielleicht auch eine Gelegenheit für umweltbesorgte Tennisstars, Fernsehansagerinnen, Kirchenfürsten und Angehörige von Königshäusern, neue Trends vorzuleben.

Und noch ein Zwischenruf

Vielleicht nehmen diese Bemerkungen die Malaise nicht ernst genug: Wolfgang Sachs[2] weist darauf hin, daß Menschen in Bedeutungswelten leben und diese Bedeutungen heute an Konsumobjekte gebunden sind. Der Status sei da nur eine der möglichen Dimensionen, vielleicht nicht einmal mehr die wichtigste. Ihm scheint die *Symbolik* des Konsums, und weniger sein *Nutzen*, die eigentliche Crux zu sein. Hierüber werden wir sehr intensiv nachdenken müssen, wenn uns daran gelegen ist, die gesellschaftlichen Dimensionen des ökologischen Strukturwandels auszuloten.

In diesem Buch wollen wir ganz bewußt zwei Dinge getrennt angehen: einerseits die Suche nach neuen Maßstäben für Vorgänge, die technisch kontrollierbar sind und mit Hilfe dieser technischen Kontrolle innerhalb der Leitplanken gehalten werden können, die die Ökosphäre vorgibt; und andererseits die Wertediskussion um den materiellen Verbrauch und um das menschliche Wohlbefinden. Wir tun dies deshalb, weil wir sonst zu keinen Schlußfolgerungen kommen können. Gerade bei der Frage nach den »Dienstleistungseinheiten« und dem »Nutzen«, welche Menschen aus einem Gegenstand ziehen können, drängt sich natürlich immer die Frage nach dem Sinn und Unsinn von solchem »Nutzen« auf. Teezeremonien sind ökologisch allemal besser als Ballonaufstiege. Und »Null-Optionen« im Verbrauch – also der Nicht-Verbrauch – sind ökologisch allemal besser als noch so umweltfreundliche technische Lösungen.

Um eine zukunftsfähige Wirtschaft zu schaffen, müssen wir beides parallel angehen: nach neuen Wohlstandsmodellen suchen und bessere technische Lösungen zur Befriedigung unserer maschinenabhängigen Bedürfnisse schaffen.

Eine neue Qualität der technischen Effizienz muß einhergehen mit einer neu entdeckten Suffizienz der Menschheit.

Zurück also zur Diskussion um neue Maßstäbe für technisch kontrollierbare Vorgänge im Rahmen der von der Ökosphäre vorgegebenen Leitplanken. 1992 haben wir zum erstenmal vorgeschlagen, als Annäherungsmaß für die spezifische Umweltbeanspruchung den gesamten Materialaufwand zu verwenden, der getrieben wurde, um ein Produkt verfügbar zu machen, es ein Produktleben lang zu benutzen und anschließend zu entsorgen, also die Materialströme, die das Produkt von der Wiege bis zur Wiege veranlaßt, einschließlich aller ökologischen Rucksäcke. Dazu gehören auch alle Materialien, die für alle Energieinputs in Bewegung gesetzt werden müssen.

Bei dieser Verfahrensweise müssen auch alle Materialmengen anteilig zugezählt werden, welche für Transporte, den Gebrauch von Infrastrukturen (Straßen, Eisenbahnlinien, Telefonnetze), Anlagen sowie Verpackungen während des ganzen Lebensweges des Produktes hinzukommen. Abfallströme selbst werden nicht berücksichtigt, weil sie Outputs sind und nicht Inputs. Wir machen die Annahme, daß für eine erste Abschätzung der Umweltbelastungsintensität von Gütern, das »Screening«, die Kenntnis der lebenslangen Materialintensität der Inputs ausreicht.

Letztlich sind wir daran interessiert, die Umweltbelastung durch einen bestimmten materiellen Lebensstandard abschätzen zu können. Offensichtlich ist es die Summe der »Dienstleistungen«, die Güter leisten können, die den materiell beschreibbaren Lebensstandard ausmachen: Güter versehen Menschen mit Funktionsmöglichkeiten. Oft können unterschiedliche Güter vergleichbare Dienstleistungen bieten oder Funktionen ausführen. Solche Güter oder Geräte können damit als »funktionell äquivalent« oder als vergleichbar bezeichnet werden. Die Umweltbelastung kann dann im Prinzip bei gleichbleibendem materiellen Lebensstandard dadurch verringert werden, daß funktionell äquivalente Güter mit geringerer Materialintensität, also »dematerialisierte« Güter, auf den Markt kommen. Deshalb schlagen wir vor, die Materialintensität von Dienstleistungen oder Funktionen zu messen.

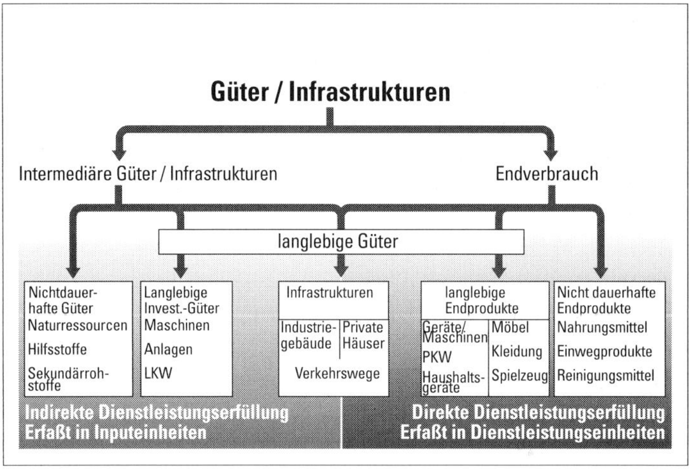

Abb. 9 *Durch den Einsatz verschiedenartiger Güter sind entweder indirekte oder direkte Dienstleistungserfüllungen möglich.*

Wie die Abbildung 9 zeigt, kann man zwischen intermediären Gütern (oder Infrastrukturen) und solchen, die für den Endverbrauch bestimmt sind, unterscheiden. In beiden Kategorien gibt es solche Güter, von denen die einen als langlebig und die anderen als nicht dauerhaft bezeichnet werden können. Die Umweltbelastung durch Güter zur »indirekten Dienstleistungserfüllung«, wie etwa Stahl, Lösungsmittel oder Zement, wird in kumulierten Materialinputs pro Einheit Gut (oder pro Gewichtseinheit Gut) gemessen; es wird also zusammengezählt, wieviel Material in die Produktion des Gutes floß, und diese Menge wird pro Stück oder pro Tonne produzierten Guts angegeben.

Zu den Gütern mit der Fähigkeit zur »direkten Dienstleistungserfüllung« zählen etwa Wohnungen, Waschmaschinen und Mausefallen. Für sie wird die Umweltbelastungsintensität ebenfalls in kumulierten Materialinputs (Materialeinsatz) angegeben, hier aber bezogen auf die geleisteten Dienstleistungseinheiten. Bei der Waschmaschine heißt das zum Beispiel: Die Umweltbelastungsintensität wird angegeben in Kilogramm Material pro Kilogramm

Trockenwäsche, die die Maschine in ihrem Leben zu waschen in der Lage ist. Da diese gesamte Dienstleistungssumme, die eine Maschine in ihrem Leben leistet, genau erst nachträglich bekannt ist, muß sie anhand anderer Kriterien kalkuliert werden, etwa anhand der Garantiezeit, die der Hersteller ansetzt.

Bei Einwegverpackungen oder Wegwerfprodukten (wie etwa Zeitungen) ist die Zahl der leistbaren Dienstleistungs- oder Nutzungseinheiten gleich eins. Die hier verwendete Darstellung der verschiedenen Arten von Gütern verdanken wir Maria Jolanta Welfens und Fritz Hinterberger vom Wuppertal Institut.

MIPS – das neue Maß

Unter Berücksichtigung all dessen, was bisher ausgeführt wurde, sind wir jetzt so weit, daß wir für die Umweltbelastungsintensität beliebiger Güter ein neues Maß definieren können.

Das Maß für Umweltbelastungsintensität ist die das ganze Produktleben umspannende *M*aterial-*I*ntensität *P*ro *S*erviceeinheit, also der Materialverbrauch von der Wiege bis zur Wiege pro Einheit Dienstleistung oder Funktion – die MIPS.

Wie oben schon ausgeführt, werden die Materialbewegungen für den Energiebedarf während der gesamten Lebensdauer mit berücksichtigt. Auf den Begriff der Dienstleistung werden wir in einem eigenen Kapitel ausführlich zurückkommen.

MIPS ist demnach für dienstleistungsfähige Endprodukte definiert, also nicht etwa für Rohmaterialien, Hilfsstoffe etc., die in die Konstruktion und Fertigung eines Endproduktes eingehen. MIPS kann allerdings für lang- wie auch kurzlebige Güter angewandt und prinzipiell für sehr komplizierte Anlagen und Infrastrukturen ermittelt werden. Wie wir noch ausführen werden, sind solche Schätzungen heute noch sehr aufwendig.

Die verbrauchten Stoffmengen, meßbar in Kilogramm oder Tonnen, werden also in Rechnung gestellt gegen den Nutzen, den der Mensch mit Hilfe der Dienstleistungserfüllungsmaschine (eben dem Gut, dem Gerät) beziehen kann. Um in den Genuß dieses Nutzens zu kommen, muß der Mensch übrigens keineswegs Eigentümer des Gutes sein, er muß hierzu nur das Nutzungsrecht besitzen.

Man kann nun den Materialaufwand auf die verschiedenen Prozeßschritte des Lebensweges eines dienstleistungsfähigen Endproduktes verteilt darstellen. Man unterscheidet die »Prozesse« Herstellen, Gebrauchen (Betreiben, Warten, Reinigen), Reparieren, Wieder- und Weiterverwenden, Sammeln/Sortieren und Entsorgen. Dazu kommt noch das Transportieren als Bindeglied zwischen fast allen anderen Prozessen. Für jeden Prozeß kann der Material- (und Energie)Aufwand ermittelt werden; er wird dann auf die von diesem Produkt insgesamt leistbaren (oder im Rückblick: geleisteten) Nutzungs-, Funktions- oder Dienstleistungseinheiten bezogen. Bei Einwegverpackungen und Wegwerfprodukten (die wirklich auch im Müll verschwinden und keiner weiteren Nutzung zugeführt werden) ist das »S« von MIPS gleich 1, MIPS entspricht also im Falle von Einwegverpackungen den über alle Prozesse aggregierten Materialmengen.

Die Abnahme von MIPS erfolgt in Abhängigkeit von der zunehmenden Zahl der Dienstleistungen, welche ein Produkt leistet. Jede zusätzliche Dienstleistung halbiert den zuletzt erreichten Wert von MIPS. MIPS wird also mit zunehmender Zahl von Dienstleistungen immer kleiner, und die Umweltverträglichkeit des Produktes entsprechend immer besser.

Unter günstigen Umständen treffen wir auf einen relativ seltenen Fall, in dem weder Material- noch Energieaufwendungen während der Nutzung des Gerätes in Rechnung gestellt werden, es wird auch nicht gereinigt. Das Gerät braucht keinerlei Materie während der Nutzungszeit. Es könnte sich also zum Beispiel um eine Sonnenuhr handeln.

Betrachten wir dagegen einen etwas typischeren Fall, zum Beispiel eine Waschmaschine. Wie die Analyse zeigt, fällt die MIPS Kurve jetzt langsamer ab, weil ja für jeden Waschvorgang Energie, Wasser und Waschmittel verbraucht werden. Wird der Verbrauch von Energie oder Wasser mit wachsendem Alter der Maschine deutlich größer, so kann die MIPS-Kurve sogar ein Minimum erreichen und danach wieder ansteigen.

Wird eine Reparatur notwendig (Abb. 10, Stelle X), so entsteht ein »MIPS-Impuls«, danach fällt die Kurve wieder ab. Eine material-, energie- und transportmäßig »teure« Reparatur (Stelle Y), kann dazu führen, daß die Maschine danach mit einem höheren MIPS-Wert arbeitet als unmittelbar nach ihrer Produktion. Dies wäre ein Beispiel für eine ökologisch unsinnige Reparatur, wenn MI, die Materialintensität, für die Strecke X–B die Materialintensität von O–A übersteigt, also der MI-Wert des reparierten und einsatzbereiten Gerätes höher liegt als der ursprüngliche MI-Wert der neuen Maschine. Es ist, nebenbei gesagt, ziemlich wahrscheinlich, daß sich eine solche Reparatur schon wegen der hohen Arbeitskosten als wirtschaftlicher Unfug herausstellen würde.

Die Darstellung der »ökologisch teuren Reparatur« kann auch auf den Fall angewendet werden, daß die Maschine anstelle der Reparatur einem Recyclingverfahren mit sehr hohem Material-, Energie- und Transportaufwand, also einem »ökologisch teuren« Recyclingverfahren, unterworfen wird. Das könnte zum Beispiel dann zutreffen, wenn in der Maschine verwendete Kunststoffe (Polymere) unter hohem Temperatur-, Druck- und Materialaufwand in Industrieanlagen, die selbst große ökologische Rucksäcke tragen, zu Ausgangsstoffen (Monomeren) zurückverwandelt werden, ehe sie wieder in Bauteile verwandelt werden. Im allgemeinen zeichnen sich Recyclingverfahren aber gerade dadurch aus, daß sie Ausgangsmaterialien zur Verfügung stellen, für die viele der Material-, Energie- und Transportaufwendungen, die in neuen Gütern stecken, nicht wiederholt werden müssen. Der Gesamtaufwand für das mit solchen Ausgangsmaterialien gefertigte Produkt ist dann ökologisch günstiger, als wenn es aus natürlichen Ausgangsmaterialien hergestellt werden müßte.

Allerdings kann der Umlauf (oder Kreislauf) eines Produktes zur Aufarbeitung in der Recyclinganlage und zurück mit erheblichen Material- und Qualitätsverlusten verbunden sein. Die Fasern des Papiers z. B. brechen bei jedem Recyclingschritt und werden

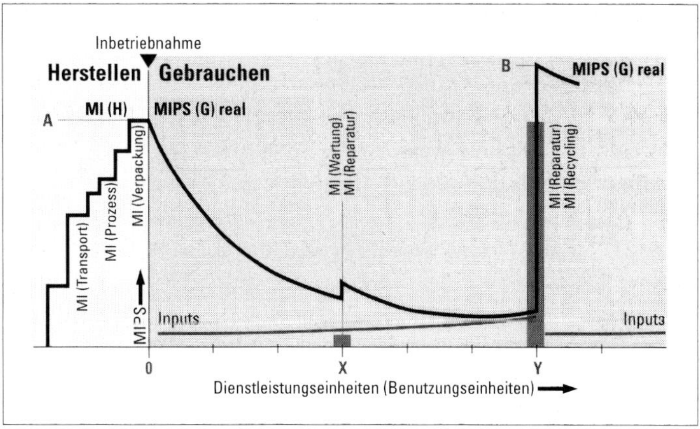

Abb. 10 *Der Verlauf von MIPS bei wachsender Zahl von Dienstleistungen, etwa einer Waschmaschine. Zunächst jedoch tritt an der Stelle X eine kleine Reparatur ein, die die MIPS-Kurve verändert. An der Stelle Y schließlich wird eine sehr aufwendige Reparatur fällig – viel Energie, Material und/oder Transport –, die aus ökologischer Sicht zu unsinnigen Ergebnissen führt.*

immer kürzer, so daß nach fünf bis sieben Umläufen das Material für Papier einfach nicht mehr zu gebrauchen ist.

Beim Recycling von Aluminium werden zwar – vergleicht man nur den reinen Einschmelzprozeß beim Recycling mit der Elektrolyse von Rohaluminium – nach Angaben der Industrie lediglich 5 Prozent der Energie benötigt wie bei der Aluminium-Produktion aus natürlichen Rohstoffen. Doch der Reinigungs-, Sammel- und Transportaufwand für den Aluminiumschrott kann erheblich sein, und einige Prozent des Aluminiums, die bereits in oxydierter Form angeliefert werden, müssen, trotz Wiederaufarbeitung der anfallenden Salzschlacke, mit den Restabfällen deponiert werden[3]. Das sind in Deutschland immerhin einige zehntausend Tonnen im Jahr. Damit ist noch nicht gesagt, daß sich das Recycling ökologisch nicht lohnt. Doch solche Posten gehören in die Bilanz.

Die ganze Komplexität einer Abschätzung von Umweltbelastungsintensitäten im realen Fall veranschaulicht das folgende Beispiel: Wenn eine Tonne Güter von Hamburg nach Köln transportiert werden soll, so gibt es dafür vier Haupt-Transportmittel: die Eisenbahn, das Binnenschiff, das Flugzeug und den Lastwagen. Jedes dieser vier Transportsysteme mußte hergestellt werden, wodurch Stoffströme in Bewegung gesetzt wurden. Jede Tonne Stahl, Abraum, Beton, Wasser, umgesetzte Luft und anderes, das zum Bau der Anlagen und zur Herstellung eines Lastwagens oder einer Diesellokomotive gebraucht wurde, muß auf die gesamte Lebensdauer des Transportmittels und die gesamte Gütermenge umgerechnet werden, die das Fahrzeug während seiner Lebensdauer transportiert. Jedes Fahrzeug braucht Treibstoff, allerdings in unterschiedlichen Mengen, es braucht Transportwege und andere Infrastrukturen (Tankstellen, Flughäfen), die gebaut werden mußten, wobei unter anderem Erde bewegt wurde, es hinterläßt Abgase und eventuell andere Abfälle. Berücksichtigt werden muß auch, daß jedes der vier Transportmittel eine andere Transportkapazität hat, also pro Fahrt eine unterschiedliche Dienstleistung erbringt, und daß bei verderblicher Ware auch die Kosten der Kühlung berücksichtigt werden müssen, die um so höher werden, je länger der Transport dauert. Auch wenn das Transportmittel nicht voll ausgelastet fährt oder die Rückfahrt leer zurücklegt, schlägt sich das negativ in der MIPS-Bilanz nieder. Hartmut Stiller vom Wuppertal Institut errechnet zur Zeit die Materialintensität von Transportleistungen für verschiedene Transportsysteme[4].

Bei der Bewertung der Ressourcenintensität jedes Prozesses, jeden Gutes und jeder Dienstleistung wird sich herausstellen, wie groß der »ökologische Rucksack« ist, wo die größten Stoffströme in Bewegung gesetzt werden und wo es sich technisch und wirtschaftlich am ehesten lohnen könnte, eine Dematerialisierung in Angriff zu nehmen. Dematerialisieren heißt also nicht einfach Verzicht auf Produkte oder Dienstleistungen, es heißt auch nicht, daß »Natur«-Produkte wie Holz oder Stein in jedem Fall besser abschneiden müssen als »Kunst«- oder »Chemie«-Produkte, und es heißt beispielsweise auch nicht, daß die Sonnenenergie stets den Vorrang haben muß vor dem Öl oder der Kohle. Es sei an dieser Stelle die Behauptung gewagt, daß wir uns manchmal wundern werden, welche Produkte bei der Stoffstromanalyse »von der Wiege bis zur Wiege« auf den Index geraten und welche glimpflich davonkommen. Die Sichtweise ist neu, und um so spannender ist es, sie auszuprobieren.

Wir können diese Analysen nicht für sämtliche Produkte und Dienstleistungen der Industriegesellschaften machen. Das wäre zum Scheitern verurteilt – aus naheliegenden, bereits genannten Gründen. Deshalb müssen wir »Indikatorprodukte« und »Indikatordienstleistung« ausfindig machen, diese sorgfältig und tatsächlich »von der Wiege bis zur Wiege« analysieren und die Ergebnisse auf andere Produkte und Dienstleistungen mit den notwendigen Korrekturen und Fehlerangaben übertragen. Und wir sollten dann bei jedem Produkt und jeder Dienstleistung mit der Dematerialisierung, dem Verkleinern des ökologischen Rucksacks, dort beginnen, wo sie sich technisch am einfachsten oder wirtschaftlich am vorteilhaftesten verwirklichen läßt – bei manchen vielleicht bei der Rohstoffwahl, bei anderen im Transport, beim dritten im Gebrauch, beim vierten in der Entsorgung. Zunächst werden dabei in erster Linie Stoffströme in Betracht kommen, die sich national steuern lassen; langfristig wird es wegen der enormen globalen Verflechtung der Waren- und Rohstoffströme nötig sein, internationale Vereinbarungen zu treffen.

MIPS und die Ressourcenproduktivität oder die Ökoeffizienz

Zur Tradition der Wirtschaft gehört, daß jeder aus seinem Geld soviel wie möglich macht. Man kann auch sagen, jeder trägt in seiner Weise zur Optimierung der Kapitalproduktivität bei. Das ist seit Jahrhunderten so.

Hingegen waren der Entwicklung der Arbeitsproduktivität gewisse Grenzen gesetzt, solange nur die Kraft der Muskeln von Mensch und Tier sowie die Hilfe von Wind und Wasser zur Verfügung standen. James Watt und Rudolf Diesel haben dies geändert. Dennoch war die erste Reaktion des »Kapitals« auf die neuen technischen Möglichkeiten zu Anfang des 19. Jahrhunderts, durch viele billige Arbeitskräfte an vielen relativ primitiven Maschinen den Kapitalertrag zu verbessern, und nicht etwa, die Produktivität der Menschen in den Fabriken zu optimieren. Das mußte zwangsläufig zu Kinder- und Frauenarbeit führen, zu langen Arbeitstagen und allen anderen unsozialen Erscheinungen der frühen Industrialisierung.

Die Bismarcksche Sozialgesetzgebung der sechziger Jahre des letzten Jahrhunderts, die neu erwachte Kraft der Arbeiterbewegung und möglicherweise auch der Wohlfahrtsstaat fordistischer Prägung haben dazu beigetragen, daß die Arbeit seither teurer, viel teurer geworden ist. Die zwangsläufige Folge war die Entwicklung von leistungsfähigen Maschinen, welche außerdem die Qualitätskontrolle der produzierten Güter verbesserte. Seither stieg die Arbeitsproduktivität um vielleicht das Zwanzig- bis Vierzigfache, in extremen Fällen das Zehntausendfache und mehr, z. B. bei Baumaschinen und im Tageabbau von Braunkohle (siehe Beispiel im ersten Kapitel).

Sehr aufschlußreich wären wohl detaillierte Analysen der Frage, um wieviel die Arbeitsproduktivität von der Wiege bis zum Markt tatsächlich erhöht wurde. Möglicherweise gibt es da noch einige optische Täuschungen. So ist keineswegs sicher, daß heute wirklich weniger Menschen damit beschäftigt sind als früher, Nahrung auf den Tisch zu bringen.

Anscheinend hat aber kein Mensch bisher Grund gesehen, sich um die Frage zu kümmern, wieviel materieller Wohlstand aus einem Kubikmeter Wasser oder einer Tonne Stahl gewonnen werden kann. Mit anderen Worten, die Frage der Ressourcenproduktivität wurde nicht gestellt. Sie war deshalb nahezu irrelevant, weil Ressourcen wie Luft, Sand, Kies, Steine, Erde und Wasser kostenlos oder für wenig Geld zu haben waren. Auch die Preise von Holz, Kohle, Stahl und Weizen wurden, verglichen mit den Kosten für Investitionen und Arbeit, immer geringer. Der Bruttostundenlohn eines deutschen Arbeiters ist heute etwa eine halbe Tonne Weizen auf dem Weltmarkt wert. Und für die Kosten der umweltgerechten Entsorgung einer Tonne Kühlschrank kann man an der Börse über 20 Tonnen Weizen kaufen (Abb. 11).

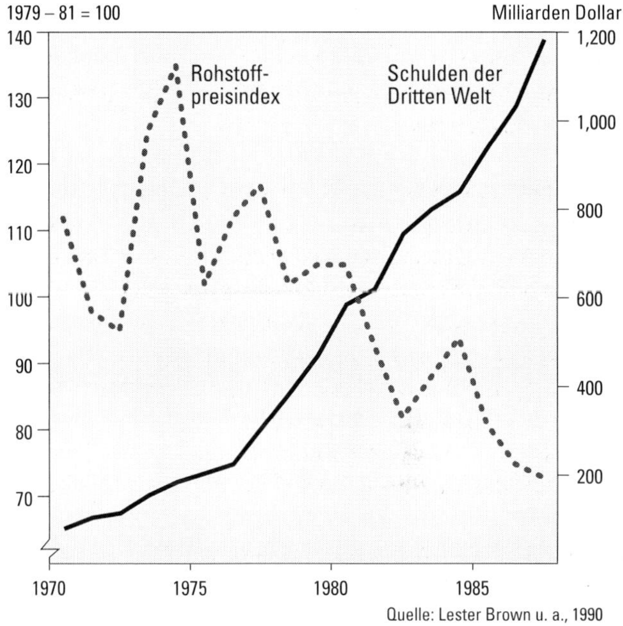

Abb. 11 *Die absoluten Kosten für Rohstoffe sind auf dem Weltmarkt in den letzten Jahrzehnten stark gefallen, während die Schulden der Dritte-Welt-Länder drastisch anstiegen.*

Tiefe Preise verführen zu unvorsichtigem Verbrauch. Gespart wird immer nur da, wo es sich auch lohnt.

Gegen den verschwenderischen Verbrauch von materiellen Ressourcen ist unter zwei Bedingungen wohl nichts einzuwenden. Die erste ist, daß für alle Menschen und für alle Zeiten genug da ist. Seit Malthus' Vermutungen Ende des 18. Jahrhunderts[5] über den Hunger zukünftiger Generationen, und erneut und verstärkt durch die Schriften des Club of Rome vor etwa zwanzig Jahren[6], wogt die Diskussion um die Dauer der Verfügbarkeit von Ressourcen hin und her. Diesen Erörterungen wollen wir nichts hinzufügen.

Es will uns aber scheinen, daß die zweite Bedingung einen näherliegenden Aspekt anspricht und entscheidend ist. Der Aspekt ist zumindest insofern näherliegend, als er zeitlich drängt. Gegen den verschwenderischen Verbrauch von Ressourcen ist nämlich deshalb etwas einzuwenden, weil, wie wir schon gesehen haben, jeder Einsatz von natürlichen Ressourcen nicht nur dem materiellen Wohlstand der Menschen dient, sondern auch die Verhältnisse in der Ökosphäre beeinflußt. Wir drohen sozusagen an den bösen Folgen unseres Abfalls zu ersticken. Oft wird in diesem Zusammenhang von Umweltkosten, externen Kosten oder Externalitäten gesprochen, die es in die Marktpreise zu internalisieren gelte. »Die Preise sollten die ökologische Wahrheit sagen«, wie Ernst Ulrich von Weizsäcker dies ausdrückt. Wenn die Preise heute schon ehrlich wären, würden Menschen mit natürlichen Ressourcen ganz sicher anders umgehen. Niemand wirft Gold weg. Wir werden noch auf die Frage zu sprechen kommen, wie der Trend zur höheren Ressourcenproduktivität in Bewegung gesetzt werden könnte.

Hier wollen wir uns mit der Frage beschäftigen, wie die Ressourcenproduktivität am besten definiert werden könnte, damit sie stärker als heute zu einem Kriterium wirtschaftlichen und technischen Handelns werden kann. Wir stellen folgende Definition zu Diskussion:

Die Ressourcenproduktivität eines Gutes ist die Gesamtheit der verfügbaren Einheiten an Dienstleistungen, dividiert durch den Gesamtverbrauch an Material für das dienstleistende Gut, gerechnet »von der Wiege bis zur Wiege«, einschließlich der für den Energieverbrauch bewegten Stoffströme. Mit anderen Worten: die Ressourcenproduktivität eines Gutes ist das Inverse seiner MIPS, gemessen in der Einheit »pro Kilogramm«.

Anstelle von Ressourcenproduktivität könnte man auch von *Ökoeffizienz* sprechen.

Der materielle Wohlstand einer Region könnte dann ausgedrückt werden als die Summe der dort verfügbaren Dienstleistungseinheiten. Wenn die Ressourcenproduktivität steigt und der

Materialverbrauch der gleiche bleibt, steigt der materielle Wohlstand. Anders gesagt: Dematerialisierte Technologien können bei gleichem oder sogar sinkendem Materialaufwand mehr Dienstleistungseinheiten produzieren. Würde man die Ressourcenproduktivität z. B. weltweit vervierfachen, dann könnte man nach dieser Definition die Zahl der Dienstleistungseinheiten verdoppeln und trotzdem gleichzeitig den Materialinput auf die Hälfte senken. Dematerialisierung der Wirtschaft bedeutet also nicht Rückschritt, sondern Fortschritt, weil im Zuge der Dematerialisierung von Prozessen, Gütern und Dienstleistungen selbstverständlich auch technische Verbesserungen stattfinden werden. Eine solche Entwicklung kann als ein technischer Weg zu einer zukunftsfähigen Wirtschaft bezeichnet werden.

Was MIPS so alles kann – und was nicht

Zunächst wollen wir noch einmal festhalten, daß MIPS nur für dienstleistungsfähige Endprodukte definiert ist, also nicht für Rohmaterialien, Hilfsstoffe etc. Das Maß kann allerdings auf lang- wie auch kurzlebige Güter angewandt und prinzipiell für sehr komplizierte Anlagen und Infrastrukturen eingesetzt werden.

Aus technischer Sicht kann die Anwendung des MIPS-Konzeptes folgende Vorteile bringen:

1. Der Material- und der Energieaufwand werden in den gleichen Einheiten verrechnet. Hierdurch werden Widersprüche bei der ökologischen Beurteilung von Sachen minimiert, die Beurteilung wird »richtungssicher«.
2. Das Konzept kann zum Aufstellen von Ökobilanzen auf dem Niveau von Screeningverfahren angewendet werden. Hierdurch sinkt der Analyseaufwand drastisch, Ergebnisse werden richtungssicher. Entscheidungen über weitergehende Analysen können sich daran im Sinne eines Stufenplanes anschließen.
3. Das Konzept kann als Instrument dienen, Planungen technischer Art von Schritten in Richtung auf eine zukunftssichere Wirtschaft auf ihre ökologische Sinnhaftigkeit hin zu überprüfen sowie Fortschritte in diese Richtung messend zu verfolgen.

4. Der MIPS-Ansatz hilft beim Design von Industrieprodukten, der Planung umweltfreundlicher Prozesse, Anlagen und Infrastrukturen sowie der ökologischen Beurteilung von Dienstleistungen.
5. Das Konzept kann als Grundlage für eine umfassende ökologische Kennzeichnung dienen, und entsprechend auch als Hilfe für Einkaufsentscheidungen und Konsumentenberatung.
6. Der MIPS-Ansatz ist geeignet, ökologisch richtige Recyclingschleifen und andere Kreisläufe von solchen zu unterscheiden, die ökologisch unsinnig sind.
7. Der Ansatz kann angewendet werden zum Festlegen von ökologischen Zöllen, für Lizenzvergaben, Versicherungsprämien, das Bemessen von Steuern sowie Subventionsentscheidungen.
8. Das Konzept ist geeignet, DIN und andere Normen auf ihre ökologische Sinnhaftigkeit zu überprüfen.
9. Das MIPS-Konzept kann helfen, Entscheidungen über förderungswürdige Projekte in Forschungs- und Entwicklungsprogrammen zu fällen.
10. Der MIPS-Ansatz sollte sich gut eignen, technische Projekte der Wirtschaftshilfe an die Dritte Welt und die postsozialistischen Staaten im Hinblick auf ihre Umweltverträglichkeit zu beurteilen.
11. Das Konzept sollte aufgrund seiner Einfachheit gute Chancen haben, international harmonisiert zu werden. Dies wäre von Bedeutung bei der Vereinbarung von Schritten in Richtung auf einen ökologischen Strukturwandel innerhalb der EG oder weltweit.

Auf der politischen Ebene könnte das MIPS-Konzept den Vorteil haben, daß die Dematerialisierung der Wirtschaft zu einem (nicht dem einzigen) verständlichen Symbol für eine neue Ökopolitik wird. Das prinzipielle technisch-wirtschaftliche Ziel dieser Politik läge in der Erhöhung der Ressourcenproduktivität der Wirtschaft. Außerdem kann dieser Ansatz dazu dienen, die Konsistenz der Umweltgesetzgebung zu beleuchten, die sich mit Material- und Energiefragen befaßt.

Freilich hat das Konzept auch Nachteile. Einige davon sind:

1. Das bis jetzt vorgestellte Konzept berücksichtigt noch nicht den spezifischen »Flächenverbrauch« für industrielle sowie land- und forstwirtschaftliche Aktivitäten. Dies ist von Bedeutung, weil die für Menschen benutzbare Erdoberfläche begrenzt ist. Wir werden auf diese Frage zurückkommen.
2. Wie bereits mehrere Male angesprochen, berücksichtigt der MIPS-Ansatz nicht die spezifische Umwelt-Giftigkeit von Stoffströmen. Der Ansatz soll das Inrechnungstellen der ökotoxikologischen Gefährlichkeit von Stoffen in der Umweltpolitik auch nicht ersetzen, sondern durch die Berücksichtigung von Material- und Energieintensitäten von Wirtschaftsleistungen ergänzen.
3. Das MIPS-Konzept hat keinen unmittelbaren Bezug zu Fragen der biologischen Vielfalt. Es darf aber spekuliert werden, daß die Überlebenschancen von Arten durchaus von der Intensität der Boden- und Ressourcennutzung abhängen. Insofern ist wohl nicht auszuschließen, daß die Materialintensität einer Gesellschaft auch etwas über ihren Beitrag zum Verschwinden von Arten aussagt. Der Hinweis, daß einige Länder nur sehr dünn besiedelt sind, ist in diesem Zusammenhang nicht hilfreich, weil die Besiedelungsdichte nichts über die Materialintensität des Lebensstils aussagt.

Differenzieren tut not

Nun ist aber MIPS nicht unbedingt gleich MIPS! Zur Zeit ist z. B. die Frage noch nicht beantwortet, ob möglicherweise zwischen Strömen unterschiedlicher Massen differenziert (gewichtet) werden muß. So scheint es z. B. auf den ersten Blick sinnvoll, Wasser-, Boden-, Luft- sowie technische Materialinputs jeweils getrennt zu berücksichtigen. Darüber hinaus muß auch noch geklärt werden, welche Art Wasser wie verrechnet wird. Werden bei einem Speicherkraftwerk z. B. die durchlaufenden Wassermengen oder die einmalige Füllmenge des Speichers veranschlagt? Oder: Wie berechnet man, daß auf Baumwollpflanzungen der Wasserverlust des Bodens an die Atmosphäre anders ist als unter natürlichen Bedingungen? Es ist durchaus denkbar, daß gewisse Kompromisse gemacht und als Konventionen vereinbart werden müssen. Expertenbefragungen könnten zur ersten Festlegung von Richtungen für verschiedenartige Materialflüsse wertvolle Dienste leisten.

Um Erfahrungen und praktische Hinweise zur Klärung der angedeuteten Wichtungsfragen zu sammeln, werden am Wuppertal Institut zur Zeit die Lebenswege einiger ausgewählter Produkte sowie die Materialintensitäten des gesamten Lebensweges von Transport- und Energieversorgungssystemen untersucht. Diese Arbeiten sind sehr aufwendig, ihre Ergebnisse können jedoch später zum Abschätzen der Materialintensität beliebiger Produkte verwendet werden, sofern deren materielle Zusammensetzung bekannt ist[7]. Es wäre außerordentlich wünschenswert, wenn sich auch andere Institute mit diesen Arbeiten befassen würden.

Noch einmal sollte darauf hingewiesen werden, daß das hier vorgestellte neue Maß für die erste grobe Abschätzung der technisch beschreibbaren Umweltbelastungsintensität verschiedenartigster Sachen gedacht ist. Nicht mehr, aber auch nicht weniger. Es erfüllt die weiter oben aufgelisteten Bedingungen für ein solches Maß. Wie wir im folgenden beschreiben wollen, gibt es eine Reihe von Möglichkeiten, MIPS zu komplettieren. Über MIPS hinausführende Analysen der Umweltverträglichkeit sind in bestimmten Fällen sicherlich angebracht. Und noch einmal wollen wir auch betonen, daß vor jeder umweltrelevanten Entscheidung die Frage nach dem Auftreten und der Vermeidbarkeit von Gefahrstoffen gestellt und beantwortet werden muß.

Stoffströme aus systematischer Sicht, oder: Die Sache mit dem Vorsorgeprinzip

Aus theoretischer Sicht genauso wie in der Praxis der Ökobilanzierung ist es keineswegs immer unstrittig, wann Materialien als Input in die von menschlicher Technik beeinflußte Welt, die Technosphäre, betrachtet werden sollen und wann sie wieder aus ihr ausscheiden. Wir wollen deshalb hier zu diesem Fragenkomplex einige Überlegungen anschließen[8, 9].

Jeder von Menschen verursachte Stoffstrom, Transportvorgang, Energie- und Landverbrauch verursacht in der Ökosphäre Veränderungen. Es ist nicht möglich, die Qualitäten, die Intensitäten, den Ort oder den zeitlichen Ablauf dieser Veränderungen vorherzusagen. Es gibt auch keinen Grenzwert, unter dem Veränderungen in diesem Sinne risikofrei wären. Um auf der sicheren Seite zu sein, sollten natürliche Systeme so wenig und so langsam wie möglich durch menschliche Aktivitäten verändert werden. Darin liegt der Sinn des Vorsorgeprinzips.

Wenn Stoffströme systematisch verringert werden, dann zieht das automatisch geringere Abfallmengen, weniger Energieverbrauch, weniger Transport und auch geringeren Flächenverbrauch nach sich. Das bedeutet, daß es einen Zusammenhang zwischen der Bewahrung der ökologischen Stabilität und der Abnahme des Materialaufwandes für menschliche Tätigkeiten gibt. Es ist aus technischer Sicht möglich, den spezifischen Materialaufwand im Verlaufe einiger Jahrzehnte um einen Faktor zehn oder mehr zu verkleinern. Hierauf kommen wir noch ausführlich zurück.

Die Technik wird immer verschiedene Wege in Richtung auf eine zukunftsfähige Wirtschaft anbieten. Um die ökologische Effizienz der Wege miteinander vergleichen zu können, brauchen wir verläßliche, leicht verständliche und praktikable Meßmethoden. Hierfür ist MIPS geeignet.

Voraussetzung dafür, daß wir diese Messungen machen können, ist aber, daß wir klar definieren, wo die Grenzen zwischen der Ökosphäre und der Technosphäre (oder Anthroposphäre), zwischen natürlichen Stoffströmen und den menschengemachten liegen. Die Technosphäre umfaßt alle menschlichen Aktivitäten. Sie ist ein Untersystem (Subsystem) der Ökosphäre. Betrachten wir dieses Subsystem als eine Art Maschine: Es braucht Inputs von der Ökosphäre, es verarbeitet Material, verbraucht Energie, setzt Stoffströme innerhalb seiner eigenen Grenzen in Bewegung (produziert Transportleistungen) und gibt stofflichen Output an die Ökosphäre zurück (Abfall und dissipative Verluste). Wir haben die

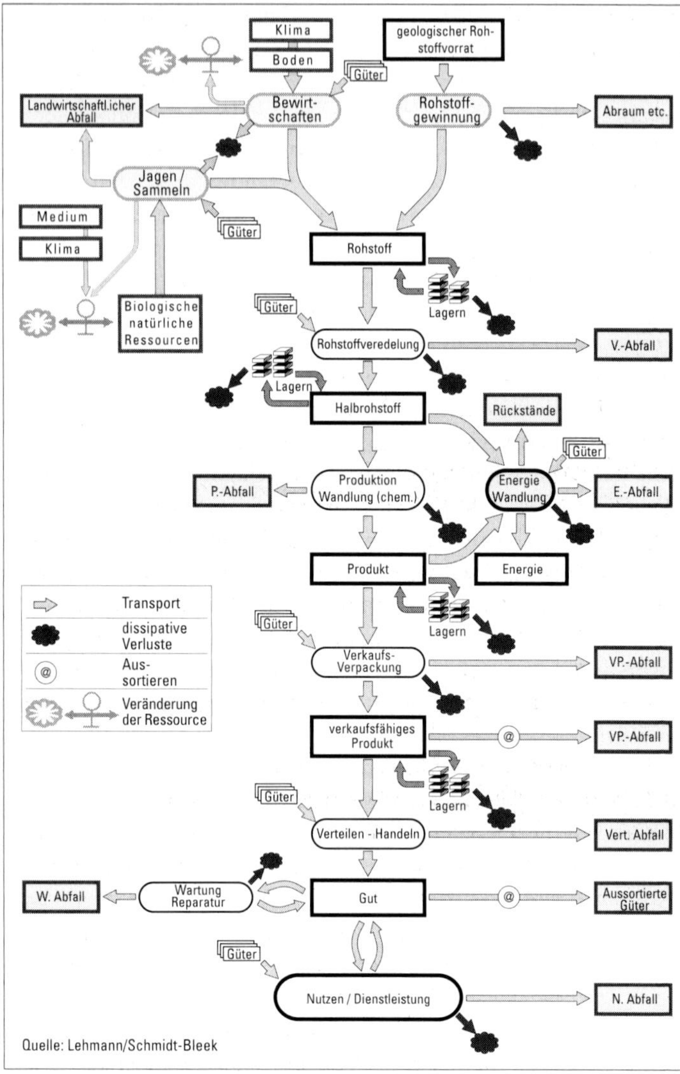

Abb. 12 *Die drei verschiedenen Quellen in der Ökosphäre, aus welchen die Stoffströme in der Technosphäre gespeist werden, sowie der Lauf der Materialien durch die Technosphäre, einschließlich der Transporte.*

Systemgrenzen so gewählt, daß alle menschenverursachten Stoffströme in die Technosphäre eingeschlossen sind. Wie die Abbildung 12 darstellt, stammen die Inputs für das Subsystem Technosphäre aus folgenden Quellen in der Ökosphäre:

1. biologische Ressourcen aus naturbelassenen Bereichen (Jagen und Sammeln);
2. land-, forst- und fischwirtschaftliche Produkte aus kultivierten Bereichen; und
3. geologische Grund-, Roh- und Baumaterialien sowie Luft und Wasser (vgl. auch Tabelle 1).

Einige Beispiele mögen die Systematik der Stoffströme veranschaulichen. Beim Bergbau gehören alle Materialien (einschließlich Wasser und Luft) zur Technosphäre, sobald sie von Mensch oder Maschine berührt werden. In der Land-, Forst- und Fischwirtschaft übergibt der Vorgang der Ernte die Produkte in die Technosphäre, wobei alle Erntetechniken und Zufahrtswege auch Teil der Technosphäre sind. Alles Wasser, das Menschen in der Land-, Forst- und Fischwirtschaft bewegen, und ebenso die eingebrachten Pestizide und Düngemittel gehören ebenfalls zur Technosphäre. Auch die durch Bodenbearbeitung oder in anderer Weise verursachten Erosionen müssen der Technosphäre zugerechnet werden.

Kultivierte Bereiche unterscheiden sich von naturbelassenen darin, daß der Mensch dort die Verteilung der vorhandenen Arten kontrolliert. Diese Kontrolle hat er auch dann, wenn zwischen Beginn der Produktion und Ernte Jahrhunderte vergehen. Insofern zählen fast alle Wälder Europas zu den kultivierten Bereichen.

Auf der Outputseite ist die Grenze der Technosphäre da, wo die kommerziellen Interessen des Menschen an den Stoffströmen aufhören. Sie fließen als Abfall oder als dissipative Verluste zur »Wiege«, zu den Senken, zur Ökosphäre zurück. Prinzipiell existieren drei verschiedene Senken, wie wir auch zwischen drei Quellen unterschieden haben: die Litho- oder Pedosphäre (der Boden), die Hydrosphäre (das Wasser) und die Atmosphäre (die Luft). Die Outputstellen, die Grenzübergänge von der Technosphäre zur

Ökosphäre, sind sehr diffus über die gesamte Technosphäre verteilt.

Auch hier mögen einige Beispiele zur Klärung beitragen. Gase und Rauch, die einen Schornstein verlassen, werden an diesen Stellen zu Teilen der Ökosphäre. Weggeworfene Materialien, liegengeblieben an Stellen, die nicht oder nicht mehr von Maschinen berührt werden (z. B. ein Autoreifen im Wald), sind zu Teilen der Ökosphäre geworden.

Innerhalb der Technosphäre werden Stoffströme mit Hilfe von Energie durch die bereits erwähnten »Prozesse« physikalisch oder chemisch umgewandelt. Ein Prozeß besteht aus Inputs, die mit Hilfe von Energie verändert und verarbeitet werden, und Outputprodukten. Inputs können Güter sein, die entweder aus den »Quellen« der Ökosphäre oder aus beliebigen Teilen der Technosphäre stammen, wie z. B. Zwischenprodukten, Infrastrukturen und Hilfsstoffen. Prozesse sind durch »Transporte« miteinander verbunden. Eine wesentliche Eigenschaft von Transporten ist, daß ihnen eine gewisse Weglänge zugeordnet werden kann. Auch wenn zwei verbundene Prozesse am gleichen Ort stattfinden, werden sie aus systematischen Gründen so behandelt, als seien sie durch ein Verbindungsglied »Transport« miteinander verknüpft; die Weglänge dieses Transportmoduls ist dann null. Transporte selbst benötigen Inputmaterialien, z. B. Treibstoffe, Elektrizität, Fahrzeuge und Infrastrukturen. Transporte produzieren auch Outputs in die Senken.

Die beiden Begriffe »Prozeß« und »Transport« beschreiben in dieser Definition Operatoren für die Systemanalyse. Mit diesen beiden Operatoren können alle Aktivitäten in der Technosphäre abgebildet und analysiert werden. Betrachtet man Technosphäre und Ökosphäre zusammen mit allen Austauschvorgängen als System, dann gibt es keinen Unterschied zwischen dem Fluß von Stoffen und Geld, von Arbeit oder Produkten als Input in einen Prozeß oder der Zurechnung von Materialflüssen und Flächen. Geld allerdings hat keine Quellen in der Ökosphäre. Harry Lehmann, der an der Entwicklung der hier dargelegten Systematik entscheidend beteiligt war, und Ulrike Brüggemann haben am

Wuppertal Institut auf der Basis dieser Überlegungen die »Computerunterstützte Stoffstromanalyse« (Computer Aided Material Flow Analysis, CAMA) erarbeitet[10].

MIPS ist, wie wir gesehen haben, nur für Endverbrauchsgüter, die direkte Dienstleistungen erbringen können, von Interesse (siehe Abb. 9). Die MIPS werden nun folgendermaßen ermittelt: Zunächst werden alle Inputs, einschließlich der Energie und der Transporte, von »oberhalb« und »unterhalb« des betrachteten Gutes zusammengezählt, also von der Phase vor der Nutzung und danach. Hierzu können also auch die Inputs für Reparaturen gehören, für Recycling und Entsorgung sowie die anteiligen Inputs aus jedem am Output (am Gut) beteiligten Seitenarm, eingeschlossen der Infrastrukturen. Einem Gut, das per Lastwagen transportiert wird, muß also ein Anteil am Materialaufwand für den Straßenbau zugerechnet werden.

Das Ergebnis ist eine Summe, gemessen in Kilogramm oder Tonnen Material. Sie gibt den Gesamtaufwand von Stoffen an, der während des gesamten Lebenszyklus für das betrachtete Gut von Menschen in Bewegung gesetzt wurde. Dies ist der Materialinput, MI. Dividiert man diese Summe durch die erhältlichen (oder erhaltenen) Dienstleistungs- oder Funktionseinheiten des Gutes, so ist das Ergebnis MIPS.

Noch einmal sei daran erinnert, daß die Energieflüsse hier enthalten sind, aber nicht in Kilowattstunden, sondern ebenfalls in Gewichtseinheiten der Stoffströme, die fließen mußten, um die Energie bereitzustellen. Und ebenfalls sei noch einmal darauf hingewiesen, daß die Dienstleistungseinheiten entweder nachträglich ermittelt werden, wenn bekannt ist, wie lange und wieviel das Produkt gebraucht werden konnte, oder im voraus errechnet oder geschätzt werden müssen – dies dann auf der Basis von Erfahrungswerten oder zum Beispiel Garantieangaben des Herstellers.

MI kann aber auch für eine Region ermittelt werden, unter Berücksichtigung von Im- und Exporten sowie einer gewählten Zeitspanne (in Statistiken normalerweise ein Jahr). MI zeigt dann den gesamten Materialeinsatz dieser Region an. Wenn man diesen regionalen MI-Wert durch ein Maß für Wohlstand, z. B. das Bruttosozialprodukt, dividiert, so erhält man die Materialproduktivität dieser Region. Da die ökologischen Rucksäcke der eingesetzten und exportierten Materialien, Zwischenprodukte, Güter usw. (noch) nicht in Statistiken des privaten und öffentlichen Sektors enthalten sind, ist das Ermitteln der Materialintensität der Wirtschaftsleistung einer Region zur Zeit noch sehr aufwendig, insbesondere auch, weil Rohmaterialien bis zu den Quellen in der Ökosphäre zurückverfolgt werden müssen. Diese Quellen liegen aber oft in anderen Ländern.

Die Differenz zwischen Materialinputs und Materialoutputs einer Region pro Zeiteinheit, einschließlich des Exports von Gütern, ist die während dieser Zeitspanne in langlebige Güter investierte Materialmenge, anders ausgedrückt: die in dieser Region »eingefrorene Menge Umwelt«. Wenn diese Zahl wächst, der gemessene Wohlstand aber gleich bleibt, so sinkt die Materialproduktivität der Region, sie wird »unökologischer«.

Helmut Schütz und Stefan Bringezu vom Wuppertal Institut haben erste vorläufige Zahlen der Stoffströme in Deutschland veröffentlicht[11]. Danach wurden 1989 in Deutschland pro Kopf etwa 800 Tonnen Material als Input verarbeitet, davon etwa 770 Tonnen Wasser und Luft. Etwa 660 Millionen Tonnen Material wurden »eingefroren«, hauptsächlich Steine, Sand und Kies, also offenbar in Form von Gebäuden und Anlagen. 1990 stieg die Zahl um etwa 2 Prozent an.

Es bietet sich an, darüber nachzudenken, ob offizielle Umweltstatistiken zukünftig regionale, nationale oder supranationale MI-Angaben enthalten sollten und ob MI-Zuwächse in den Produktions-, Dienstleistungs- und Transportsektoren festgehalten werden sollten (»MI-Zuwachsbücher«).

Künftig müssen Güter möglichst schon in der Design-Phase dematerialisiert entworfen werden. Solches Design beginnt mit der Beschreibung des Dienstleistungbündels, das bereitgestellt werden soll, und dem Vergleich der Materialintensitäten der Roh- und Zwischenprodukte, die für das Endprodukt technisch geeignet sind, wie z. B. des Aluminiums, des Stahls, Betons, der Kunststoffe, Schlösser und Kabel. Die Rucksäcke dieser Roh- und Zwischenprodukte müssen von den verschiedenen Quellen und Seitenarmen bis zum fertigen intermediären Gut zugänglich sein. Soweit möglich, werden vor Designentscheidungen auch die voraussichtliche Lebensdauer sowie die notwendigen Inputs für Betrieb, Wartung, Reinigung, Reparatur, Recycling und Entsorgung abgeschätzt. Es ist wohl selbstverständlich, daß jedes Design so weit wie möglich vermeiden sollte, bekannte Schadstoffe zu verarbeiten oder in der Benutzungsphase entstehen zu lassen.

Wir kommen auf das ökologische Design noch im einzelnen zurück.

Die ökologischen Rucksäcke von Autos und Chemikalien

Der ökologische Rucksack des Autos

Wie errechnet man nun den ökologischen Rucksack eines Konsumproduktes? Wir nehmen das Auto als Beispiel. Die Natur hält die Ressourcen bereit, die vom Menschen eingeholt werden, um materiellen Wohlstand zu schaffen. Das sind z. B. Minerale, Wasser, Luft und Biomasse. Neben den Stoffen, die in die Produktionsprozesse hereingeholt werden, werden große Massen von Material in der Umwelt bewegt, um an die benötigten Stoffe heranzukommen. Hierzu gehören Abräume, abgepumptes Wasser und anderes. Die Tabelle 1 gibt hierüber Auskunft.

Um die Materialintensität des Autos zu ermitteln, werden im ersten Schritt alle Materialien aufgelistet, aus denen das Fahrzeug besteht, sowie deren Gewichtsanteile am fertigen Fahrzeug. Das Material 1 nennen wir M_1, das Material 2 nennen wir M_2 und so fort; das i-te Material heißt dann Mi. Sodann wird ermittelt, wieviel Stoffe und wieviel Energie, umgerechnet in Stoffströme, insgesamt für jedes einzelne dieser Materialien M_i benötigt wurde, um es für die Produktion des Autos bereitzustellen. Damit haben wir die Materialintensität der gebrauchten Stoffe, die ökologischen Rucksäcke der einzelnen Stoffe (MIM_i). Die Gesamtsumme aller Rucksäcke des Autos, jeder multizipliert mit dem entsprechenden M_i, ergibt den gesamten Materialverbrauch für das Auto. Die Abbildung 13 illustriert den Ablauf der Ermittlung des Rucksacks für das gesamte Automobil.

Der ökologische Rucksack von Chemikalien

Es ist im Grunde selbstverständlich, sollte aber besonders betont werden, daß nicht-natürliche Produkte der Chemieindustrie weiterhin sehr genau auf ihre Gefahrenpotentiale untersucht werden sollten, bevor sie auf den Markt kommen – insbesondere solche, die wegen ihrer besonderen biologischen Aktivität (Pharmazeutika) oder ihrer Fähigkeit, Leben zu zerstören (Pestizide), synthetisiert oder sonstwie hergestellt wurden.

MIPS aber sollte für sämtliche chemischen Produkte zur Verfügung stehen. Pestizide z. B. sind nicht nur außerordentlich energieintensive Produkte, sie haben zur Zeit auch in den meisten Fällen eine Bio-Verfügbarkeit von weit unter 10 Prozent, was bedeutet, daß mehr als 90 Prozent aller Anwendungen unterbleiben könnten, wenn die Pestizide effektiver in Kontakt mit den Zielschädlingen gebracht würden, mittels technischer Hilfsmittel, genauerer Wahl des Anwendungszeitpunktes und anderen Verfahren. Ähnliches gilt für Düngemittel, Waschmittel, Pharmazeutika und die meisten anderen menschengemachten Chemikalien.

Über Stoffe und Chemikalien im Sinne des Chemikaliengesetzes gibt es eine sehr umfangreiche Literatur. Kaum ein Tag, an dem nicht über irgend eine Chemikalie in den Medien berichtet wird, oft im Zusammenhang mit Störfällen in der Industrie oder nach Verkehrs- und Transportunfällen.

Genau betrachtet handelt es sich oft um Fälle, die weitgehend oder ausschließlich aus gesundheitspolitischen Gründen wichtig sind, also wenig mit ökologischen Gleichgewichten zu tun haben.

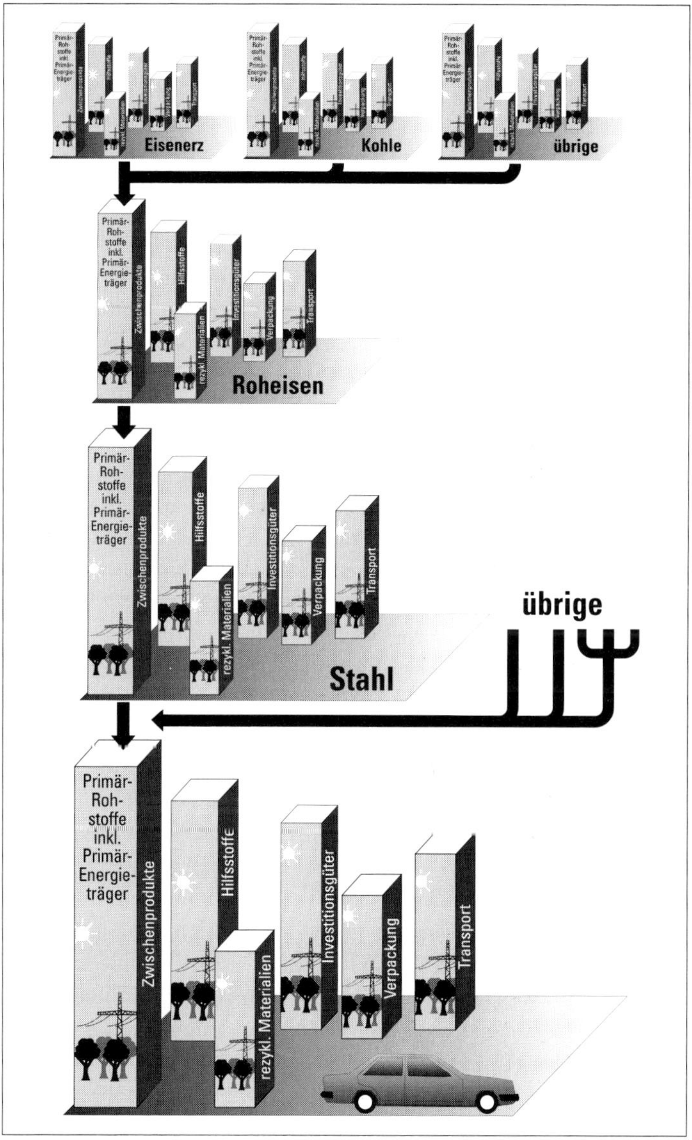
Eisenerz
Kohle
übrige
Primär-
Roh-
stoffe
inkl.
Primär-
Energie-
träger
Zwischenprodukte
Hilfsstoffe
rezykl. Materialien
Investitionsgüter
Verpackung
Transport
Roheisen
Stahl
übrige

Abb. 13

In diesem Buch haben wir von Anfang an versucht klarzumachen, daß Politik, die sich mit Stoffströmen befaßt, weit über die von der Chemieindustrie verarbeiteten Materialien hinausgehen muß, wenn sie ökologisch relevant sein soll. Dennoch ist es angebracht, den von Menschen geschaffenen Stoffen und auch solchen, die zwar in der Natur vorkommen, aber durch spezielle Prozesse gereinigt, konzentriert und danach auf den Markt gebracht werden (etwa CO_2 in Gasflaschen oder Hopfenkonzentrate) einige Zeilen zu widmen. Dies aus den folgenden Gründen:

Erstens: Die Bundesrepublik gehört zu den großen Chemienationen der Welt. In ihrer wirtschaftlichen Bedeutung ist die Chemieindustrie der Autoindustrie vergleichbar. Ihr Innovationspotential steht mit an der Spitze aller Branchen. Etwa 13 Prozent der deutschen Exporterlöse werden durch Chemikalien erbracht.

Zweitens: Chemikalien werden zu einem erheblichen Teil aus Öl, Gas und Kohle, also aus importierten fossilen Energieträgern gewonnen. In der Bundesrepublik werden etwa 6 Prozent der importierten Energieträger nicht zur Energieproduktion, sondern für die Produktion von Chemikalien eingesetzt.

Drittens: Die Herstellung von Chemikalien ist sehr stoff- und energieintensiv. Chemikalien tragen also große ökologische Rucksäcke.

Viertens: Aus ökologischer Sicht spielen vor allem synthetische Stoffe, die es in der Natur nicht gibt, eine besondere Rolle.

Am Beispiel der FCKW hat die Menschheit bereits beobachten müssen, daß das Auftauchen eines synthetischen Stoffes in der oberen Atmosphäre die Physik und die Chemie dort grundsätzlich veränderte, was zur Verdrängung (Vernichtung) von Ozon führte.

Wir haben es hier mit einem generellen Phänomen zu tun. Überall dort, wo vorher von der Natur selbst nicht Erfundenes (oder »absichtlich« Weggelassenes?) auftaucht, muß sich das bereits vorher dort Vorhandene chemisch, physikalisch und biologisch mit den »unbekannten Eindringlingen« auseinandersetzen. Diese Prozesse können schnell ablaufen, oder sie können viele Jahre dauern (wie wir beim Beispiel der Versauerung der nordamerikanischen Seen gesehen und beim Ozonabbau erlebt haben). Diese Veränderungen können aber auch in Zeiträumen ablaufen, die aus der Sicht heute lebender Menschen in weiter oder sogar in geologisch ferner Zukunft liegen. Generell gilt, daß von einem »unnatürlichen« Stoff wesentlich geringere Mengen ausreichen, ökologische Veränderungen anzustoßen, als wenn der Mensch »natürliche« Stoffe und Materialien in Bewegung setzt, so wie etwa Sand, Wasser oder CO_2.

Und wenn der Mensch nun gar umweltfremde Stoffe in die Umwelt einbringt, deren Reaktivität absichtlich sehr hoch ist, die also besonders dazu erfunden wurden, in der Natur Vorhandenes effizient auszurotten, dann kann man das als gezielten ökologischen Kahlschlag bezeichnen. Hierher gehören z. B. die Herbizide, Fungizide etc., also alle biologisch aktiven Stoffe. Natürlich gibt es auch hier Unterschiede: Neuere biologische Waffen gegen »Schädlinge« sind sehr viel spezifischer in ihrer Wirkung als ihre Vorgänger, das heißt, sie schonen andere biologische Vertreter im Umfeld der verfolgten »Schädlinge«.

Chemische Schädlingsbekämpfungsmittel haben ihren Platz in unserer Welt. Sie sind für die Sicherstellung der Ernährung und die Erhaltung der Gesundheit in einigen Gegenden der Welt von ausschlaggebender Bedeutung. Dennoch könnte ihr Einsatz in vielen Fällen ökologisch intelligenter gestaltet werden. Zahlen der Vereinten Nationen deuten darauf hin, daß jährlich bis zu 20.000 Menschen an Pestizidvergiftungen sterben.

Solche Stoffe sind also ein Beispiel dafür, daß ökotoxikologische Erkenntnisse wichtig sind und weiterhin wichtig bleiben werden auch wenn, wie wir in diesem Buch bereits geschrieben haben, Schadstoffpolitik schwerlich zu Strukturänderungen führt und damit auch keine zukunftsfähige Wirtschaft geschaffen werden kann. Wenn Chemikalien auf den Markt kommen – und insbesondere Chemikalien, die vorher noch nicht verkauft wurden und in der Natur gar nicht oder nur in extrem kleinen Mengen vorkommen –, dann ist aller Grund zu ökologischer Vorsicht gegeben. Darum gibt es auch das Chemikaliengesetz. Im Grunde reiht sich hier das Kriterium »Schutz der Ökosphäre« ein in andere Produkt-Qualitätsmerkmale, als da sind Gesundheits- und Explosionsgefährlichkeit, Kinder- und Arbeitssicherheit. So ist es also selbstverständlich, daß vor der Erstvermarktung von Chemikalien Fragen beantwortet werden müssen, um Vorteile und Nachteile ihres Einsatzes gegeneinander abwägen zu können.

Zur Zeit werden aber aus ökologischer Sicht bei weitem nicht alle relevanten Fragen an neue Stoffe vor ihrer Vermarktung gestellt. Und bei gewissen Chemikalien scheint ihre ökologische Potenz aus der Sicht des Gesetzgebers gar nicht erst erwägenswert, so z. B. bei Arzneimitteln oder Explosivstoffen.

Schauen wir uns die Sache ein wenig näher an. Aus historischen Gründen, das heißt hier vor allem aus der humantoxikologisch geprägten Sicht, wird bei neuen Stoffen vorwiegend danach geforscht, wie wirksam – mit welchen biologischen Wirkungsquerschnitten – sie bestimmte biologische Veränderungen auslösen, also etwa nach der akuten und längerfristigen Ratten- oder Fischtoxizität, oder ihrer Fähigkeit, Krebs zu erzeugen oder Erbanlagen zu verändern. Außerdem werden auch Hinweise auf die Langlebigkeit solch neuer Stoffe verlangt, die Art und Weise, wie sie sich in der Umwelt verteilen, sowie über ihre Neigung, sich dort anzureichern.

Der gesamte Katalog des Chemikaliengesetzes ist ziemlich lang, und die erforderlichen Informationen zu erbringen, kostet dann sehr viel Geld, wenn sie nur mit Hilfe von Laboruntersuchungen erhältlich sind.

Wie gesagt: Wissenschaftlich ist es trotz allen Aufwandes nicht möglich, ein umfassendes Bild der ökologischen Konsequenzen der Vermarktung eines Stoffes zu erhalten (übrigens auch nicht über die Gesundheitsgefährlichkeit). Spätere Überraschungen lassen sich nie ausschließen. Doch aus ökologischer Sicht wiegt etwas anderes viel schwerer: Basis für die Fragen, die vor der Erstvermarktung von Chemikalien beantwortet werden müssen, ist bis heute nicht das Prinzip »von der Wiege bis zur Bahre«, obschon Verlautbarungen aus Politik und Industrie dies für unerläßlich erklären.

Wie Abbildung 14 darstellt, wird nur ein Teil der ökologisch sinnvollen Fragen gestellt. Es fehlt hier in erster Linie die Frage

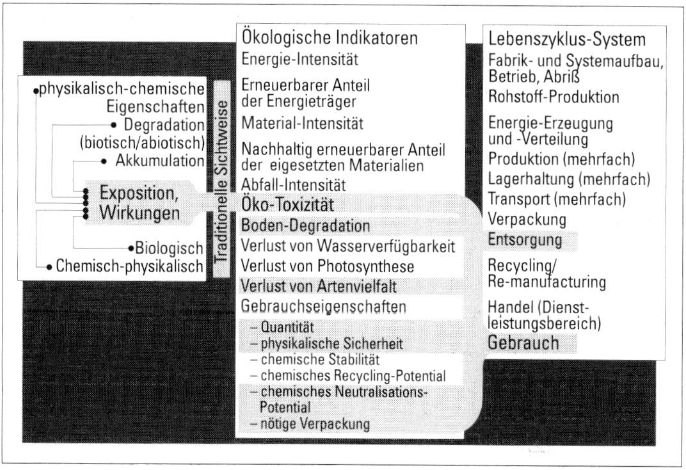

Abb. 14 *Hier wird verdeutlicht, für welche Eigenschaften von Pestiziden heute vom Anmelder Unterlagen vorgelegt werden müssen – und wo Lücken bestehen. Die anschließende behördliche Prüfung bezieht sich offenbar nur auf Ausschnitte des Lebensweges dieser Chemikalien. Die »ökologischen Rucksäcke« dieser Chemikalien sind den Behörden nicht bekannt.*

nach den »ökologischen Rucksäcken«, die sich bei der Herstellung der Chemikalien gefüllt haben. Darüber hinaus sind die geforderten Informationen über Verpackungs-, Lager- und Transportintensitäten nicht ausreichend, ebensowenig die über die Wieder- oder Weiterverwendbarkeit von Chemikalien nach dem Erstgebrauch.

Es versteht sich wohl von selbst, daß auch für alle alten Stoffe, die bisher schon auf dem Markt sind und nicht das Zulassungsverfahren nach dem Chemikaliengesetz durchlaufen mußten, diese Informationen zur besseren Beurteilung ihres ökologischen Risikos erforderlich wären.

Nur eine geringe Spannweite des Einsatzes von Chemikalien in den Industrienationen und weltweit kann hier angedeutet werden. Unter »dissipativen« Verwendungen von Chemikalien werden hier solche verstanden, bei denen die Rückführung in den Kreislauf der

Wirtschaft nach der bestimmungsgemäßen Anwendung weitgehend ausgeschlossen ist, also etwa Anstrichfarben oder auch Agrarchemikalien.

Bei der Anwendung von Chemikalien ist es ökologisch von erheblicher Bedeutung, die eingesetzte Menge systematisch zu optimieren, also die geringst nötige Menge herauszufinden. Das Gebot der Minimierung von MIPS gilt hier in vollem Umfang.

Wie bereits erwähnt, wäre es z. B. mit Hilfe technischer Applikations-Verbesserungen und unter genauerer Beachtung gewisser Wetter- und Wachstumsbedingungen häufig möglich, die biologische Verfügbarkeit von Pestiziden um einen Faktor zehn und weit mehr zu verbessern und damit entsprechende Einsparungen dieser Chemikalien zu erreichen. Selbstverständlich müßten die Material- und Energieintensitäten neuer Schädlingsbekämpfungs-Dienstleistungen – also der Chemikalien selbst und der Applikationsverfahren – insgesamt überprüft werden. Die schwedische Regierung hat beispielsweise jüngst über einen Zeitraum von fünf Jahren die gesetzlich zulässige Dosis von Pestiziden um die Hälfte herabgesetzt. Nach ihren Angaben sind die Ernteerträge hierbei leicht gestiegen.

Eine aus ökologischer Sicht interessante Option hat Bob Ayres[12] vorgeschlagen. Der praktische Umgang mit Chemikalien ist alles andere als trivial. Zur Vermeidung gesundheitlicher und ökologischer Risiken sind schon in ganz einfachen Fällen Kenntnisse erforderlich, die das normale Verständnis von (giftigen) Stoffen und den möglichen Folgen ihrer Anwendungen weit übersteigen. Im landwirtschaftlichen Bereich z. B. könnte man nun an die Schaffung eines neuen Berufes denken, nämlich an den des »Cropdoctor«.

Er könnte als Dienstleistung den Einsatz von Mineraldünger und Pestiziden mit eigenem Material, eigenen Maschinen und Einrichtungen übernehmen und von den Landwirten entsprechend seiner vorab vereinbarten Leistung bezahlt werden. Vielleicht könnte die chemische Industrie selbst dieses Dienstleistungsgeschäft betreiben, wobei ihr Interesse am Verkauf möglichst großer Mengen von Chemikalien deutlich zurückgehen sollte. Insgesamt müßten sich dann die Verdienstmöglichkeiten nicht unbedingt negativ entwickeln.

Dow Chemical hat einen Schritt getan, der möglicherweise in diese Richtung geht. Das Unternehmen »leiht« seit kurzer Zeit Chemikalien »aus«, das heißt, abhängig von Menge und Qualität der rücklaufenden Stoffe werden Beträge in Rechnung gestellt – ein interessanter und außerordentlich nachahmenswerter Beitrag zur »Kreislaufwirtschaft«.

Es ist nicht denkbar, die für eine dematerialisierte Wirtschaft nötige Technologie ohne maßgebliche Mitwirkung der chemischen Industrie zu entwickeln. Dies ist übrigens einer der Hauptgründe dafür, daß die Schaffung der neuartigen, dematerialisierten Infrastrukturen, Güter und Dienstleistungen weitgehend nur von hochindustrialisierten Nationen geleistet werden kann. Deutschland steht unter diesen Ländern wegen der Innovationskraft und Leistungsfähigkeit seiner chemischen Industrie ganz vorne.

Anmerkungen, Kapitel 3

1 persönliche Kommunikation
2 persönliche Kommunikation
3 Aluminium-Zentrale, Düsseldorf, und Verband deutscher Schmelzhütten: Informationsschriften und mündliche Auskunft.
4 Hartmut Stiller: Material Consumption in Transport Infrastructure, in: Fresenius Environmental Bulletin, Vol. 2, No. 8, August 1993.
5 Th. R. Malthus: Das Bevölkerungsgesetz, München 1977. Originalausgabe 1798.
6 Dennis Meadows u. a.: Die Grenzen des Wachstums. Stuttgart 1972.
7 Eine Zusammenstellung wichtiger Arbeiten zu diesem Komplex enthält das Fresenius Environmental Bulletin, Vol 2, No. 8, August 1993.
8 Harry Lehmann: Material flows from a systematical point of view, sowie: Stefan Bringezu: Where does the cradle really stand?
beide in: Fresenius Environmental Bulletin, Vol. 2, No. 8, August 1993.
9 Peter Baccini, Paul H. Brunner: Metabolism of the Anthroposphere. Berlin, Heidelberg 1991.
10 Ulrike Brüggemann und Harry Lehmann: Computer aided material flow analysis, »CAMA«, in: Fresenius Environmental Bulletin, Vol. 2, No. 8, August 1993.

11 Helmut Schütz und Stefan Bringezu: Major material flows in Germany, in: Fresenius Environmental Bulletin, Vol. 2, No. 8, August 1993.

12 Bob Ayres: Why Eco-Restructuring? Beitrag zum Sandoz-Colloquium, Paris, 7. 12. 1992.

»Sie suchen das Gold wie Schweine«

Wozu braucht der Mensch Gold? Das Metall hat einige technische Vorzüge, weshalb es die Industrie, vor allem die Elektronikindustrie, schätzt. Auch Zahnfüllungen werden damit gemacht, obwohl es dafür andere Materialien gibt. Doch dabei kommen keine großen Mengen zusammen. Rund 15 Prozent des jährlich in Umlauf gebrachten Goldes beansprucht die Industrie. Der Rest ist Wertanlage, Schmuck, Mythos.

Die Macht dieses Mythos mußten unter anderen die Azteken im heutigen Mexiko fassungslos (und letztlich wehrlos) erleben, als die spanischen Eroberer unter Cortéz über sie hereinbrachen. Bernhardino de Sahagún, ein Franziskanermönch, hat ihre Berichte gesammelt und überliefert. »Sie griffen nach dem Gold wie Affen«, erzählten ihm Azteken, »denn sie hungern nach Gold, sie suchen das Gold wie Schweine.«*

Wesentlich vornehmer und auch rationaler als die Eroberer von damals und die Glücksritter von heute gehen Banken, Regierungen, Unternehmen und Privatanleger vor, die, nach jahrtausendealter Tradition, das Gold als dauerhafte und international akzeptierte Wertanlage betrachten. Gold gilt als zuverlässigste Sicherung der Zukunft. Es ist eine bittere Ironie, daß genau das nicht stimmt: Die Suche nach Gold zerstört, was das gefundene Gold sichern soll, die Zukunft. Die Azteken wußten es nicht, aber sie hatten auch im übertragenen Sinne recht: Es gibt nur wenige ökologische »Schweinereien«, die es mit dem Goldbergbau aufnehmen können.

Gold findet sich entweder in Adern im Berg oder in Flüssen bergab von solchen Adern. Goldsuche beginnt deshalb meist in Flüs-

---

* *Karl Braun (Hrsg.): »Sie suchen nach dem Gold wie Schweine« – Die Eroberung Mexiko-Tenochtitlans aus indianischer Sicht. Tübingen 1982.*

sen. Seinen Wert verdankt das Metall nicht zuletzt seiner Seltenheit: Nur fünf Tausendstelgramm verstecken sich durchschnittlich in einer Tonne Erde. Wer Gold finden will, muß also im wahrsten Sinne des Wortes Berge versetzen. Im Durchschnitt wiegt solch ein Berg aus Geröll und Abfall, aus dem ein einziges Kilo Gold gewonnen wird, 250.000 Kilo – nicht gerechnet das Wasser, das zum Spülen gebraucht wird. Jedes Gramm Gold schleppt also einen ökologischen Rucksack von fünf Zentnern und mehr mit sich herum.

John E. Young vom Worldwatch-Institute hat darauf hingewiesen*, daß trotz aller Bemühungen, die internationalen Währungsbeziehungen vom Gold abzukoppeln, der Goldhunger nicht geringer, sondern sogar größer geworden ist. Die Weltproduktion an Gold stieg zwischen 1980 und 1992 um 78 Prozent von 1.240 Tonnen auf 2.200 Tonnen pro Jahr. Kräftig mitgeholfen an diesem Boom hat die Weiterentwicklung der Fördertechnik (Arbeitsproduktivität) vor allem seit den siebziger Jahren.

Die wohl bekannteste Form der Schädigung von Mensch und Natur durch den Goldbergbau ist die Verseuchung von Flüssen im Amazonasgebiet mit Quecksilber. Die Goldsucher dort baggern den Flußschlamm aus und mischen Quecksilber darunter. Die beiden Metalle binden sich durch Amalgamation aneinander. Anschließend wird das Quecksilber abdestilliert, und Gold bleibt übrig. Ein anderes, traditionell verwendetes Verfahren arbeitet mit Wasserdruck: Ganze Hänge werden mit einem starken Wasserstrahl in Rinnen geschwemmt, wo sich das Metall ablagert und gesammelt werden kann.

Schon 1896 veröffentlichte G. Bödlönder in der Zeitschrift für Chemie eine Beschreibung des Cyanidverfahrens. Es wurde jahrzehntelang praktiziert und ständig verbessert. Das zerkleinerte Golderz wurde zu riesigen Behältern transportiert und dort mit einer stark verdünnten Cyanidlauge übergossen. 0,015 bis 0,25 Prozent Natriumcyanid in der Lösung genügen, um das Gold an die Lauge zu binden.

---

* *John E. Young: Aus Liebe zum Gold. In: World Watch, Juni 1993.*

Der entscheidende Schritt nach vorn wurde Anfang der siebziger Jahre getan: Seitdem wird auf die Waschbehälter verzichtet, Transportkosten entfallen. Das Golderz wird nun auf Halde geschüttet und an Ort und Stelle mehrfach mit der Cyanidlauge gespült. Erze mit einem halben Gramm Gold pro Tonne können so noch wirtschaftlich ausgebeutet werden.

Die Folge ist, daß nun Vorkommen, die früher bergmännisch erschlossen werden mußten, im Tagebau bearbeitet werden. Die Menge an Abraum und Aushub nahm drastisch zu. In den USA werden inzwischen drei Millionen Kilogramm Erde pro Kilo Gold bewegt. Große Mengen cyanidverseuchten Schlamms fallen an. Werden sie in offenen Becken gesammelt, kann das Cyanid ins Grundwasser dringen. Etwa ein Drittel des Cyanids entweicht als Blausäure in die Luft. Blausäure ist ein starkes Atemgift. Das Natriumcyanid selbst ist in Deutschland in die höchste Giftklasse eingestuft. Einige Milligramm pro Kilogramm Körpergewicht töten einen Menschen binnen kurzer Zeit.

Pro Tonne Erz wird in solchen Minen – die Hunderte von Tonnen am Tag verarbeiten – fast das Anderthalbfache an Spülwasser gebraucht (zum Teil im Kreislauf) und ein halbes Kilo Natriumcyanid. Auch in jüngster Zeit und auch in Europa wurden noch Minen dieser Art geplant, allerdings, etwa in Österreich und Griechenland, nicht realisiert.

4
FIPS: *Ein Maß für die Fläche*

It took Britain half the resources of the planet
to achieve its prosperity;
how many planets will a country like India require?

Mahatma Ghandi auf die Frage, ob Indien nach seiner Selbständigkeit den britischen Lebensstandard erreichen werde.[1]

Flächen, Sonnenenergie und Kaffeebohnen

In MIPS sind die Kriterien Masse und Energie berücksichtigt. Damit, so haben wir argumentiert, lasse sich eine erste robuste, aber sicherlich noch grobe Abschätzung der Umweltverträglichkeit aller Prozesse, Güter, Infrastrukturen und Dienstleistungen durchführen. Wir haben aber auch darauf hingewiesen, daß der Verbrauch von Fläche für zivilisatorische und wirtschaftliche Aktivitäten des Menschen ebenfalls von hoher ökologischer Bedeutung ist. Schließlich ist die Oberfläche der Erde alles, was die Menschen zum Leben zur Verfügung haben. Das winzige bißchen Land, was bis jetzt durch Technik unter sehr großem Aufwand an Material und Energie (unter »High-MIPS« Bedingungen) den Meeren abgerungen wurde, zählt weltweit mengenmäßig kaum. Die Niederländer sehen dies natürlich und zu Recht ein wenig anders.

Im ersten Teil dieses Kapitels wollen wir versuchen, ein Gefühl für die Wichtigkeit der Fläche als Ressource für den Menschen zu entwickeln. Wir werden hierzu einige Beispiele vorstellen.

Die beiden Kernkraftwerke in Neckarwestheim beanspruchen eine Landfläche von rund 50 Hektar – alle Versorgungseinrichtungen eingeschlossen (nicht aber die Entsorgung). Auf dieser Fläche erzeugen sie 2.200 Megawatt (Millionen Watt) elektrische Leistung, Tag und Nacht, vorausgesetzt, sie sind nicht abgeschaltet. Würde man auf der gleichen Fläche Solarzellen auslegen, kämen, grob geschätzt, 50 Megawatt über die Leitung, ein Vierundvierzigstel oder rund 2,3 Prozent – vorausgesetzt, die Sonne scheint.

Aus ökologischer Sicht gibt es viele gute Gründe für die Ausnutzung der Sonnenenergie und wenige für die Kernenergie. Das aber ist hier nicht unser Thema. Was dieses Beispiel verdeutlichen soll, ist der enorm unterschiedliche Flächenbedarf dieser beiden Formen der Stromerzeugung. Die meisten erneuerbaren Energiequellen haben mehr oder weniger deutlich diesen Nachteil: Ihre Energie fließt dünn und auch nicht immer dann, wenn man sie braucht. Völlig gleichgültig also, wieviel Strom eine ökologisch umgestaltete Gesellschaft der Zukunft noch beanspruchen wird, sie wird relativ viel Fläche für jedes erzeugte Kilowatt brauchen, wenn sie diese Energie ausschließlich mit Hilfe von Sonnenenergie gewinnen will oder muß. Wir wissen auch, daß Fläche in der Magdeburger Börde ökologisch nicht mit Fläche in der Sahara gleichgesetzt werden kann. Geographie-unabhängige Flächenvergleiche sind also nicht sinnvoll. Und das unterscheidet die Flächenintensität einer Dienstleistung von ihrer Material- und Energieintensität. Masse- und Energieeinheiten sind unabhängig davon, wo sie an der Oberfläche der Erde gemessen werden.

Andererseits gibt es in Deutschland ungenutzte Dachflächen großen Ausmaßes, die für Elektrizitäts- und Warmwassergewinnung ausgenutzt oder auch begrünt werden könnten. Tabelle 2 weist eine Gebäudebelegung von 15.000 Quadratkilometer in Deutschland aus. Nitsch und Luther[2] haben ermittelt, daß davon 2.850 Quadratkilometer Dachfläche sind. Da nur Süd-Dachflächen mit geeigneter Neigung genutzt werden können, um Sonnenenergie zu gewinnen, bleiben nach ihrer Schätzung 650 Quadratkilometer übrig, die mit Warmwasserkollektoren oder Solarzellen zur Stromgewinnung belegt werden könnten. Mit weiteren, vorsichtigen Einschränkungen kommen sie zu dem Ergebnis, daß allein durch solare Heizung und Warmwasserversorgung auf Hausdächern zwischen 10 und 13 Millionen Tonnen Steinkohleeinheiten Primärenergie (Öl, Kohle, Gas) gespart werden könnten. Das entspricht zwischen sieben und zehn Prozent aller Primärenergie, die die Elektrizitätswirtschaft im Jahr einsetzt.

Der Wert dieser Zahlenspielerei liegt nicht darin zu zeigen, daß Deutschland mit Sonnenenergie schon sehr weit kommen kann. Diese Zahlen sollen vielmehr auf alternative Möglichkeiten aufmerksam machen, die in der Zukunft von Bedeutung sein könnten, insbesondere deshalb, weil Deutschland im Laufe des nächsten Jahrhunderts eine Dematerialisierung um etwa 90 Prozent erreichen sollte – und aus technischer Sicht auch könnte, wie wir in weiteren Kapiteln dieses Buches argumentieren werden. Die bekannten Hinweise auf die gegenwärtigen Preisnachteile der Sonnenenergiealternativen sind aus ökologischer Sicht so lange nicht hilfreich, wie kein objektiver Vergleich der Umweltbelastung durch alle technisch realisierbaren Energieversorgungssysteme während der gesamten Lebensdauer und einschließlich aller Rucksäcke der verwendeten Rohstoffe vorliegt. Auch und gerade im Energiebereich sprechen die Preise nicht die »ökologische Wahrheit« (Ernst Ulrich von Weizsäcker). Es ist eines der Hauptanliegen des vorliegenden Buches, Wege aufzuzeigen, wie wir in der Bewertung der Umweltverträglichkeit von Systemen weiterkommen.

Unser anfänglicher Vergleich der Energieanlagen ist aus den genannten Gründen also höchst unzureichend. Der Flächenbedarf des fertigen Kraftwerks pro Kilowatt allein kann nicht das Entscheidungskriterium pro oder contra Sonnenenergie sein. Ein MIPS-Vergleich sollte auch hier an erster Stelle stehen. Doch eines macht auch dieser unzureichende Vergleich deutlich: Flächenbedarf ist eine umweltrelevante Größe, die zusammen mit der Material- und Energieintensität, der Toxizität und möglicherweise anderen Faktoren berücksichtigt werden muß, wenn ökologische Fehlentscheidungen vermieden werden sollen.

Denn schon heute sind in dichtbesiedelten Ländern wie der Bundesrepublik erhebliche Teile der Landfläche versiegelt (siehe Tab. 2). Zwar kann man nicht einfach die gesamte Siedlungsfläche, also die Flächen für Verkehr, Gebäude und Betriebe, als versiegelt betrachten. Zahlen für das Ruhrgebiet haben aber ergeben, daß rund zwei Drittel dieser Fläche tatsächlich versiegelt sind.

Daß Landfläche natürlich begrenzt ist und nicht wesentlich vermehrt werden kann, leuchtet unmittelbar ein. Jeder Mensch beansprucht auf dieser Erde statistisch für sich ein gewisses Quantum Fläche für die Nahrungsmittelproduktion, das Wohnen und Arbeiten, den Transport, die Freizeit und anderes. Allein für die Nahrungsmittelproduktion geben verschiedene Quellen einen Mindestbedarf pro Kopf von zwischen 0,19 (Existenzminimum) und bis zu 0,38 Hektar an[4]. Bei 0,3 Hektar pro Kopf ergäben sich für Westdeutschland etwa 180.000 Quadratkilometer Fläche, die zur

Befriedigung des Nahrungsmittelbedarfes notwendig wären. Dies entspricht etwa 70 Prozent der Oberfläche der alten Bundesländer. Tabelle 2 weist aber aus, daß hier nur 135.000 Quadratkilometer für landwirtschaftliche Zwecke zur Verfügung stehen, offenbar nicht genug zur Eigenversorgung unter den heutigen Konsumgewohnheiten.

Tabelle 2 *Flächennutzung alte Bundesländer, 1985*[3]

	Fläche (km^2)	Anteil
Verkehr	12.430,35	5,0%
Gebäude- und Freifläche	15.414,38	6,2%
Betriebsfläche	1.491,71	0,6%
Landwirtschaft	135.000,12	54,2%
Wald	74.088,46	29,8%
Wasser	4.475,14	1,8%
Erholungsfläche	1.740,33	0,7%
Fläche anderer Nutzung	4.226,52	1,7%
Summe	248867,01	100,0%

Der Bundesbürger stellt im Vergleich weltweit überdurchschnittliche Ansprüche. Sascha Kranendonk vom Wuppertal Institut hat errechnet, daß allein zur Befriedigung des Orangensaftbedarfes Deutschlands, der hauptsächlich durch Lieferungen aus Brasilien gedeckt wird, die ganze landwirtschaftliche Fläche des Saarlandes mit Apfelsinenbäumen bepflanzt werden müßte (siehe Beispiel weiter unten). Um den in Deutschland getrunkenen Kaffee zu produzieren, werden etwa 12.000 Quadratkilometer Fläche in tropischen Ländern belegt, was etwa der Fläche des gesamten Verkehrssystems oder etwa 90 Prozent der durch Gebäude belegten Fläche in den alten Bundesländern entspricht. Autofahren oder Kaffee trinken? Wohnen oder Kaffeegenuß? Da aus klimatischen Gründen natürlich weder Orangen noch Kaffee in Deutschland angebaut werden können, besetzt Deutschland sozusagen, gegen Bezahlung versteht sich, einen Teil der Dritten Welt. Dies gilt auch für die Versorgung mit Sojabohnen (z. B. für die Produktion von Schweinefleisch), geologischen Rohstoffen und vielem anderen mehr. Insgesamt darf man davon ausgehen, daß der Materialbedarf Deutschlands etwa zweimal die eigene Fläche in Anspruch nimmt. Holländische Arbeiten sprechen von einem Faktor 3 bis 4 für die Niederlande[5].

Deutschland müßte mehrere Male größer sein, als es ist, um all die Dinge zu produzieren, die die Deutschen konsumieren. So aber belegen Deutsche einfach die Fläche anderer Länder.

Mit wachsender Erdbevölkerung wird der Druck auf die zur Verfügung stehenden Flächen natürlich wachsen. Der Druck wird insbesondere dort wachsen, wo die reichen Länder heute große ausländische Flächen für ihren eigenen Konsum belegen. Wenn man annehmen darf, daß wir dem Rest der Menschheit einen dem unseren vergleichbaren Zugriff auf materielle Ressourcen nicht absprechen können und wollen, kann unser Materialverbrauch auf die Dauer nicht so weitergehen wie bis jetzt, weder in dieser Menge noch zu solch niedrigen Preisen.

Der Preis für Land richtet sich in marktwirtschaftlichen Gesellschaften danach, welcher wirtschaftliche Nutzen sich daraus ziehen läßt. Auch für die Preise von Grund und Boden gilt aber, was wir über die Preise von Rohstoffen gesagt haben: Sie sagen nicht die ökologische Wahrheit.

Ökologisch intakte Natur hat keinen Marktpreis, jedenfalls keinen, der ihr eine Chance geben könnte in der Konkurrenz zur Nutzung als Industrie- oder Wohngebiet.

Deshalb muß die Gesellschaft eingreifen, um Natur zu schützen, indem sie sie aus der Konkurrenz herausnimmt – was ja auch durch die vielfältigen Formen der Naturschutzgesetze und -bestimmungen geschieht. Der Erfolg dieses Verfahrens bleibt aber immer begrenzt. Wir verbrauchen zweimal soviel Fläche für Kaffeeanbau weltweit, wie wir uns für Nationalparks leisten. (Die Nationalparks sind zusammen 5.700 Quadratkilometer groß. Dazu kommen Naturschutzgebiete mit etwa 4.600 Quadratkilometer und Landschaftsschutzgebiete, die immerhin ein Viertel der Fläche der alten Bundesländer belegen.) Diese Form des Naturschutzes ist offensichtlich eine Art »Luxus«, den eine reiche, naturliebende Gesellschaft sich leistet. Aus ökologischer Sicht sollte man von einem mehr als spärlichen Luxus sprechen, denn Nationalparks und Naturschutzgebiete sind die einzigen Gebiete, in denen sich die ursprüngliche Artenvielfalt zumindest zum Teil noch wiederfindet. Wenn es dann wirtschaftlich bergab geht oder ein Konflikt durch den Verzicht auf ein Stück dieses Luxus bereinigt werden kann, dann werden aber Luxusgüter zur Verhandlungsmasse. Und Luxus dieser Art leistet man sich überhaupt nicht in armen Ländern, erst recht nicht, wenn Fläche so katastrophal knapp ist wie etwa in Bangladesh.

Jedem der 120 Millionen Menschen in Bangladesh stehen 1.200 Quadratmeter zur Verfügung. Etwa 15 Prozent dieser 1.200 Quadratmeter Fläche würden gerade ausreichen, um unseren Kaffeebedarf zu befriedigen. Statistisch steht also die Fläche eines Fußballplatzes in Bangladesh für eine Familie mit Mutter, Vater und vier Kindern zur Verfügung. Auf dieser Fläche müssen die Menschen in Bangladesh anteilig alle Bedürfnisse des Lebens verrichten: das Wohnen, die Produktion der Nahrungsmittel sowie von Holz für den Energiebedarf, die Produktion von Industriegütern, den Groß- und Einzelhandel, den Transport, die Beseitigung sämtlichen Mülls. Das funktioniert natürlich nicht: Bangladesh importiert Lebensmittel, genau wie die Bundesrepublik. Daß in solch einem Land auch die ökologisch empfindlichsten Regionen in irgend einer Form genutzt werden, ist nicht überraschend. Die Fruchtbarkeit der Menschen tut ein übriges, diese Landknappheit mit einer Geschwindigkeit zu verschlimmern, für die sich auf der Erde schwer ein Vergleich finden läßt.

Die knapp 80 Millionen Deutschen haben jeder gut ein halbes Fußballfeld für sich, nämlich 4.470 Quadratmeter, also wesentlich mehr, obwohl selbst in diesem Land schon beinahe jeder Winkel in irgend einer Form genutzt ist. Daß die Deutschen damit nicht auskommen, haben wir bereits gesehen. Der Franzose hat im Durchschnitt mehr als doppelt soviel Platz um sich, und jeder US-Bürger kann sich auf der Fläche von vier Fußballfeldern breit machen (36.500 Quadratmeter).

Welcher Stellenwert der Flächenintensität in Ökobilanzen eines Landes beigemessen wird, hängt deshalb in der Praxis sicher stark von den nationalen Gegebenheiten ab. Daß nationale Grenzen keinen Ewigkeitswert haben, hat die jüngste Geschichte eindrucksvoll vorgeführt. Im Interesse des Schutzes der globalen Ökosphäre ist es aber nicht sinnvoll, den Stellenwert der Flächennutzung von der Besiedelungsdichte abhängig zu machen. Vielmehr muß der Verbrauch an Ressourcen grundsätzlich auf den einzelnen Menschen bezogen werden. Politische Verlautbarungen gehen auch regelmäßig dahin, daß allen Menschen gleiches Recht auf den Zugriff zu Ressourcen zustehe.

Wir haben am Anfang dieses Buches von den flagranten Widersprüchen zwischen dem traditionellen wirtschaftspolitischen Ziel der Mehrung des nationalen Wohlstandes und den Bedingungen zur Erhaltung der globalen ökologischen Stabilität gesprochen. Wir haben gesagt, daß der weltweite Verlust an politischer Glaubwürdigkeit und die Wahrscheinlichkeit gewaltiger Umbrüche zunehmen werden, falls dieser Konflikt nicht aufhört. Bangladesh wird voraussichtlich zu den Ländern gehören, welche unter den wesentlich von den OECD-Ländern verursachten Klimaänderungen zu leiden haben werden. Es bleibt nicht viel Zeit, den Widerspruch zu lösen. Die Reichen sind hierbei zuerst gefordert.

FIPS

Um die Umweltbelastungsintentität durch Güter und Dienstleistungen abschätzen zu können, haben wir Stoffströme und Energieflüsse auf die erbrachte Dienstleistung bezogen. Ähnlich wollen wir das auch mit der Belegung von Flächen tun. Die Gründe sind hier wie dort die gleichen: Es ist notwendig, ökologische Indikatoren so zu definieren, daß sich wirtschaftliches Tun und ökologische Notwendigkeiten miteinander verbinden lassen.

Wir definieren also, zunächst generell, als flächenbezogenen Umweltindikator die *F*lächen*i*ntensität *p*ro *S*ervice- bzw. Dienstleistungseinheit, die FIPS.

Ist eine Fläche erst einmal für einen bestimmten Zweck oder eine Aktivität belegt, so schließt das im allgemeinen aus, sie gleichzeitig wirtschaftlich für andere Zwecke zu benutzen. In ökonomischen Kategorien gesprochen, bedeutet die Versiegelung oder naturfremde Nutzung von natürlichen Flächen aus zivilisatorischen oder ökonomischen Gründen für die Ökosphäre sogenannte »Opportunitätskosten«. Das heißt, die Ökosphäre erfährt durch die menschengemachte Belegung von Flächen Verluste an »Erträgen und Nutzen«, oder besser, Verluste an evolutionärer Balance und Stabilität. Dieser Verlust kann bei Flächenversiegelungen durch Begrünung zum Teil kompensiert werden.

Aufgabe ist es nun, möglichst einfache, wissenschaftlich vertretbare und meßbare Indikatoren zu finden, welche die komplexen ökologischen Veränderungen (Verluste) durch menschliche Flächenbelegungen wiederzugeben in der Lage sind. Für sie gelten dieselben Bedingungen wie die, welche in Kapitel 3 schon genannt wurden:

1. Sie sollten einfach sein, aber wesentliche Umweltbeeinflussungsfaktoren widerspiegeln.
2. Sie sollten auf Charakteristika fußen, die allen Prozessen, Gütern und Dienstleistungen eigen sind.
3. Die gewählten Charakteristika müssen in einfacher Weise meßbar oder rechnerisch zugängig sein.
4. Ihre Anwendung sollte kosteneffizient sein.
5. Sie sollten transparente und reproduzierbare Abschätzungen der Umweltbelastungspotentiale aller möglichen Pläne, Prozesse, Güter und Dienstleistungen von der Wiege bis zur Wiege ermöglichen.

6. Ihre Anwendung sollte immer zu richtungssicheren Ergebnissen führen.
7. Sie sollten eine Brücke zu Aktivitäten auf den Märkten bilden.
8. Sie sollten auf allen Ebenen anwendbar sein, lokal, regional und global.

Was wir im folgenden vorschlagen wollen, ist sehr vorläufiger Natur und soll zum weiteren Nachdenken anregen. Es handelt sich um Gedankensplitter, nicht mehr, die vielleicht für eine vernünftige Lösung verwandt werden können.

Flächenbilanz eines Wirtschaftsraumes

Fläche steht den Menschen wie Materie nur begrenzt zur Verfügung. Flächennutzung kann nicht nur wertneutral als reine Arealbelegung angesehen werden, sondern muß auch als Flächenabnutzung betrachtet werden, etwa durch Bodenerosion in Folge des großflächigen, intensiven Anbaus von landwirtschaftlichen Exportgütern beispielsweise auf Kakaoplantagen an der Elfenbeinküste, oder als Veränderung wichtiger Bodenfunktionseigenschaften, z. B. Versalzung durch künstliche Bewässerung.

Damit ein Wirtschaftsraum funktionieren kann, ist offenbar ein bestimmter Flächenbedarf erforderlich. Er setzt sich unter anderem aus Ansprüchen von Produktionsstrukturen, Konsumgewohnheiten und Freizeitverhalten zusammen. Es liegt somit nahe, den Flächenbedarf den Bedürfnissen bzw. den Ansprüchen zuzuordnen. Da bisher keine amtliche Statistik eine solche Zuordnung erlaubt, ist man auf hinreichend detaillierte Flächendaten angewiesen, die eine eigene Zusammenstellung ermöglichen. Wir wollen das hier exemplarisch für den Wirtschaftsraum Ruhrgebiet darstellen. Die Daten verdanken wir Helmut Schütz vom Wuppertal Institut.

Tabelle 3 zeigt, daß 17 Prozent der zur Verfügung stehenden Gesamtfläche von insgesamt 4.433 Quadratkilometer den Wohnbedarf der Einwohner dieser Region abdecken. Darin sind nicht nur die reinen Wohnungsflächen enthalten, sondern auch die aller öffentlichen Einrichtungen wie Post, Verwaltung, Krankenhäuser usw. Knapp ein Drittel der Gesamtfläche steht zur Produktion von Nahrungsmitteln zur Verfügung. Weitere 18 Prozent werden für forstwirtschaftliche Zwecke genutzt. Die reine Verkehrsfläche – Straßen, Wege, Parkplätze, Fahrzeugdepots – nimmt immerhin zehn Prozent oder rund 450 Quadratkilometer ein. Immerhin zwei Prozent oder rund 90 Quadratkilometer werden für Freizeitaktivitäten wie Minigolf, Reiten, Freizeitparks usw. belegt.

Insgesamt werden fast neun Zehntel der Fläche technisch genutzt; davon ist etwa ein Drittel versiegelt. Dem steht nur ein Zehntel Naturflächen oder, besser gesagt, weitgehend naturnaher Flächen wie Mischwälder, Gehölzbestände, Feuchtbiotope und ähnliches gegenüber. Unter ökologischen Gesichtspunkten wäre diese »Naturfläche« als Ausgleichsfläche für die vom Wirtschaftsraum ausgehenden Umweltbelastungen zu bewerten, etwa im Sinne der potentiellen Absorption von CO_2 und anderen Schadstoffen.

Tabelle 3 *Flächenbilanz des Wirtschaftsraumes Ruhrgebiet. Als Gesamtfläche ist die Katasterfläche angegeben. Sie weicht aus methodischen Gründen von der Summe der Einzelposten leicht ab.*

Bedarf	Fläche in km^2	Fläche in % der Gesamtfläche	Fläche in km^2 pro Kopf
Wohnen	754	17	108
Ernährung	1.330	30	192
Ressourcenanbau	798	18	111
Ressourcenabbau	45	1	7
Produktion	266	6	36
Energiegewinnung	11	0,25	2
Entsorgung	44	1	7
Verkehr	443	10	65
Freizeit	89	2	11
Natur	576	13	80
Ungenutzt	89	2	12
Gesamt	4.433	100	631

Aus Tabelle 3 wird weiter ersichtlich, daß jedem Einwohner und jeder Einwohnerin der Region Ruhrgebiet nur etwa 190 Quadratmeter zur Deckung des Nahrungsbedarfs zur Verfügung stehen. Abgesehen von der Tatsache, daß das Ruhrgebiet in diesem Sinne innerhalb der deutschen Grenzen nicht isoliert betrachtet werden darf, benötigen seine Einwohner dennoch weitere landwirtschaftliche Fläche im Ausland, so etwa 200 Quadratmeter pro Kopf für den Verbrauch von Sojabohnen, in erster Linie als Schweinefutter, 150 Quadratmeter fürs Kaffeetrinken und 82 Quadratmeter für den Kakaogenuß. Insgesamt summieren sich diese Flächen – die, wohlgemerkt, im Ausland liegen – auf mindestens weitere 1.400 Quadratmeter oder das Siebenfache der Fläche, die innerhalb der Region zur Verfügung steht.

Nicht berücksichtigt ist in dieser Rechnung, welche Folgen dieser Konsum in den Exportländern hat, also welche ökologischen Rucksäcke etwa in Form von Bodenerosion, Dünger- und Pestizideinsatz, Wasserverbrauch und Kohlendioxyd hinzugerechnet werden müßten. Weiterhin wäre zu hinterfragen, welche Folgen diese Handelsströme für die betroffenen Menschen, zumeist in Entwicklungsländern, haben. Rufen wir uns doch nur in Erinnerung, daß gerade der Zusammenbruch des internationalen Kaffeeabkommens uns durch niedrige Preise erfreute und unseren Konsum steigen ließ, daß aber viele Kleinerzeuger in der Dritten Welt deswegen in den Ruin getrieben wurden und verelendeten. Oder sollten wir uns beim Kakaotrinken oder Schokoladengenuß nicht vor Augen halten, daß der größte Teil der landwirtschaftlichen Nutzfläche der Elfenbeinküste dadurch verlorenging und die wachsende Bevölkerung dieses Landes großen Nahrungsmittelproblemen entgegensieht? Angesichts steigender Bevölkerungszahlen und sinkender Ernteerträge weltweit stellt sich also zwangsläufig die Frage nach der gerechten globalen Verteilung von Fläche, genauso wie von Materie, um eine zukunftsfähige Entwicklung zu garantieren. Die Erfahrungen der »Grünen Revolution« haben ja wohl eindeutig gezeigt, daß das Problem technisch nicht gelöst werden kann.

So betrachtet, ist auch die Frage nach dem ökologischen Sinn nachwachsender Rohstoffe, etwa als Ersatz für fossile Energieträger oder andere mineralische Rohstoffe, noch nicht beantwortet.

Anmerkungen, Kapitel 4

1 »Großbritannien brauchte die Ressourcen des halben Planeten, um seinen Wohlstand zu erreichen. Wie viele Planeten wird wohl ein Land wie Indien dafür benötigen?«
Zitiert nach: Robert Goodland: The case that the world has reached limits. In: R. Goodland u. a. (Hrsg.): Environmentally Sustainable Economic Development: Building on Brundtland, UNESCO 1991.

2 Joachim Nitsch und Joachim Luther: Energieversorgung der Zukunft. Berlin, Heidelberg, New York 1990.

3 Umweltbundesamt: Daten zur Umwelt 1988/89.

4 »Sustainable Netherlands«, Friends of the Earth Discussions Papers, 9.2.93; sowie:
Meadows u. a.: Die neuen Grenzen des Wachstums; sowie:
Norman Myers (Hrsg.): Gaia – der Öko-Atlas unserer Erde. Frankfurt a. M. 1985.

5 M. Buitenkamp, H. Venner und T. Wams: Actieplan Nederland Duurzaam. Amsterdam, April 1992.

Der teure Durst der Deutschen

Im Trinken von Orangensaftgetränken aller Art – also dem, was unter den Bezeichnungen »Saft«, »Nektar« und »Getränk« verkauft wird sind die Deutschen Weltmeister. 21 Liter pro Kopf der Bevölkerung werden jedes Jahr konsumiert – eine bemerkenswerte Zahl für ein Land, das so wenig zum Anbau von Orangen taugt wie Deutschland.

Sascha Kranendonk vom Wuppertal Institut hat sich genauer angesehen, wie umweltverträglich der große Durst auf Vitamine ist. Ihre Arbeit ist ein Beitrag zur Antwort auf die Fragen: Wie materialintensiv und wie flächenintensiv lebt eigentlich der Durchschnittsdeutsche? Könnte sich die ganze Welt das gleiche leisten?

80 Prozent des Orangensafts, den die Europäer trinken, wird in Brasilien angebaut, meist in der Gegend um São Paulo. Dort wird er nach der Orangenernte konzentriert, tiefgekühlt und anschließend über 12.000 Kilometer, fast ein Drittel des Erdumfanges, nach Europa transportiert.

Wieviel Materie ist nun in Bewegung gesetzt worden, bis das Produkt auf dem Frühstückstisch steht? Wie groß ist der »ökologische Rucksack« von Orangensaft? Das Ergebnis: Jedes Kilo Orangensaftgetränk, also jeder Liter, kostet mindestens 25 Kilo »Umwelt«. Allein der Wasserverbrauch ist enorm. Bis die Orangen gewaschen, unter Dampf auf acht Prozent ihrer Masse konzentriert und hierzulande wieder mit Wasser verdünnt sind, werden für jedes Glas Orangensaft 22 Gläser Wasser verbraucht. Daneben

---

* *Sascha Kranendonk, Stefan Bringezu: Major material flows associated with orange juice consumption in Germany. Fresenius Environmental Bulletin, Vol 2, No.8, August 1993.*

verschwindet fast der Zehntelliter Treibstoff pro Liter Saft, der in der Landwirtschaft gebraucht wird.

Doch dieser Rucksack ist leicht, vergleicht man ihn mit dem in den USA: In Brasilien werden Orangenplantagen bisher erst an einzelnen Stellen künstlich bewässert; Orangenplantagen müssen bei Frostgefahr nicht beheizt werden und werden in der Regel nicht maschinell, sondern von Hand geerntet. In Florida ist es aber ganz anders: Dort werden zwei Liter Treibstoff verbrannt, zwanzigmal so viel wie in Brasilien; und dazu kommen nicht 22, sondern 1.000 Liter Wasser für die Bewässerung – jeweils für einen einzigen Liter Orangensaft. Der ökologische Rucksack ist in Florida also gut vierzigmal so schwer wie in Brasilien. Dieser Vergleich illustriert plastisch, wieviel Umweltschutz schon allein durch angepaßtere Landwirtschaft erreicht werden kann, also unter anderem durch Produktion in Gebieten, die dafür geeignet sind. (Allerdings müssen selbstverständlich auch die Transportwege berücksichtigt werden.)

Auch der Flächenverbrauch ist enorm. Um den Saftdurst eines einzigen Deutschen zu stillen, werden in Brasilien 24 Quadratmeter Land mit Orangenbäumen bepflanzt. Das liest sich bescheiden, doch es summiert sich zu 150.000 Hektar – dem Dreifachen der gesamten Landfläche, auf der in Deutschland Obst angebaut wird.

5
Der Faktor 10

Die vorliegenden Informationen lassen keinen Zweifel darüber, daß die Welt in den unmittelbar bevorstehenden Jahrzehnten mit ungeheuer dringlichen Problemen von großer Komplexität zu kämpfen haben wird. Prompte und mutige Wandlungen auf der ganzen Welt sind erforderlich, um diese Probleme zu umgehen oder zu reduzieren, bevor sie sich nicht mehr bewältigen lassen. Wirkungsvolles Handeln erfordert lange Anlaufzeiten. Zögert man die Entscheidungen so lange hinaus, bis sich die Probleme verschlimmert haben, so wird sich der Spielraum für wirkungsvolles Handeln drastisch verringern.

Global 2000. Der Bericht an den US-Präsidenten, 1980

Wir haben Zeit zum Strukturwandel,
aber wir haben keine Zeit zu verlieren.

Ernst Ulrich von Weizsäcker

Rezyklieren und kreislaufen lassen

Große Teile der Umweltdiskussion der vergangenen Jahre beschäftigten sich mit der Quantifizierung von »Schadstoffsenken«, mit den »Selbstreinigungskräften« der Natur und mit der »Trägerkapazität« der Erde. Dabei kamen immer komplexere Zusammenhänge zu Tage: Nicht jede »Schadstoffsenke« ist eine Senke für unbegrenzte Mengen und für unbegrenzte Zeit. Wo »Selbstreinigungskräfte« der Natur am Werk sind, läßt die Reinigungsaktion das Geflecht ökologischer Zusammenhänge nie unberührt.

»Selbstreinigung« ist ein Begriff, der ursprünglich im Zusammenhang mit der Wasserqualität von Flüssen unterhalb von Einleitungen geprägt wurde. Man hatte nämlich beobachtet, daß Fließgewässer nach Einleitungen desto »sauberer« wurden, je weiter man flußabwärts kam – bis zur nächsten Einleitung, versteht sich. In der Tat setzen sich gewisse Stoffe, wie z. B. Schwermetalle, oft am Boden von Flüssen ab, und außerdem reagieren viele organische Stoffe miteinander, mit Bakterien, mit Sauerstoff im Wasser und mit dem Wasser selbst. Auf diese Weise schienen Flüsse unterhalb von Einleitungen oft »sauberer« zu werden. Seit einigen Jahrzehnten aber wurden die Frachten sprunghaft immer größer. Und außerdem enthielten sie auch mehr und mehr »persistente« chemische Stoffe. Die »Selbstreinigung« versagte mehr und mehr. Und wie wir schon früher betont haben, geht Masse natürlich nicht verloren – irgendwo muß der Dreck ja hin. Bestenfalls werden gefährliche Frachten »entgiftet«. Erosionsfrachten aber verändern sich kaum, auch Salzfrachten und viele andere Frachten nicht.

So ist die »Selbstreinigung« leider eher Traum als Wirklichkeit. Wie gesagt: Streng genommen kann es in einer räumlich begrenzten und stofflich abgeschlossenen Ökosphäre weder »Senken«, noch »Selbstreinigungskräfte« geben – jede Senke liegt innerhalb der Ökosphäre. Und streng genommen ist jede »Selbstreinigungsaktion« der Natur eine Reaktion auf eine Störung, die durch eine Verschiebung ökologischer Gewichte beantwortet wird.

Schon vor Jahren wurde erkannt, daß natürliche »Senken« und »Selbstreinigungskräfte« nicht ausreichten, die schnell größer werdenden Abfälle jeder Art von einer wachsenden Weltbevölkerung folgenlos aufzunehmen. Eine neue Einsicht machte die Runde: Nicht die Knappheit von Ressourcen schien für wirtschaftliches Weiterkommen die Begrenzung zu sein, sondern das Problem, den Abfall loszuwerden.

Als logisch nächster Schritt mußte deshalb in Erwägung gezogen werden, »künstliche Senken« zu schaffen bzw. künstlich »Reinigungskräfte« in Bewegung zu setzen. Der Gedanke der Wiederverwertung (Recycling) oder der Wiederverwendung (noch nutzbarer, gebrauchter Teile oder Stoffe) war ein erster Ansatz, die Selbstreinigungskräfte durch menschengemachte Technik zu ergänzen. Wohlwollend formuliert, könnte man den Gedanken der Wiederverwertung sogar als ersten Ansatz dazu bezeichnen, den Menschen als Teil der Natur zu begreifen und seine Technik – und neue Formen ökologisch optimierenden Designs – als eine besondere Art der »Selbst«-Reinigung der Natur einzusetzen (Abb. 15).

Doch auch Recycling hat seine Grenzen. Besonders deutlich wird dies in der öffentlichen Diskussion am Beispiel der Kunststoffe. Kunststoffrecycling ist bis heute nur in engen Grenzen möglich, die Kapazitäten sind gering. Kunststoffrecycling ist in aller Regel ein »Down-cycling«, das die Qualität der Rohstoffe bei jedem Durchgang durch die Recycling-Schleife verringert; es ist eine Warteschleife, in der der Müll für eine begrenzte Zeit von der Deponie fern- oder der Verbrennung zurückgehalten wird.

Ähnliches gilt, wenn auch weniger drastisch, für andere wiederverwendete Stoffe. Glasbruch kann nur wieder zu weißem Glas verarbeitet werden, wenn keine farbigen Gläser beigemischt sind. Das hochwertige Stahlblech aus Schrottautos wird wegen des Kupfergehaltes heute noch in der Regel nicht wieder zu Stahlblech, sondern zu dem minderwertigen Gußeisen. Papier-Recycling wird enorm erschwert durch Druckfarben, das Reißen der Fasern und

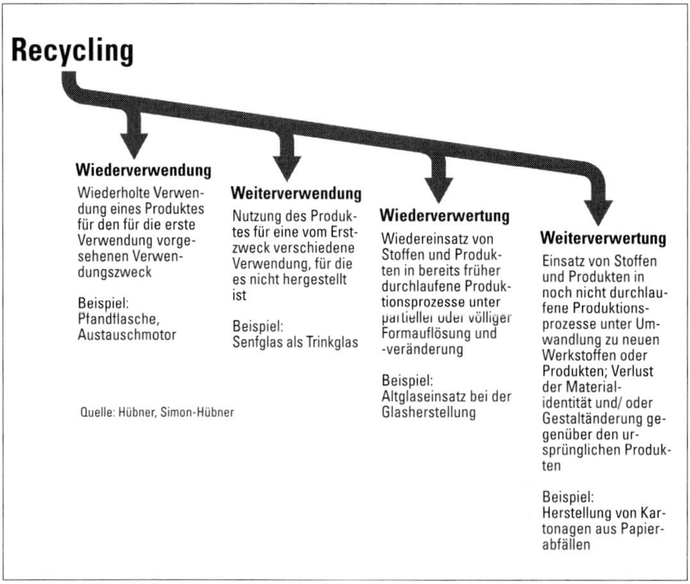

Abb. 15 *In der Praxis gibt es verschiedene Begriffe für das, was mit Produkten gemacht wird, wenn sie ihre erste Gebrauchsphase hinter sich haben.*

durch die Unmengen winziger Metallklammern, mit denen Blätter zusammengehalten werden.

Aber nicht nur die Qualität von Recyclingprodukten setzt der Wiederverwertung Grenzen. Schon heute muß auf manches Recyclingprojekt verzichtet werden, weil es sich finanziell nicht lohnt – der technische Aufwand ist heute noch so teuer, daß er sich mit dem Verkauf des gewonnenen Produktes nicht bezahlen läßt. Für Verpackungsmaterialien wurden die Recyclingkosten über den Grünen Punkt dem Konsumenten übertragen, egal wie hoch sie sein mögen. Wir werden in diesem Buch noch auf die Notwendigkeit zu sprechen kommen, die Preise von natürlichen Ressourcen in der Zukunft ganz erheblich anzuheben, die Preise also mehr von der ökologischen Wirklichkeit verraten zu lassen, als es heute der Fall ist. Damit würden natürlich auch die Chancen steigen, Sekun-

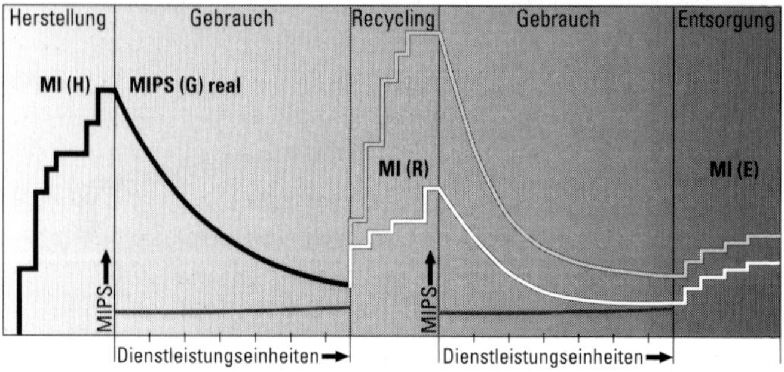

Abb. 16 *Zur Herstellung, zum Gebrauch, zum Recycling und zur Entsorgung von Gütern sind jeweils bestimmte Material- und Energieeinsätze notwendig. Wenn der zum Recycling notwendige Aufwand den der ursprünglichen Herstellung überschreitet, ist das Verfahren ökologisch sinnlos.*

därrohstoffe mit Gewinn dem Markte wieder zuzuführen. Recycling wird sich dann also sehr viel eher lohnen als zur Zeit. Ob der Grüne Punkt dann billiger wird?

Man kann aber auch anders an die Sache herangehen und fragen, ob sich ein Recyclingprojekt aus ökologischer Sicht lohnt. Wir sind auf diese Frage schon einmal im Zusammenhang mit der Einführung von MIPS als ökologischem Maß gestoßen. Dort haben wir gesehen, daß jedweder Prozeß, jedes Handhaben von Material und jeder damit verbundene Verbrauch von Energie Auswirkungen auf die Umwelt hat. Jedem dieser Schritte kann man also einen bestimmten Material- und Energieverbrauch zuordnen. Abbildung 16 illustriert dies.

Abbildung 16 zeigt unter anderem einen Fall, bei dem die ökologischen Recyclingkosten höher liegen als die der ursprünglichen Herstellung. Eine Recyclinganlage ist unter MIPS-Gesichtspunkten eine Maschine, die einen Stoffstrom reduzieren soll – nämlich den Abfall-Stoffstrom –, indem sie Teile dieses Stromes wieder in den Produktionskreislauf zurückleitet und so den Strom an neuen Rohstoffen, der aus Lagerstätten in die Technosphäre fließt, verringert. Damit sie das tut, müssen aber außer dem Abfall in der Regel weitere Stoffströme in sie hineinfließen, nämlich Energie, Maschinen, Transport und unter Umständen Hilfsstoffe. Die Anlage verlangt also zusätzliche Stoffströme. Diese Stoffströme tragen zur Materialintensität der gewonnenen Sekundärprodukte und Sekundärrohstoffe bei. Ökologisch sinnvoll arbeitet die Anlage nur dann, wenn dank ihrer Hilfe insgesamt weniger Stoffströme fließen als ohne Recycling, wenn sie also dazu beiträgt, daß Stoffe, die der Umwelt einmal entnommen wurden, mehrfach in der Technosphäre kreisen. Kommt am Ende aber heraus, daß das rezyklierte Metall oder der rezyklierte Kunststoff einen schwereren »Rucksack« an Stoffströmen mit sich herumschleppt als die entsprechenden Originalrohstoffe, die direkt aus der Erde gewonnen werden, dann war das Recycling unsinnig.

Dies sollte natürlich verhindert werden. Mehrere Möglichkeiten bieten sich an. Z. B. kann das Recyclingverfahren verbessert werden. Kunststoffe lassen sich etwa depolymerisieren; neue Katalysatoren könnten den Energieaufwand für Wärme und Druck erheblich reduzieren. Man kann auch Transportwege einsparen und das Aussortieren minimieren. Zum anderen könnte entsprechendes Design dafür sorgen, daß Teile von »Dienstleistungserfüllungsmaschinen« (Apparaten, Geräten, Maschinen, Anlagen usw.), oder das komplette Produkt wieder seine ursprüngliche Verwendung findet, möglicherweise nach Reparatur, aber ohne Veränderung durch chemische Prozesse. Dies könnte z. B. für Stoßstangen von Autos gelten oder für Ladeneinrichtungen.

Dennoch gibt es menschengemachte Stoffströme, die mit Wiederverwertung überhaupt nicht in den Griff zu bekommen sind. Die Erosion ist ein drastisches Beispiel dafür, oder die Materialien, die zum Bau eines Bahndamms verwendet werden. Aber auch Abgase aller Art – unter anderem die FCKW, die die Ozonschicht angreifen und den Treibhauseffekt anheizen, oder auch Kohlendioxyd – sind mit keinem vertretbaren Aufwand wiederzugewinnen, wenn sie erst einmal in die Atmosphäre gelangt sind. Rund die Hälfte aller Massen, die der Mensch in Bewegung setzt, um seinen Wohlstand zu schaffen, sind überhaupt nicht kreislauffähig.

Grundsätzlich behindert jede Verdünnung und Vermischung die

Wiederverwertung mehr oder weniger stark; das gilt auch für feste Stoffe. Bei jeder Verwendung wird ein Teil eines Rohstoffes so stark mit anderen vermischt, daß er vom Recycling ausgenommen werden muß. Hundertprozentige Wiederverwertung gibt es nicht. Man könnte dies als das »Entropieprinzip« der Materie bezeichnen. Die physikalische Wärmelehre (Thermodynamik) kennt seit dem vergangenen Jahrhundert den »Zweiten Hauptsatz«, der sinngemäß aussagt, daß bei jeder Umwandlung von einer Form der Energie in eine andere nicht nutzbare Wärme, »Abwärme«, entsteht, ja, entstehen muß. Wer Energie nutzt, macht einen Teil dieser Energie für alle Zeiten unbenutzbar und heizt mit ihr das Weltall um einen winzigen Betrag auf. Er erhöht die Entropie, wie die Thermodynamiker sagen. Eine entsprechende Regel könnte das (nicht existierende) Fachgebiet der »Stoffdynamik« aufstellen.

Das Ende aller Entropievermehrung ist der »Wärmetod« des Weltalls oder, auf Stoffe übertragen, die gleichmäßige Vermischung aller Stoffe zu einer nie mehr nutzbaren »Materialpampe«. Nun ist dies ein sehr langsamer Prozeß, der mit menschlichen Zeitmaßstäben nicht gemessen werden kann. Es gibt also keinen Anlaß, aus der Unausweichlichkeit der Entropievermehrung eine Endzeitstimmung abzuleiten. Doch schon lange bevor alle Rohstoffe, Produkte, Anlagen und mit ihnen die Natur und der Mensch in der »Pampe« aufgegangen sind, wird die Erde zur menschenfeindlichen Umgebung. Dieses Stadium ist aber bei der Geschwindigkeit, mit der wir die Stoffe dieser Erde umwälzen, nicht mehr so fern.

Dies gilt auch, falls wir uns viel stärker als heute auf nachwachsende Rohstoffe stützen würden. Auch sie sind nicht zum »ökologischen Nulltarif« zu haben. Jeder Quadratmeter gepflügten Bodens bedeutet ein im Vergleich zum natürlichen Zustand völlig verändertes System mit anderem Wasser- und Nährstoffhaushalt und einer in der Regel stark verminderten Artenzahl sowie erheblich gewachsenen Erosionsraten. Jede Aussaat, jedes Pflanzen, jedes Bearbeiten, jedes Ernten, jedes Transportieren und Verarbeiten kostet Material und Energie, auch das Lagern und das Unter-die-Leute-Bringen.

Die Konsequenz aus diesen Erkenntnissen ist eigentlich ganz

einfach: Da wir nichts, aber auch gar nichts ohne den Einsatz von Stoffen und Energie erledigen können, sollten wir MIPS bei jeder Gelegenheit so klein wie möglich machen, die Ressourcenproduktivität so weit wie irgend möglich erhöhen – in allem, was wir tun. Dies heißt zwangsläufig, den materiellen Input in die Technosphäre so klein wie möglich zu machen und den daraus gewonnenen materiellen Wohlstand möglichst groß. Nur – in einen ökologisch verbrämten Konsumrausch dürfen wir deshalb nicht geraten. Neben technologisch erreichbare Ökoeffizienz wird die menschliche Verbrauchssuffizienz treten müssen. Darüber werden wir später noch einiges sagen.

Ein Zehntel muß den Reichen reichen

Wir müssen also unseren Stoffumsatz verringern. Das muß keine Verringerung auf Null sein – auch die Natur bewegt Stoffströme, und mit einem kleinen Ausmaß menschengemachter Stoffströme ist sie jahrtausendelang gut zurechtgekommen. Wir müssen die Stoffströme lediglich auf ein Maß reduzieren, das eine Restabilisierung der Ökosphäre und eine dauerhafte Nutzung ihrer Reichtümer möglich macht. Wo aber liegt dieses Maß? Wo muß reduziert werden, und um wieviel?

Zunächst zur zweiten Frage: Es ist in den vergangenen Jahren in Mode gekommen, den »Norden« oder die »Erste« und »Zweite Welt« für den Ressourcenverschleiß und den »Süden« oder die »Dritte Welt« für den Bevölkerungszuwachs verantwortlich zu machen. Beide müssen also, so die Vorstellung, aufeinander zugehen und ihre Anteile an der Misere in den Griff bekommen. Manche nennen das die »Konvergenz der Systeme«. Wir sollten uns dieses Argument einmal etwas näher ansehen.

In der Tat kann es keinen Zweifel daran geben, daß jeder lebende Mensch einen »ökologischen Kostenfaktor« darstellt. Das Ausmaß jedoch, in dem ein Mensch in den OECD-Staaten die Umwelt belastet, ist grob geschätzt fünfzehn- bis dreißigmal so hoch wie das der Menschen in einigen Teilen der Dritten Welt[1].

Und wenn man schon die ökologische Belastung durch eine veränderte Gattung Mensch diskutiert, dann sollten hohe Lebenserwartung, Größe und hohes Körpergewicht genauso ernsthaft berücksichtigt werden wie die wachsende Zahl der lebenden Individuen. Nur als Hinweis am Rande: Ein einziger Formel-1-Fahrer mit seiner energie- und materialfressenden Vergnügungsmaschine, seinem technischen Backup und seiner Mannschaft kann die Umwelt im gleichen Maße belasten wie Hunderte oder Tausende von Pygmäen.

Auch die früheren Länder des realen Sozialismus haben außerordentlich material- und energieintensive Wirtschaften betrieben. Im Vergleich zum Westen allerdings gelang es ihnen sehr viel unvollkommener, aus Stoffen und Energie für ihre Menschen materiellen Wohlstand zu schöpfen. Das hat zentralistische Planung so an sich.

Überlegungen zur Konvergenz des Handelns und des Zugriffs auf Ressourcen von Süden und Norden, von Westen und Osten, sollten in der Zukunft also etwas differenzierter angegangen werden – dies insbesondere auch deshalb, weil die Unterschiede im Verbrauch von Ressourcen zwischen den Ländern innerhalb der »Blöcke«, also innerhalb der Ersten, Zweiten oder Dritten Welt, sehr groß sind, und die innerstaatlichen noch größer. Und wie immer man sich am Schluß einigen mag, der Verfall der Umwelt wartet nicht. Wir müssen einen Einstieg in den ökologischen Strukturwandel baldmöglichst schaffen.

Und nun zur anderen der beiden Fragen, die wir oben gestellt haben: Wie weit muß der Stoffumsatz verringert werden? Wo liegt das ökologisch verträgliche Maß? In der Diskussion um den Klimawandel haben Wissenschaftler in interdisziplinärer Zusammenarbeit versucht, auf eine entsprechende Frage mit Zahlen zu antworten. Wie weit, so hieß dort die Frage, muß der menschenverursachte Kohlendioxydausstoß und der von anderen Abgasen verringert werden, damit die Ökosphäre ohne wesentliche Temperaturerhöhungen und andere Folgen davonkommt? Ihre Antwort lautete schon Ende der achtziger Jahre: Bis zur Mitte des nächsten Jahrhunderts muß die Belastung der Erdatmosphäre mit Kohlendioxyd durch den Menschen rund auf die Hälfte, und die durch andere Abgase noch mehr verringert werden.

Da wir heute (noch) nicht wissen können, welche Umweltveränderungen die menschengemachten Stoffströme in der nahen oder fernen Zukunft bewirken werden, da es aber bereits meßbare regionale und globale Reaktionen der Ökosphäre gibt, wäre eine Verringerung dieser Stoffströme auf weltweit ebenfalls die Hälfte zweifelsfrei ein plausibler Schritt in Richtung auf eine Stabilisierung der Ökosphäre.

Was heißt das für die »Konvergenz des Handelns und des Zugriffs auf Ressourcen«? Derzeit werden rund 80 Prozent der Stoffströme weltweit für den materiellen Wohlstand der Menschen in der industrialisierten Welt in Bewegung gesetzt – einschließlich der vormals kommunistischen Staaten, der asiatischen »Tiger« und einiger ölexportierender Länder –, also für ungefähr 20 Prozent der gegenwärtigen Weltbevölkerung. Angenommen, wir akzeptieren, daß alle Menschen prinzipiell gleiches Recht auf den Zugriff auf die natürlichen Ressourcen dieser Erde haben. Und weiterhin angenommen, wir wollten uns deshalb der ökonomischen Entwicklung der überwiegenden Mehrheit der Menschen nicht in den Weg stellen:

Dann müßten die Wirtschaften der stoffstromreichen Länder im Mittel um rund einen Faktor 10 dematerialisiert werden, um eine globale Stoffstromreduktion von fünfzig Prozent zu ermöglichen.

Abbildung 17 verdeutlicht die Situation, wobei für die Reduzierung der weltweiten Stoffströme um 50 Prozent willkürlich ein Zeitraum von etwa 50 Jahren angesetzt wurde. Wie ersichtlich, kann die Abnahme des Materialeinsatzes der industrialisierten Länder (der »reichen« 20 Prozent der Menschheit) so gestaltet werden, daß ein vorübergehender Anstieg – mit anschließendem Abfall – für die Länder im »Süden« im Rahmen der Gesamtverminderung der Stoffströme möglich wird. Dies ist wohl auch eine

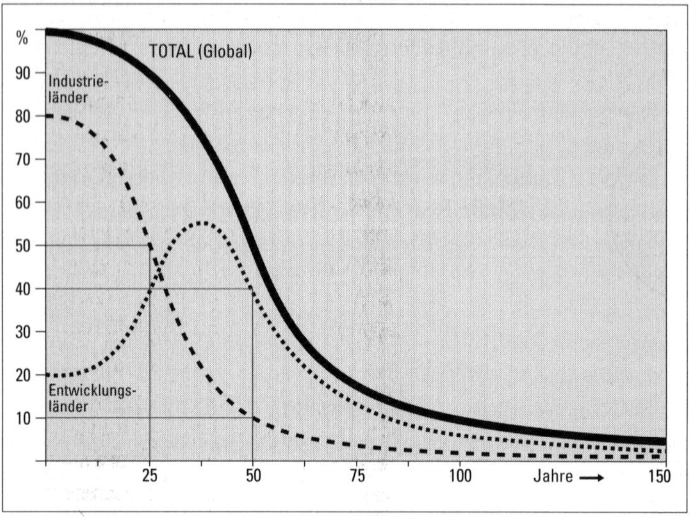

Abb. 17 *Hypothetischer Verlauf der Abnahme globaler Stoffströme auf 50 Prozent bis Mitte des kommenden Jahrhunderts. Die steil abfallende Kurve deutet die Dematerialisierung industrialisierter Wirtschaften an. Die zunächst ansteigende und dann abfallende Kurve beschreibt den Zugriff der restlichen Welt auf natürliche Ressourcen. Um die Darstellung nicht unübersichtlich zu machen, wurde die Zunahme der Weltbevölkerung in dieser Zeit nicht berücksichtigt*

realistische entwicklungspolitische Annahme. Es sollte allerdings noch einmal betont werden, daß innerhalb beider »Blöcke« verschiedene Länder ganz unterschiedliche Ausgangspositionen haben. Des weiteren handelt es sich um eine durchschnittliche Dematerialisierung, die je nach technischen und finanziellen Bedingungen an den verschiedensten Stellen ansetzen kann, da sie alle Lebensphasen von Infrastrukturen und Gütern des täglichen Lebens betrifft.

Eine Alternative wäre es natürlich, die pro Kopf verfügbare Menge an Waren und Dienstleistungen auf ein Zehntel oder weniger zusammenzustreichen. Das wäre das Modell »Askese«, ein vielleicht moralisch wünschbares, aber politisch wohl kaum realistisches Modell. Und ein weiterer Weg könnte es grundsätzlich sein, die Größe des menschlichen Körpers mit Hilfe der Gentechnologie wesentlich zu verringern und damit den Trend gerade in den industrialisierten Ländern umzukehren.

Mit der Abschätzung, daß der »ökologische Sicherheitsfaktor« in der Größenordnung von zehn liegen muß, stehen wir keineswegs allein da. Das Beispiel der Klimaforscher haben wir bereits genannt. Zu Ergebnissen, die unsere Abschätzung unterstützen, kam schon 1988 das staatliche niederländische Institut für Umwelt und Öffentliche Gesundheit (RIVM)[2]. In einer seinerzeit veröffentlichten Studie über die Erfordernisse der Umweltpolitik der nächsten zwanzig Jahre kamen die Wissenschaftler zu der Schlußfolgerung, daß eine langfristig tragfähige Umwelt nur dann existieren könne, wenn die Umweltverschmutzung um 80 bis 90 Prozent gegenüber dem damaligen Stand zurückgehen werde. Hans Opschoor kommt aufgrund anderer Überlegungen auch zu dem Ergebnis, daß die Ökoeffizienz von neuen Technologien zur Verwirklichung einer zukunftssicheren Wirtschaft um einen Faktor 5 bis 30 und mehr angehoben werden und bei wachsender Bevölkerung entsprechend noch mehr wachsen muß[3]. Ein weiterer Hinweis kommt aus der Pflanzenwelt. Die Dichte von Jahresringen in Bäumen hat sich seit Anfang der fünfziger Jahre deutlich verändert. Seitdem hat die Belastung der Luft mit Schadstoffen etwa um den Faktor zehn zugenommen[4].

All diese Arbeiten stützen also die Forderung nach einem ökologischen Sicherheitsfaktor von ungefähr zehn. Es kommt dabei aber gar nicht auf die absolute Zahl an, sondern auf die Größenordnung. Wenn die Größenordnung stimmt, dann genügen nationale Pläne und internationale Vereinbarungen zur Verminderung einzelner ausgesuchter Schadstoffe um 20 oder 25 Prozent nicht, dann ist das Ziel der politisch zweifellos sehr wichtigen »Zwanzig-Prozent-Clubs« zu kurz gegriffen, da es nicht ausreicht, die weitere Destabilisierung der Ökosphäre zu verhindern. Vielleicht sollten statt dessen jetzt »Faktor zehn-Clubs« gegründet werden.

Die Kernforderung in diesem Zusammenhang lautet also, die Ressourcenproduktivität zu erhöhen. Die Frage, um wieviel die Ressourcenproduktivität verbessert werden oder die Dematerialisierung im Durchschnitt vorangetrieben werden muß, damit eine

Restabilisierung der Ökosphäre denkbar ist, lautet: »*Ökologischer Sicherheitsfaktor 10*«. Es ist an dieser Stelle wichtig, darauf hinzuweisen, daß dieser in sich etwas unbestimmte Wert auf einer absoluten Basis steht, abgeschätzt auf Grund des gegenwärtigen globalen Stoffumsatzes. Steigt die Zahl der Menschen weiter so stark wie in den letzten Jahrzehnten, und entwickelt sich der Anstieg des Ressourcenverbrauchs in den Industrieländern so stark wie bisher, dann muß der Faktor entsprechend weiter vergrößert, der Pro-Kopf-Stoffumsatz also später entsprechend noch weiter verringert werden, damit der absolute Wert erhalten bleibt.

Und es hat auch keinen Sinn, Produkte zu dematerialisieren und dann mehr davon zu verkaufen. Wenn der Besitzer eines ökologisch exzellenten Autos mehr fährt als früher, nur weil er sich ein umweltfreundliches Produkt zugelegt hat, dann ist der Vorteil für die Umwelt schon dahin. Die technisch machbare Erhöhung der Ressourcenproduktivität muß ergänzt werden durch eine mehr und mehr selbstverständliche Genügsamkeit der Menschen im Umgang mit materiellen Dingen.

In der Sonne zu faulenzen oder Fische zu füttern, ist allemal ökologischer, als Motorrad zu fahren. Die Seele baumeln zu lassen, kostet keine Energie.

Der Faktor zehn fußt auf einer absoluten Grenze für die Dematerialisierung der westlichen Technologie, einer absoluten Grenze der Erträglichkeit. Die globalen Stoffströme müssen um die Hälfte abnehmen.

Ein Faktor zehn ist aber nicht mit Verbesserungen an bestehenden Technologien zu erreichen. Maschinchen auf dem Rücken von Dinosauriern als Rauchverzehrer werden es nicht bringen. Es müssen völlig neue Prozesse und Anlagen, völlig neue Produkte und neue Formen der Bereitstellung von Dienstleistungen entwickelt werden, die von Anfang an auf die Minimierung der Stoffströme ausgelegt sind. Über ökologische Gestaltung werden wir in diesem Buch noch ausführlich reden. Eine »Öko-Effizienzrevolution« muß in Gang gesetzt werden. Oder spräche man besser noch von einer »Ressourcen-Produktivitätsrevolution«? Welch eine grausige Wortschöpfung! Aber das Wort »Effizienz« wird normalerweise als eine technische Meßgröße für die Leistungsfähigkeit einer bestehenden Anlage oder eines bestehenden Verfahrens verwendet, während der Begriff der Produktivität auch völlig neue Prozesse und Güter einschließt, die die selben oder bessere Dienstleistungen verfügbar machen. Die Produktivität der eingesetzten Rohstoffe muß drastisch steigen, und das bedeutet, daß, mit welchen Anlagen oder Techniken auch immer, aus der gleichen Menge an Rohstoffen deutlich mehr Wohlstand herausgeholt werden muß. Im Begriff der Produktivitätsrevolution ist der Rohstoffgebrauch mit dem (nicht nur materiellen) Wohlstand einer Gesellschaft verknüpft.

Eine der wichtigsten Fragen an Techniker ist, ob es aus ihrer Sicht grundlegende Probleme gäbe, Dienstleistungserfüllungsmaschinen der Zukunft für die heute bekannten Dienstleistungserwartungen zu schaffen, die im Durchschnitt mit etwa zehn Prozent des heute üblichen Materialaufwandes auskommen. Solche Maßnahmen zur Einsparung (also zur Ressourcenproduktivitätserhöhung) könnten an beliebigen Stellen des Lebenszyklus der Güter ansetzen, das heißt, es könnte an sowohl aus betriebswirtschaftlicher wie aus technischer Sicht besonders günstigen Stellen der Produktion, des Gebrauches und der Entsorgung von Gütern optimiert werden. Wir haben die Frage oft mit Ingenieuren in vielen Bereichen der produzierenden Wirtschaft besprochen. Wir haben mit erstklassigen Designern diskutiert und nachgelesen. Die Antworten sind eindeutig:

Aus technischer Sicht ist eine durchschnittliche Dematerialisierung um einen Faktor 10 in vielen Fällen machbar.

Einige Beispiele stellen wir in diesem Buch vor.

Wenn Dienstleistungsansprüche bei zehnfach geringerer Material- und Energieintensität und gleicher Qualität angeboten werden könnten, warum sind sie nicht schon auf dem Markt? Wir haben bereits etwas zu den falschen Marktsignalen gesagt: Die Preise für

Material und Energie sind, verglichen mit denen für Arbeit und Kapital, bei weitem zu niedrig. Dennoch ist schwer zu verstehen, warum ganze Volkswirtschaften mit einer Energieeffizienz von zwei bis vier Prozent arbeiten, wie Bob Ayres vor einigen Jahren errechnet hat[5]. Versagt hier die Marktwirtschaft? Ist der Innovationsschub zu teuer für kleine und mittlere Unternehmen? Liegen noch nicht genügend Informationen über ökologische Rucksäcke vor? Liegt es an der Sattheit und Phantasielosigkeit der Industrie in den alten Industriestaaten? Läuft die Reklame auf falschen Geleisen? Sind die Konsumstrukturen zu verkrustet? Wie wir wissen, richtet sich das Immunsystem jeder Gesellschaft kraftvoll gegen jede Neuerung. Akupunkturmethoden müssen gefunden werden, die den ökologischen Strukturwandel möglich machen. Im Kapitel »Der Markt und seine Signale« geben wir einige erste Antworten auf die Frage, wie der ökologische Strukturwandel in Gang kommen könnte.

Da durchgreifende technische Veränderungen zehn bis zwanzig Jahre brauchen, bis sie entwickelt sind und den Markt durchdringen, muß man damit rechnen, daß eine deutliche Dematerialisierung Jahrzehnte braucht. Und da jede wirkliche soziale Veränderung unter friedlichen Umständen eine Generation oder länger dauert, liegt ein realistischer Zeithorizont für den Aufbau einer nachhaltigen ökonomischen Entwicklung bei mindestens vierzig bis fünfzig Jahren.

Im Laufe der letzten fünf Jahrzehnte haben sich die technischen Rahmenbedingungen in Japan, Europa und in weiten Teilen der Welt radikal verändert. Wie Menschen heute Kinder bekommen und großziehen, Ferien machen, wohnen, essen, arbeiten und die Freizeit genießen, ist kaum noch vergleichbar damit, wie unsere Eltern und Großeltern das taten. Autos besaßen nur ganz wenige, Computer, Bandgerät, Fernseher, HiFi-Anlagen und Telefax mußten erst noch erfunden werden und die Märkte erobern. Die Reise um die Welt dauerte Wochen, und die Balearen träumten einsam in der Sonne.

Es gibt keinen Grund anzunehmen, daß die sozialen und technischen Entwicklungen in den kommenden fünfzig Jahren weniger aufregend sein werden als in den vergangenen. Wenn wir sie klug und behutsam steuern, wenn wir die ökologisch besseren Dinge fördern, dann sind wir bereits auf dem Wege, die Ökosphäre wieder in Ordnung zu bringen.

Anmerkungen, Kapitel 5

1 Raimund Bleischwitz und Helmut Schütz: Unser trügerischer Wohlstand – Ein Beitrag zu einer deutschen Ökobilanz. Wuppertal Institut 1993.
2 RIVM: Zorgen voor Morgen. Nationale Milieuverkenning 1985–2010. Alphen aan de Rijn: Samsom H.D. Tjeenk Willink.
3 R. A. P. M. Weterings, J. B. Opschoor: The Ecosphere as a challenge to technological development – Report to the Dutch advisory council for research on nature and environment. Riijswijk, April 1992.
4 Beirat für Waldschadensforschung des Österreichischen Bundesministeriums für Wissenschaft und Forschung vom 28. Oktober 1985, in: Forschungsinitiative gegen das Waldsterben. Österreichisches Bundesministerium für Wissenschaft und Forschung, Oktober 1986.
5 Robert U. Ayres: Energy inefficiency in the US economy – a new case for Conservation. RR-89-12, IIASA, 1989.

Ein Zentner Umwelt zum Frühstück

Wieviel Umwelt kostet die alltägliche Papierflut? Wer ein realistisches Bild von den ökologischen Kosten des Zeitungs- und Zeitschriftenkonsums bekommen will, darf sich nicht damit begnügen, den morgendlichen Lesestoff auf die Küchenwaage zu legen. Ökologisch betrachtet besteht die Tageszeitung nämlich keineswegs nur aus einem Pfund Papier, und samstags auch mal zwei.

Jedes Gramm Papier, das unter die Druckwalze gerät, schleppt einen »ökologischen Rucksack« mit sich herum. In diesem Rucksack stecken all die Materialien, die gebraucht wurden, um das Papier herzustellen: Holz natürlich, Wasser, viele Chemikalien und zunehmende Mengen Altpapier. Christa Liedtke vom Wuppertal Institut hat in diesem Rucksack gestöbert; ihr verdanken wir die folgenden Daten.*

Der »ökologische Rucksack« eines Kilos durchschnittlicher Zeitungen und Zeitschriften ist nach ihrer Untersuchung knapp zwei Zentner schwer. Allein das Wasser, das zur Herstellung dieses einen Kilos Papier gebraucht und, mit Chemikalien belastet, der Umwelt zurückgegeben wird, bringt einen Sechzig-Liter-Eimer zum Überlaufen.

Genauer: In Westeuropa werden pro Tonne Papier und Pappe bei der Herstellung ungefähr 100 Tonnen Material verwendet, davon rund 65 Tonnen Wasser, etwa 30 Tonnen Luft und drei Tonnen Holz und Hilfschemikalien.

Was dies ökologisch bedeutet, illustriert eine weitere Zahl: Jeder Bewohner der alten Bundesländer Deutschlands, vom Kleinkind

---

* *Christa Liedtke: Material intensity of paper and board production in Western Europe. Fresenius Environmental Bulletin Vol. 2 No. 8, pp 461–466, Birkhäuser Verlag, Basel 1993.*

bis zum Greis, verbrauchte im Jahre 1990 nach Angaben der Zellstoff- und Papierindustrie 216 Kilo Papier, Karton und Pappe; Tendenz: steigend. Damit gehören die Deutschen zu den Spitzenverbrauchern in der Welt. Auf jeden Weltbürger entfielen im gleichen Jahr nämlich »nur« 45 Kilo Papier und Pappe. In einigen Ländern der Dritten Welt steigt der Verbrauch an Papier rapide an. Auch in diesem Bereich will man eben dem Westen in nichts nachstehen.

Technisch ist es prinzipiell möglich, z. B. den Wasserverbrauch bei der Papierherstellung durch möglichst weitgehend geschlossene Wasserkreisläufe um einen Faktor zehn, also um 90 Prozent, zu vermindern. Auch beim Luftverbrauch sind erhebliche Einsparungen möglich. Dies mag zusätzliche Energie kosten, bringt aber in jedem Falle eine deutliche Dematerialisierung. Andererseits könnten »Null-Optionen« im Verbrauch oder ein geringerer Umfang von Zeitungen auch zu enormen Entlastungen der Umwelt beitragen.

Noch können wir in Europa zwar den Eindruck haben, Wasser sei kein knappes Gut. Es ist billig und scheinbar unbegrenzt verfügbar. Aber schon dies stimmt nicht. In viele Regionen auch Deutschlands muß Trinkwasser von weit herangeführt werden, und das Gewinnen von Trinkwasser aus dem Rhein oder dem Bodensee verlangt fabrikähnliche Aufbereitungsanlagen. In trockeneren Regionen der Welt, im Einzugsgebiet des Nil etwa oder des Jordan, ist Wasser heute schon kostbar und knapp, und die ersten grenzüberschreitenden Konflikte um Trinkwasser hat die Menschheit bereits hinter sich. Schätzungen des Verhältnisses von Wasserangebot und menschlicher Nachfrage deuten darauf hin, daß Wasserknappheit eines der ganz großen Probleme der Zukunft sein wird.

6
Dienstleistungen und Konsum

Der Archetyp des Overconsumers ist der Nordamerikaner. Der konsumiert täglich ungefähr sein eigenes Gewicht: 18 Kilo Petroleum/Kohle, 13 Kilo andere Mineralien, 12 Kilo Agrarprodukte und 9 Kilo andere Produkte (...). Am anderen Ende der Skala finden wir die Marginalen mit 1,5 Kilo pro Kopf (...). Das heißt, daß ein Nordamerikaner 34 Bangladeschis entspricht. (...) Dann haben die Vereinigten Staaten eine Bevölkerung von sieben Milliarden Bangladeschis, und Bangladesch hat vielleicht nicht mehr als fünf Millionen Nordamerikaner. Wo ist die Übervölkerung?

Prof. Manfred A. Max-Neef, Universidad Bolivariana / Development Alternatives Center CEPAUR, Santiago de Chile (Nach einer unkorrigierten Bandabschrift, Ev. Akademie Bad Boll)

Exkurs: Von Bohrmaschinen, Rasenmähern und Dienstleistungsbündeln

Industrielle Produkte werden eigentlich nur gebraucht, wenn man sie auch gebraucht. Gebrauchen heißt, Nutzen zu ziehen oder Dienstleistungen abzurufen. Insofern kaufen Menschen nicht Produkte, sondern sie legen sich Dienstleistungserfüllungsmaschinen zu. Das gilt für eine Dusche ebenso wie für das Auto, die Waschmaschine, die Verpackung, den Schlagbohrer oder den Kühlschrank.

Um Dienstleistungen dienstbar zu machen, muß man die geeigneten Produkte jedoch nicht unbedingt besitzen. Z. B. kaufen sich nicht viele Menschen ein Flugzeug für den nächsten Urlaub. Den Schlagbohrer aber bekommen viele heute schon zu Weihnachten, obschon sie ihn auch nur selten brauchen. Wenn jeder Fünfzehnte in Deutschland ein solches Gerät besitzt, dann waren mehr als 10.000 Tonnen hochwertiges Material hierfür eingefroren und weit mehr als die zwanzigfache Menge Umwelt verbraucht, ehe sie noch im Laden lagen. Sollte sich der Glaube an ewiges materielles Wachstum erfüllen, dann werden in nicht allzu ferner Zukunft viele Menschen wohl auch ein Flugzeug besitzen wenn noch genügend Platz am Himmel ist und die vom Menschen veränderte Ökosphäre nicht schon vorher begonnen hat, den großen Erfinder endgültig als Fossil zu eliminieren.

Wenden wir uns dem Rasenmäher zu. Der kostet neu so zwischen 150 und 5.000 Mark. Man hat beim Einkauf die große Wahl: mit Benzin-, mit Elektro- oder gar keinem Motor. Zum Schieben, zum Draufsitzen, mit und ohne blauen Engel. Der Name des Dingens verrät, wozu es taugt: Man kann mit ihm den oberen Teil von Gras abschneiden. Raffinierte Modelle sammeln sogar das Abgeschnittene von selbst. In unseren Breitengraden benutzt man ihn so zwischen fünf- und zwanzigmal im Jahr. Nach einiger Zeit wird ein neuer angeschafft. Das machen wir so fünf- bis zehnmal im Leben.

Man könnte aber auch anders an die Sache herangehen. So könnte an erster Stelle die Frage stehen: Was wollen wir eigentlich erreichen, erledigen, verrichten, wieviel davon, wann und warum? Welches Dienstleistungsbündel wollen wir denn befriedigen? Beim Rasenmäher wohl klar? Vielleicht nicht so ganz.

Möchten wir einen möglichst teppichähnlichen Rasenbelag um das Haus herum haben, z. B. weil wir da Golf trainieren wollen, weil wir Unkraut (?!) nicht mögen, weil es die Eltern so hielten oder der Nachbar es so macht? Ist körperliche Ertüchtigung wichtig? Oder wollen wir gar den Müllers nebenan mit unserem Minitraktor imponieren? Welche Dienstleistungserfüllungsmaschine wäre demnach die richtige?

Oder vielleicht gar keine anschaffen? Z. B., weil es billiger und für den Rasen besser sein könnte, einige Male im Jahr einen Dienstleistungsbetrieb um die Erledigung des Gewünschten zu bitten? Anruf genügt. Reparatur, Wartung, Unterbringung des Gerätes und die Unfallversicherung wären im Preis eingeschlossen. Aber vielleicht ist die »Nulloption« sogar die richtige, also das Gras einfach wachsen zu lassen, z. B. weil Wiesenblumen auch schön sein können, jedenfalls bis in den Spätherbst?

Sie glauben, dies sei doch kein Beispiel, welches verallgemeinert werden sollte? Nun, was ist uns sonst noch lieb und teuer? Das Auto? Der Kühlschrank, die Waschmaschine, der PC, das Videogerät, das elektrische Küchenmesser, das vollautomatische Spielzeug, das Waschmittel, das Telefon im Auto und das Fax im eigenen Heim? Oder gar das Haus, in dem wir leben?

Machen wir die Probe aufs Exempel. Bevor die nächste Anschaffung fällig ist, fragen wir uns eingehend: Exakt welche Dienstleistung wird gebraucht, wieviel davon, wann – und wozu? Vergleichen wir zum Ausprobieren einmal unsere gegenwärtige Dienstleistungserfüllungsmaschine Auto mit dem tatsächlichen Transport- oder Mobilitätsbedarf der Familie. Wie groß ist die Spanne zwischen dem, was das Ding alles kann, und dem, was wir brauchen und was der Verkehr überhaupt zuläßt? Wann fuhren wir zuletzt mit 180

Stundenkilometern zur Arbeit, zum Zigarettenholen oder zum Zahnarzt? Die Höchstgeschwindigkeiten in der Stadt liegen zwischen 20 und 50 Stundenkilometern, und der Durchschnitt erheblich unter 20, manchmal auch unter 10. Wie oft sitzen fünf Leute drin? Wie viele Stunden pro Tag tut das Auto das, wozu es gebaut wurde, nämlich transportieren? Die Versicherung, die Haftpflicht, die Kosten für die Garage laufen 24 Stunden am Tag. Und wenn wir auf der Straße parken, dann subventionieren wir uns selbst über die Steuern, denn Straßen kosten sehr viel Geld. Was kostet der gefahrene Kilometer also wirklich, aus der Tasche? 60 Pfennige, oder 80? Jedenfalls sind es rund 400 Gramm Umwelt, die wir für jeden Kilometer verbrauchen – »von der Wiege bis zur Wiege«.

Sollten wir vielleicht an die Eigentums-Null-Option, also ans Mieten oder Leasen denken? Dürfte es zum Beispiel ein ein- oder zweisitziges Citycar sein für die Wochentage, und dann ein größerer Flitzer, so für einige Wochenenden und den Urlaub? Wenn wir nur halb soviel fahren wie heute, wäre ein Taxi mit Chauffeur schon billiger – vorausgesetzt, das Auto ist nicht auf Kredit gekauft. Dann wäre das Taxi nämlich noch billiger. Wird das den Bedürfnissen entsprechende Dienstleistungsbündel heute überhaupt angeboten? Wahrscheinlich nicht, zumindest nicht für einen angemessenen Preis. Warum eigentlich? Die Marktwirtschaft sollte das doch eigentlich schaffen, oder?

Heute wird viel vom notwendigen ökologischen Strukturwandel geredet – zu Recht, wenn auch unsere Ur-Ur-Enkel noch lebenswichtige und schöne Dinge besitzen und benutzen dürfen sollen, wie auch die vielen Menschen dort in der Welt, wo heute noch Armut und Hunger herrschen. Den ökologischen Strukturwandel kann es aber nicht geben ohne die tägliche Rückbesinnung auf das, was wir wirklich wollen, was wir wirklich brauchen, wozu und warum.

Abgesehen von wenigen Grundbedürfnissen braucht der Mensch nur Dienstleistungen. Daß diese zumeist durch Anlagen, Maschinen und Geräte erbracht werden, liegt möglicherweise an unserem Mangel an Phantasie.

Wir müssen aufhören, das Auto, das Spielzeug, den Kitsch im Urlaub, das Haus oder die Haushaltsmaschine kaufen zu wollen, einfach, weil es sie gibt und weil es sie so gibt, weil es »in« ist und weil wir glauben, nur mit ihnen unseren Dienstleistungsbedarf erfüllen zu können. Sie alle wurden ohne Berücksichtigung der ökologischen Randbedingungen entwickelt und produziert. Wir müssen uns daran gewöhnen, unsere Wünsche jedesmal und neu zu überdenken, bevor wir ein Gerät oder ein Produkt erstehen und benutzen und bevor wir eine Dienstleistung in Anspruch nehmen – auch und gerade dann, wenn wir es uns finanziell leisten könnten. Fast immer verbrauchen sie mehr Umwelt, als zur Erfüllung unseres Bedarfes nötig wäre.

Weniger zu benutzen und zu verbrauchen als bisher ist ökologisch allemal richtig. Das gilt auch für die Energie. Und die Industrie hat noch einen langen und sehr spannenden Weg vor sich, Güter auf den Markt zu bringen, die in ökologisch wesentlich bedächtigerer Weise unsere Wünsche nach Dienstleistungen erfüllen können, als es heute der Fall ist. Hier liegt der Außenhandelsmarkt der Zukunft! Auch über andere Dinge müssen wir uns in diesem Zusammenhang Gedanken machen. Zum Beispiel darüber, ob man Dinge wie Autos unbedingt als Eigentum erwerben muß (die meisten gehören sowieso den Banken), wie ein ökologisches Maß aussieht, so daß wir vergleichbare Güter auch vergleichen können, und ob nicht die Preise aller Dinge auf dem Markt die ökologische Wahrheit sagen sollten.

Was sind Dienstleistungen?

Unter Dienstleistung verstehen Menschen im allgemeinen die Arbeit einer Putzkolonne, einer Werkstatt, des öffentlichen Nahverkehrs, einer Versicherungs- oder Unternehmensberatung, der Krankenschwester oder der Friseuse, also Leistungen, die von Menschen für andere Menschen erbracht werden. Dienstleistungen sind demnach alle jene Arbeiten, deren Ziel nicht die Herstellung eines anfaßbaren, materiellen Produktes ist, sondern Hilfe,

Beratung oder Organisation. Daß Dienstleistungen mehr und mehr auch von Maschinen direkt erbracht werden, merken wir spätestens, wenn wir uns über Fahrkartenautomaten für die Straßenbahn ärgern, weil sie in jeder Stadt anders funktionieren. Und Geld gibt's jetzt auch um Mitternacht bar, aus dem Automaten.

Obwohl Dienstleistungen in den Industrieländern einen immer stärkeren Anteil am Wirtschaftsleben haben, haftet dem deutschen Begriff noch allzuviel vom vordemokratischen »Dienen« an; deswegen ersetzen wir ihn ab und zu durch den neudeutschen Sprachimport »Service«. So haben wir's bei MIPS getan.

Der Begriff »Dienstleistung« oder »Service« wird aber auch auf Güter angewendet, zum Beispiel im Zusammenhang mit Energie. Aus der Umweltbewegung kommt die Forderung, Energieversorgungsunternehmen müßten zu Energiedienstleistungsunternehmen werden. Hier wird der Begriff auf eine Art erweitert, wie wir es im Begriff der MIPS fortführen wollen: Auch ein Produkt wie der elektrische Strom, ein Auto, eine Küchenmaschine oder eine Mausefalle »leistet« uns »Dienst«, bringt uns Nutzen, arbeitet als »Dienstleistungserfüllungsmaschine«. Die meisten Produkte kaufen wir sogar ausschließlich deswegen, weil wir eine Dienstleistung von ihnen erwarten. Wir brauchen im Grunde keinen Strom, sondern wir wollen die Möglichkeit haben, Lebensmittel frisch zu halten, zu kochen oder am Abend Licht zu machen. Wir brauchen kein Auto, sondern wir brauchen Transport oder »Mobilität« (was immer das bedeuten mag); wir brauchen keine Mausefalle, sondern wir wollen Mäuse fangen. Kurz: Wir brauchen nicht ein Produkt, sondern die Dienstleistung, die es uns geben kann. Es gibt Ausnahmen; so werden beispielsweise Schmuck und Bilder aus Freude am Schönen und als Wertanlagen gekauft; Kleidung, Parfüms oder manches Mal sogar Autos auch aus Prestigegründen. Doch selbst ein Produkt, das unser Prestige hebt, verrichtet damit eine Dienstleistung.

Auf den ersten Blick mag es so aussehen, als hätten wir mit dieser sehr weiten Definition des umständlichen Begriffs »Dienstleistung« nur den klassischen Begriff »Produkt« ersetzt. Doch so ist es nicht. Zum einen erlaubt nämlich der Begriff, Produkte mit

Dienstleistungen im engeren Sinne zu vergleichen, indem das Dienstleistungsvermögen eines Produktes zum Vergleich herangezogen wird. So kann man die Dienstleistung Straßenbahnfahrt mit dem Produkt Auto vergleichen. Das aber ist wichtig, denn dadurch erlaubt es der Begriff zum zweiten, die Umweltdiskussion aus der fruchtlosen Alternative »Kaufen oder Verzichten« herauszuführen. Umweltverträglicheres Verhalten im persönlichen Bereich und umweltverträglicheres Wirtschaften im gesellschaftlichen Bereich mögen verlangen, auf manches Produkt zu verzichten. Doch der Verzicht kann leichter fallen, er kann möglicherweise sogar erst politisch durchsetzbar werden, wenn die entsprechende Dienstleistung auf anderem Wege bereitgestellt wird.

Von dieser Erweiterung des Begriffes »Dienstleistung« ist es nur noch ein kleiner Schritt bis zu seiner Verwendung in der Definition eines Maßstabs für die ökologische Relevanz von Produkten und Handlungen jeder Art, wie wir es im Begriff MIPS tun. Dort erweist er sich geradezu als ein Schlüssel, der dem Nachdenken über ein umweltverträglicheres Wirtschaftssystem einige Ketten abnimmt. Schauen wir uns Beispiele an.

Ist eine »Öko-Waschmaschine« besser als eine, die dieses Etikett nicht trägt? Die »Öko-Waschmaschine« braucht, so verspricht der Hersteller, weniger Wasser, weniger Strom, vielleicht sogar weniger Waschmittel. Das ist positiv, das gibt ihr einen Vorsprung. Doch wenn die »Öko-Waschmaschine« schwerer ist als das Konkurrenzprodukt, wenn in ihr mehr mit aufwendigen Verfahren produzierte Elektronik verborgen ist und wenn ökologisch wertvollere Materialien verwendet werden (also solche, für deren Gewinnung und Verarbeitung mehr Stoffströme in Bewegung gesetzt werden mußten), oder wenn sie schneller zu Abfall wird, dann schlägt dies negativ in der Ökobilanz der »Öko-Waschmaschine« zu Buche. Und negativ schlägt auch zu Buche, wenn solche schwergewichtigen, materialintensiven Maschinen – ob Öko oder nicht – in jedem Single-Haushalt getrennt angeschafft werden, obwohl sie dort allenfalls einmal pro Woche in Betrieb sind.

Ähnliches gilt für andere technische Geräte. Das »Öko-Auto« mag weniger Treibstoff verbrauchen als ein »normales« Auto.

Aber: wollen wir weniger Treibstoff verbrauchen, oder wollen wir mit möglichst geringer Umweltbelastung Transportaufgaben bewältigen? Dann nämlich greift der Ansatz des »Öko-Autos« möglicherweise zu kurz. Brauchen wir einen sparsameren, umweltfreundlicheren Kühlschrank, oder wollten wir nicht eigentlich verderbliche Nahrungsmittel frisch halten? Wenn man Fragen anders stellt, werden plötzlich andere Antworten möglich. Auf ökologisches Kühlen kommen wir noch sehr ausführlich zu sprechen.

Das Konzept der MIPS verlangt nicht, Konsum willkürlich zu beschränken oder gar zu verbieten, weil Konsum materialintensiv ist. Es ist ein positiver Ansatz: Es verlangt die Suche nach Möglichkeiten, dort, wo Dienstleistungen gebraucht werden, vergleichbare Dienstleistungen mit wesentlich weniger Materialaufwand bereitzustellen.

Wenn MIPS als Maßstab zum Vergleichen von Umweltbelastungen akzeptiert wird, bedeutet das z. B., daß das Austauschen fossiler Energie, der Autos von heute, von Wegwerfverpackungen, Wohnungen, Produktionsmethoden usw. durch andere Lösungen nur dann ökologisch verträglicher ist, wenn pro Dienstleistungseinheit weniger Stoffströme fließen als heute, und zwar kalkuliert von der Wiege bis zur Bahre.

Um auf die Beispiele vom Anfang des Abschnittes zurückzukommen: Dematerialisierung bedeutet zu fragen, wie fünf Kilogramm Trockenwäsche – das Fassungsvermögen einer normalen Haushaltswaschmaschine – so ökologisch wie möglich gereinigt werden können. Die MIPS würden in diesem Falle also gemessen in dem Maßstab »Kilogramm Stoffströme pro Kilogramm sauberer Trockenwäsche«. Bei der Suche nach einer Antwort müßte man über die Gemeinschaftswaschmaschine im Keller ebenso nachdenken wie über den guten alten Waschsalon an der Ecke, über leicht reparierbare Maschinen oder solche, die sehr lange leben. Dematerialisierung bedeutet, hundert Liter Raum ökologisch möglichst wenig schädlich abzukühlen und auf diesem niedrigen Temperaturniveau zu halten. Muß dieser Raum ein transportabler Kühlschrank sein, den wir in den Möbelwagen packen können? Und Dematerialisierung bedeutet nicht, auf das Autofahren zu verzichten – obwohl gewisse Einschränkungen des Autofahrens durchaus Teil eines ökologischen Wandels sein können –, sondern es bedeutet, nach ökologisch weniger schädlichen, den unterschiedlichsten Bedürfnissen angemessenen Transportverfahren zu suchen. Das könnte doch sogar zum Sport werden, und Spaß machen, hier erfinderisch zu sein, oder? Städte könnten hierfür sogar Preise stiften! Der Vergleichsmaßstab heißt hier: »Tonnen Stoffströme pro Personenkilometer Transportleistung« oder, beim Gütertransport, »Tonnen Stoffströme pro Tonnenkilometer Transportleistung«.

Noch einmal sei erwähnt, daß Wiederverwertung oder Wiederverwendung nicht unter allen Umständen umweltverträglich ist. Ebensowenig ist ein »emissionsfreies« Auto (das gibt es nicht und kann es gar nicht geben) oder das Nachrüsten von Kraftwerken unter allen Umständen umweltverträglich, denn ein Auto oder ein Kraftwerk emissionsärmer zu machen, kostet selbst wieder Stoffströme, die im Einzelfall erheblich werden können. Es sei außerdem darauf hingewiesen, daß der Treibstoffverbrauch pro Kilometer nicht notwendig ein angemessener, möglicherweise nicht einmal ein wesentlicher Vergleichsmaßstab für die Umweltbelastung durch Autos ist, denn die entsprechenden MIPS können durchaus viel stärker durch die Materialflüsse beeinflußt sein, die in Bewegung gesetzt werden, um unterschiedliche Autos zu produzieren oder nach Gebrauch zu beseitigen.

All services require some hardware, but a lot of services are necessary if hardware itself is to be of any use.
Jede Dienstleistung hängt von Maschinen und Geräten ab, aber kein Gerät nützt etwas ohne eine große Zahl von Dienstleistungen.

Giarini und Stahel[1]

Nach der klassischen Definition sind Dienstleistungen materielose Güter. Es ist aber offensichtlich, daß diese materielosen Güter nur dann real existieren können, daß wir sie nur dann in Anspruch nehmen können, wenn Geräte und Maschinen vorhanden sind, die die Dienstleistungen produzieren. Eine Reise wird eben erst möglich, wenn ein Flugzeug oder ein Hundeschlitten zur Verfügung stehen, und Geld kann man bei der Bank erst abholen, wenn die Bank einen regensicheren Platz hat, wo sie das Geld vorher aufbewahrt. Dienstleistungen hängen also von real existierenden Dienstleistungserfüllungsmaschinen ab und kosten immer Energie. Ohne Energieversorgung, ohne Infrastrukturen, Gebäude und eine Fülle von verschiedenen Maschinen und Geräten gibt es keinen Dienstleistungssektor.

Aus ökologischer Sicht müssen wir nach dem Material- und Energieinhalt fragen, der einer bestimmten Dienstleistung innewohnt, ohne die eben diese Dienstleistung nicht möglich wäre. Das bedeutet, daß wir alle Aufwendungen an Stoffen, auch für Energie, »von der Wiege bis zur Wiege« aufaddieren. Z. B. kostet ein Krankenhaus-Tag folgendes:

- den Material- (und Energie-)Bedarf für den Bau, den Betrieb, die Wartung, die Instandhaltung und den Abriß des Krankenhauses, zusammen mit allen ökologischen Rucksäcken, geteilt durch alle Personentage, die das Krankenhaus während seines ganzen Lebens »produziert«. Dazu kommen
- der gesamte anteilige Material- (und Energie-)Bedarf für die Ausbildung, Weiterbildung und den Unterhalt des Krankenhauspersonals. Und außerdem zählt dazu
- der Teil des Verbrauchs an Medikamenten, Geräten, Verpflegung, Energie, zusammen mit allen ökologischen Rucksäcken, der für die Behandlung und Pflege eines Patienten pro Tag nötig ist.

Wie bekannt, sind die in Geld gerechneten Kosten eines Krankenhaustages in verschiedenen Ländern, und auch innerhalb desselben Landes, sehr unterschiedlich. Die ökologischen Kosten sind nicht bekannt, weil sie noch nie jemand addiert hat. Aber sie variieren sicherlich auch beträchtlich.

Man kann die ökologischen Kosten für Dienstleistungen von zwei Seiten beeinflussen, nämlich von der Nachfrage- wie auch von der Angebotsseite. So kann man z. B. als Urlaubssuchender den Aufenthalt auf dem Bauernhof in Franken einem Flug nach Florida vorziehen, oder, wenn man schon weit fliegt, dann kann man etwas länger bleiben. Auf der Angebotsseite kann das Reiseunternehmen möglichst energiesparende Geräte und Anlagen benutzen, sowohl in seinem Betrieb als auch für die Kunden während ihres Urlaubes. Und das Krankenhausunternehmen könnte ambulante Behandlungen anbieten anstelle von Aufenthalt.

Das ökologisch Bessere wählen

Wie kann nun Anna oder Otto Normalverbraucher wissen, wie ökologisch teuer oder günstig eine Dienstleistungserfüllungsmaschine ist? Informationen etwa nach dem MIPS-Konzept gibt es ja noch nicht, und die existierenden Kennzeichnungen sind, wie wir gesehen haben, eigentlich nicht wirklich hilfreich. Es wird also in jedem Falle schwierig, wenn nicht nahezu unmöglich sein, ökologisch sinnvolle Kauf- oder Nutzungsentscheidungen zu treffen. Dennoch wollen wir im folgenden eine Reihe von Fragen zusammenstellen, die hilfreich sein können, das ökologisch Bessere ausfindig zu machen. Einigen dieser Fragen sind wir längst vorher begegnet, und einige berücksichtigen wir seit langem, bewußt oder unbewußt. Wie bereits betont: Erst sollte man das gewünschte »Dienstleistungsbündel« kennen, man sollte sich Rechenschaft darüber abgelegt haben, was man wirklich braucht, wann, wieviel davon und wozu. Das Wort Gut kann in der folgenden Aufzählung alles bedeuten, was man anfassen und was Nutzen bringen kann, von der Mausefalle über Blumen bis zum Eigenheim.

- Wieviel Material verbraucht das Gut bei der Nutzung? Es kann sich um Treibstoff, Waschmittel, Schmierstoffe, Putzmittel, Wasser und ähnliches handeln.
- Wieviel Energie verbraucht es beim Betrieb?
- Wie groß ist das Gut? Gibt es kleinere Ausführungen?
- Wieviel Fläche braucht es?
- Wie weit und mit welchem Transportmittel wurde das Gut transportiert, ehe es mir angeboten wurde?

- Ist die Verpackung angemessen?
- Sind Teile des Gutes rezyklierfähig?
- Wieviel wiegt das Gut, und aus was ist es hergestellt? Dies ist eine der wichtigsten und zugleich am schwersten zu beantwortenden Fragen. Weder der Händler noch der Konsument kennt normalerweise die materielle Zusammensetzung des Gutes, noch können sie die ökologischen Rucksäcke abschätzen, also wissen, wieviel Umwelt in all die verschiedenen Materialien eingeflossen ist, aus denen es zusammengesetzt ist. Wieviel rezykliertes Material oder erneuerbare Rohstoffe sind in dem Gut verbaut? Da funktionell vergleichbare Geräte oft ähnlich zusammengesetzt sind, kann das Gewicht von zwei Autos oder zwei Nähmaschinen als erster Grobhinweis dienen. Darauf verlassen sollte man sich aber nicht.
- Hat das Gut eine verläßliche Selbststeuerung und Selbstoptimierung, etwa durch elektronische Regulierung des Zuflusses von Verbrauchsmaterialien (Energie, Waschmittel, ...)?
- Kann das Gut für verschiedene Bedürfnisse benutzt werden? Ist es multifunktional?
- Kann das Gut, nachdem ich es für den ursprünglichen Zweck nicht mehr benutzen kann, noch anderen Zwecken oder anderen Menschen dienen?
- Kann ich das Gut auch anderen zur Benutzung borgen oder vermieten?
- Wie langlebig ist das Gut? Wie lange läuft die Garantie? Die Kenntnis der folgenden Eigenschaften hilft, die Langlebigkeit besser einschätzen zu können:
  - Oberflächeneigenschaften (Abrieb, Sauberhaltung);
  - Korrosionsbeständigkeit;
  - Wahrscheinlichkeit für Materialermüdung;
  - Reparierbarkeit;
  - Form und Zerlegbarkeit (für Wartung und Reparatur);
  - Robustheit, Zuverlässigkeit;
  - Anpaßbarkeit an den technischen Fortschritt. Produkte sollten so aufgebaut sein, daß einzelne Teile gegen neue auf dem neuesten Stand der Technik ausgetauscht werden können (etwa An-

triebsaggregate in Fahrzeugen oder Kühlaggregate bei Kühlschränken). Dies gilt nicht nur für langlebige Produkte, sondern auch für Güter, die sich rasant entwickeln wie etwa der Computer.

Diese Liste ist natürlich viel zu lang, um Spaß zu machen, und ganz sicher weiß Ihr Händler auch nur einen Teil der Antworten. Ein MIPS-artiger Hinweis wäre vielleicht besser zu handhaben. Aber wenn genug Menschen diese Fragen hartnäckig immer wieder stellen, wird's vielleicht ein Stückchen weiter gehen. Wir sind doch Könige, wir Kunden, in einer Marktwirtschaft, oder? In einem späteren Kapitel werden wir darüber reden, wie die obigen und noch viel mehr Fragen in der Zukunft schon bei der Gestaltung von Produkten berücksichtigt werden.

Es sollte sehr ernsthaft darüber nachgedacht werden, ob in Zukunft nicht folgende Informationen auf allen Fertigwaren erscheinen sollten: Herstellungsland, der ökologische Rucksack (gemessen in Materialeinsatz, MI), die Energieintensität, MIPS (basierend auf Erfahrungswerten oder an der Garantiezeit orientiert) und die bekannten Schadstoffe, die in dem Produkt sind oder sich während des Gebrauchs bilden können.

Wachstum, Konsum und Zukunft

Wenn heute von Wirtschaftswachstum die Rede ist, dann ist damit immer das durchschnittliche Anwachsen der Möglichkeit für den Bürger gemeint, auf materielle Güter zugreifen, über sie verfügen zu können. Mehr Wohlstand bedeutet vermehrten Zugriff auf mehr materielle Güter per vermehrt vorhandenen eigenen Zahlungsmitteln. Es muß wohl nicht mehr weiter erläutert werden, daß solcherart Wohlstandswachstum unvermeidlich ins ökologische Aus führt.

Selbst also wenn die Weltwirtschaft durch technische Optimierung der Produkte und durch die Maximierung der Ressourcenproduktivität dematerialisiert würde, wird dieser Wohlstandsbegriff letztlich verhindern, daß es gelingt, die globalen Stoffströme auf 50 Prozent der heutigen abzusenken. Was nutzt es, wenn für den Kurzstrecken- und Stadtverkehr das superleichte, mit geringer Material- und Energieintensität produzierte, ein Liter Benzin verbrauchende Citycar die Norm wird, wenn aber gleichzeitig in jeder Familie beliebig viele davon angeschafft werden? Dies wäre nichts anderes als eine Fortsetzung der derzeit praktizierten, materialintensiven Lebensweise, allerdings mit dem wesentlichen Unterschied, daß die Akteure dabei auch noch ein ökologisch gutes Gewissen hätten. Wie werden wir mit den Mengeneffekten fertig, die die Spareffekte auffressen?

Solange in den Köpfen der Menschen und in ihrem alltäglichen Verhalten Wachstum mit materiellem Wohlstand identisch ist, ist eine ökologische Wirtschaftsweise nicht möglich.

Aber ist diese Verknüpfung eigentlich zwingend? Die Menschen im Kulturkreis der »westlichen« Zivilisationen scheinen so etwas wie Wachstum noch immer zu brauchen. Sie suchen nach dem Gefühl, daß es in ihrem Leben und um sie herum vorangeht, daß die Welt nicht stagniert, nach dem abendländischen Motto: was wächst, das rostet nicht – übrigens ganz nebenbei ein Spruch, der wissenschaftlich Unsinniges verkündet. Muß Wachstum immer materielles Wachstum sein? Solange Menschen ums tägliche Brot ringen, um Schutz vor Regen und Kälte, um Hilfe bei Krankheit, entspricht das wachsende Zugreifenkönnen einem ganz natürlichen Instinkt. Die Mehrheit der lebenden Menschen ist über diesen Zustand bis heute nicht hinausgekommen. Aber wo und wie mündet Wachsen zur Schaffung von Sicherheit und Befriedigung in die Armut des Überflusses, wie Wachtel das nennt?[2] Immer wieder kommen wir zur Basis zurück: Ein Zehntel muß den Reichen reichen, und der ganzen Welt die Hälfte. Sonst bricht das Unternehmen Menschheit unter seinem eigenen Gewicht zusammen und erstickt im eigenen Abfall.

Das Ziel:
Entmaterialisierung ohne Qualitätsverlust beim Konsum.

Aber muß denn Wachstum Sünde sein? Schließlich verlangt ja sogar dieses Buch so etwas wie Wachstum – ein Wachstum nämlich von ökologisch optimierter Technik, ein Wachstum von Wissen über die hochkomplexen Reaktionsmechanismen der Natur auf Eingriffe des Menschen, und ein Wachstum von der Ökosphäre besser angepaßten Wirtschafts- und Konsumstrukturen. Schon hieran wird deutlich, daß es offenbar auch ein Wachstum gibt, das nicht identisch ist mit monetärem Zugriff auf materielle Güter. Die Welt kann voranschreiten, ohne daß dabei der Umsatz an Rohstoffen dieser Erde unvermeidlich wachsen muß. Wenn Fortschritt und Wachstum in die Richtung gehen, die wir in diesem Buch propagieren, dann kann und muß das sogar einen Rückgang der Materialintensität der Lebensweise zur Folge haben. Warum soll also eine Wirtschaft nicht in vieler Hinsicht wachsen, außer in ihrer Verfügung über materielle Güter? Wir legen hier kein Konzept dafür vor, wie solch eine Wirtschaft aussehen könnte oder sollte.

Die Dematerialisierung allein reicht also nicht aus, die Wirtschaft nachhaltig zu machen. Die Öko-Effizienzrevolution bleibt unzureichend und einäugig, wenn sie nicht von einer Suffizienzrevolution begleitet wird. Die Nulloptionen müssen uns geläufig werden. Wir müssen Nutzen besser definieren. All das muß integraler Teil der politischen Auseinandersetzung mit dem ökologischen Strukturwandel werden. Was wir brauchen, ist ein neues, ein dematerialisiertes Verständnis von Bedürfnisbefriedigung. In der Zukunft werden wir es uns nicht mehr leisten können, materielle Güter zu konsumieren, einfach weil wir sie herstellen und bezahlen können – auch dann nicht, wenn daran der »American dream« scheitern sollte.

In diesem Licht sollten wir dann auch die verschiedenen Ansätze zur Verwirklichung des ökologischen Strukturwandels überprüfen. So werden möglicherweise Gewinne an Produktivität durch steuerliche Belastung von Ressourcen zunichte gemacht, wenn nicht gleichzeitig eine Entlastung durch Kostensenkungen bei der Einkommensteuer eintritt. In den Ländern, in denen die Menschen ihre Grundbedürfnisse ohne den täglichen Kampf ums Überleben befriedigen können, muß sich eine Verschiebung des Konsums von materiellen zu nichtmateriellen Gütern entwickeln. Sicher wird diese Entwicklung nur eintreten, wenn heranwachsende Generationen anders erzogen werden, als dies zur Zeit der Fall ist. Das fängt bei Kleinkindern an, die zwar nie ein lebendes Huhn gesehen haben, aber vor lauter batteriegetriebenen Plüschtieren, schießfreudigen Kriegern, Gameboys und Dolls in ihren Zimmern kaum noch Platz finden. Das setzt sich fort in der Überbetonung quantitativer Fächer in allen Schulen für alle Altersstufen. Wieso sind für das Wohlergehen der Nation Mathematik, Chemie und Betriebswirtschaft wichtiger als Philosophie, Musik und Malerei? Beethoven oder Tina Turner zu konsumieren, Vernissagen zu besuchen, an Ballspielen und Gartenparties Spaß zu haben, läßt sich allemal leichter ökologisch gestalten, als Millionen und Millionen übergroße Autos am Laufen zu halten und Formel-I-Rennen zu veranstalten[3].

Anmerkungen, Kapitel 6

1 Orio Giarini und Walter Stahel: The Limits to Certainty – Facing Risks in the New Service Economy. Dordrecht 1989.

2 Paul E. Wachtel: Poverty of Affluence. New Society Publishers, Philadelphia, PA, USA.

3 Über Teilaspekte dieser Gedanken wird durchaus bereits sehr intensiv nachgedacht:
Reinhard Heinzel und Monika Zimmermann: Handbuch umweltschonende Großveranstaltungen – Leitfaden für Planung und Durchführung unterschiedlicher Veranstaltungstypen. Veröffentlichung im Auftrag des Umweltbundesamtes, Berlin 1990.

7
Design: Von der Reparatur zum Neuanfang

Und bei diesem strebend Sinn
zu immer kleineren Gütern hin,
bis einmal einst, was heut noch Ware,
zerrinnt in Geist als dann das Wahre.
Schließlich dann materielos
bestimmt das Es dann unser Los?

Karl-Heinz Walter

Design zur Befriedigung von Dienstleistungsbedarf

Wenn die zukunftsfähige Wirtschaft zustande kommen soll, wie wir sie in den vorausgehenden Kapiteln skizziert haben, dann werden auch entscheidend andere Produkte auf dem Markt gebraucht. Wenn es nicht gelingen wird, entscheidende Veränderungen im Produktdesign, in den Eigenschaften der Produkte, durchzudrücken, dann werden sich in einigen Jahrzehnten fünf Milliarden Menschen mehr mit Infrastrukturen und Produkten der Art umgeben, wie wir sie heute haben. Wir müssen uns deshalb Gedanken darüber machen, wie Waren (und auch Dienstleistungen) anders gestaltet werden können, um die notwendige Produktivitätsrevolution in Gang zu setzen. Wir müssen über ihr Design nachdenken.

Das Design bestimmt die ökologisch relevanten Eigenschaften von Produkten in allen Stadien ihrer Lebensdauer, von der Herstellung bis zur endgültigen Deponierung. Ein Produkt, das von vornherein unter ökologischen Gesichtspunkten gestaltet wurde, belastet die Ökosphäre grundsätzlich weniger als jede Technologie, die sich mit dem nachträglichen Vermeiden oder Beseitigen von Schäden befaßt. Ein Fahrzeug, das wesentlich weniger Umwelt pro Fahrkilometer verbraucht, als heute üblich, ist einem Fahrzeug mit Abgaskatalysator ökologisch überlegen. Ein Gebrauchsgegenstand, gleich welcher Art, der von vornherein unter ökologischen Kriterien gestaltet wurde, besteht aus ausgewählten Materialien. Er ist auf Zerlegbarkeit, Reparierbarkeit und andere Kriterien hin gestaltet; wir werden sie noch im einzelnen benennen.

Doch heute werden Produkte, wenn sie ökologisch optimiert werden, noch viel zu häufig nach dem Energieverbrauch oder der Abgasproduktion während der Gebrauchsphase oder anderen Kriterien optimiert, die vor allem in der Nutzungsphase wichtig sind. Solange ökologisches Design keine Selbstverständlichkeit ist, ist das auch nicht verwunderlich. Auch das Design reagiert auf den aktuellen Stand der öffentlichen Diskussion über Umwelt- und Gesundheitsschäden, auf den »Schadstoff der Woche«. Designer müssen zudem Produkte entwerfen, die sich verkaufen lassen. Deshalb ist es naheliegend, ökologische Vorteile dort einzubauen, wo der Kunde sie sehen und erleben kann.

Ökologisch relevant sind aber auch viele andere Eigenschaften. Sie alle beim Design zu berücksichtigen, kann sehr kompliziert und unübersichtlich werden – es sei denn, man findet übergeordnete Beurteilungskriterien. Die Dematerialisierung ist sicherlich solch ein übergeordnetes Kriterium. Eine konsequente Verringerung der Materialintensität, einschließlich der Energieintensität, von Produkten, Anlagen und Dienstleistungen verringert z. B. automatisch die Abfallströme, darunter die Ströme toxischer oder ökotoxischer Abgase. Nahezu jede ökologisch relevante Eigenschaft von Produkten wird im Indikator MIPS in irgendeiner Form erfaßt. Wir wollen das an einer Liste ökologisch relevanter Produkteigenschaften illustrieren; die Liste ist unterteilt in die drei Punkte Herstellung, Gebrauch und Lebensphase nach Ende der ersten bestimmungsgemäßen Nutzung des Produktes, also die Lebensphase »Müll« oder »Recycling« oder »Wiederverwendung von Teilen« oder »Zweitnutzung«. Alle Eigenschaften, die irgendeinen Bezug zur Materialintensität haben, sind mit einem Stern (*) gekennzeichnet.

Ökologisch relevante Produkteigenschaften

Herstellung

- * Materialintensität von Rohstoffen, Prozessen, Gebäuden, Anlagen.
- * Energieintensität von Rohstoffen, Prozessen, Gebäuden, Anlagen.
- * Nutzung erneuerbarer Ressourcen. Sie ist nur dann sinnvoll,

wenn dadurch die gesamte Materialintensität kleiner wird als bei der Nutzung nicht-erneuerbarer Ressourcen.

- * Menge der hergestellten nützlichen Produkte. Dazu gehören auch Kuppelprodukte, also etwa in der chemischen Industrie Chemikalien, die als Nebenprodukte entstehen, die aber sinnvoll verwendet werden können.
- * Abfallintensität. Dazu gehören auch Emissionen in die Luft und Einleitungen ins Wasser.
- * Ausschußrate. Sie hängt von der Qualitätskontrolle und der Prozeßführung ab.
- * Transportintensität.
- * Verpackungsintensität.
- Gefährliche Stoffe (als Eingangsstoffe, im Produkt und als Abfallstoffe; siehe Abschnitt »Gebrauch«).
- Flächenbeanspruchung.

Gebrauch

- * Materialdurchsatz, etwa die Waschmittelmenge zum Betrieb einer Waschmaschine, Brennstoffe, Reinigungsmittel oder Schmiermittel.
- * Energie-Input.
- * Energie-Output (gilt für Anlagen, die Energie in nutzbarer Form abgeben, zum Beispiel Kraftwerke und Müllverbrennungsanlagen).
- * Gewicht. Es kann eine wichtige Entscheidungshilfe für den Käufer sein, da es eine (wenn auch nur grob richtige) Aussage über die Menge von Materialien macht, die in dem Produkt verbaut wurden (siehe Kapitel »Marktsignale«).
- * Selbststeuerung und Selbstoptimierung. Dazu gehört etwa die elektronische Regulierung des Zuflusses von Verbrauchsmaterialien (Energie, Waschmittel, ...), das »intelligente Haus« oder die neuerdings auf dem Markt angebotene Eigenschaft von Computern, sich oder zumindest den Bildschirm fast vollständig abzuschalten, wenn eine Zeitlang Leerlauf geherrscht hat.
- * Multifunktionalität. Ein Tourenfahrrad, das in der Freizeit und

im Alltag benutzt werden kann, ist aus ökologischer Sicht einem hochspezialisierten Rennrad vorzuziehen. Aber auch Gebäude können beispielsweise auf unterschiedliche Nutzungsarten ausgelegt sein.

- * Möglichkeit zur Zweitnutzung. Eine Kleidersammlung organisiert die Zweitnutzung von Textilien; ein Senfglas kann als Trinkglas weiterverwendet werden.
- * Möglichkeit für gemeinsame Benutzung durch mehrere Nutzer. Kandidaten hierfür sind alle Produkte, die nur sehr selten benutzt werden, wie Bohr-, Wasch- oder andere Haushaltsmaschinen, Videokameras, Rasenmäher oder auch Segelyachten.
- Größe und Flächenverbrauch. Dazu gehören auch die notwendigen Zufahrten oder Parkplätze.
- Gefährliche Stoffe.
- * Langlebigkeit. Dies ist ein zusammenfassender Begriff für eine Reihe von Eigenschaften. Dazu gehören:

- zeitloses Design, also solches, das nicht bewußt auf Modetrends eingeht und das Produkt mit diesen Trends veralten läßt.
- Oberflächeneigenschaften (Abrieb, Säuberung).
- Korrosionsbeständigkeit.
- Reparierbarkeit.
- Form und Zerlegbarkeit (für Wartung und Reparatur).
- Robustheit, Zuverlässigkeit.
- Wahrscheinlichkeit für Materialermüdung (insbesondere bei Kunststoffen).
- Anpaßbarkeit an den technischen Fortschritt. Produkte sollten modular so aufgebaut sein, daß einzelne Module gegen neue auf dem neuesten Stand der Technik ausgetauscht werden können (etwa Antriebsaggregate in Fahrzeugen). Dies gilt nicht nur für langlebige Produkte, sondern auch für Produkte, deren Technik sich rasant entwickelt, wie die der Computer.

Nach dem Ende der ersten bestimmungsgemäßen Nutzung

- *Langlebigkeit ist auch in dieser Phase der Lebensdauer eines Produktes ein ökologisch relevantes Kriterium. Zu ihr gehören hier:
- Stoffzusammensetzung und Komplexität. Sie bestimmt, wie leicht das Produkt sich wiederverwerten oder wiederverwenden läßt.
- Alle Formen der Weiternutzung, also Wiederverwendbarkeit (von Teilen für den gleichen Zweck), Weiterverwendbarkeit (von Teilen für einen anderen Zweck), Wiederverwertbarkeit (von Rohmaterialien für den gleichen Zweck) und Weiterverwertbarkeit (von Rohmaterialien für einen anderen Zweck).
- Möglichkeit, das Produkt nach dem ersten Gebrauch mit wenig Materialaufwand einzusammeln, zu sortieren und zu transportieren.
- *Brennbarkeit, bzw. der durch Verbrennen wiedergewinnbare Energieinhalt.
- Kompostierbarkeit.
- Einfluß auf die Umwelt nach der endgültigen Lagerung oder Zerstreuung in die Umweltmedien Boden, Wasser und Luft.

Der Beitrag des Designs zur ökologischen Umgestaltung

Was macht ein Designer, wo kann er Einfluß auf die ökologische Qualität von Produkten nehmen? Ausführliche Gespräche mit namhaften Industrie- und Kommunikationsdesignern haben uns die Gewißheit gegeben, daß der Berufsstand der Designer seinen Beitrag zu einem ökologisch verträglicheren Produktspektrum leisten kann, selbstverständlich in gewissen Grenzen.

Die Aufgabe eines Industriedesigners ist es, Produkte zu gestalten. Dabei legt er nicht nur das Kriterium der Zweckmäßigkeit an, sondern er gibt dem Produkt auch ästhetische Qualitäten. Die Gestaltung eines Produktes hat in der industriellen Praxis stets zwei Ziele: das Produkt brauchbarer zu machen und es besser verkäuflich zu machen. Der Erfolg eines Designers mißt sich also am Umsatzerfolg seines Auftraggebers. In der Regel bedeutet dies, daß mehr Produkte verkauft werden. Das muß aber nicht so sein. Es kann auch bedeuten, daß das Produkt lediglich teurer wird, sei es, weil es aus teuren oder langlebigen Materialien hergestellt wird, sei es, weil ihm besondere ästhetische Qualitäten (»Markenprodukte«) zugeschrieben werden. Für einen »Designer-Stuhl« bezahlt der Kunde mehr als für einen gewöhnlichen Stuhl – vielleicht, weil er ihn bequemer findet, in erster Linie aber, weil er bereit ist, auch für einen nicht-materiellen Wert, nämlich die Qualität des Designs, zu bezahlen. Auch besondere ökologische oder gesundheitsfördernde Qualitäten können ein Argument für ein Produkt sein, das etwas teurer ist als die Konkurrenzprodukte.

Ob ein Produkt überhaupt hergestellt wird, ist in der Regel nicht die Entscheidung des Industriedesigners – das gilt für angestellte wie auch für freiberufliche Designer –, und bei der Wahl der Materialien ist er oft an das Produktspektrum des Auftraggebers gebunden. Er kann aber beratend auf ökologischere Alternativen hinweisen.

Etwas anders ist die Position des Kommunikationsdesigners. Sein »Produkt« ist die Werbung oder die Beratung. In der Werbung hat er die Möglichkeit, ökologisch vorteilhafte Produkte in den Vordergrund zu stellen, natürlich vorausgesetzt, seine Auftraggeber sind dafür aufgeschlossen. Bei der Beratung, beispielsweise für eine Werbekampagne, kann er den Kunden rechtzeitig auf ökologisch nachteilige Eigenschaften des Produktes aufmerksam machen. Das kann auf die Gestaltung des Produktes Einfluß haben, insbesondere, wenn es in der Werbung in irgendeiner Form mit Gesundheit und Umwelt verbunden werden soll. In beiden Fällen braucht er zuverlässige Informationen über die ökologische Qualität von Produkten und Werkstoffen – eine Information, die bis heute meist nicht oder nicht in handhabbarer Form vorliegt.

Dazu kommt ein zweiter Unterschied: Das Resultat der Arbeit eines Kommunikationsdesigners muß nicht in allen Fällen die Herstellung eines Produktes sein. Prinzipiell kann das Ergebnis der

Beratung auch sein, auf ein Produkt zu verzichten oder die Dienstleistung, die das Produkt erbringen sollte, auf völlig andere Weise zur Verfügung zu stellen.

Der Designer kann zwar ein Produkt langlebig, wartungsfreundlich und sparsam im Energieverbrauch gestalten. Ob der Käufer aber diese Eigenschaften annimmt oder ob er das Produkt aus Modegründen nur kurzfristig benutzt und dann wegwirft, kann er normalerweise nicht beeinflussen. Ausnahmen davon sind Produkte, die so gestaltet werden können, daß es möglich ist, sie in mehreren Zyklen nacheinander, eventuell für unterschiedliche Zwecke, zu nutzen. Beispiel: eine Ladeneinrichtung, die sich nach ihrer ersten Nutzung als Regal für Studentenzimmer oder für den Keller weiter nutzen läßt. Dazu muß bei der Gestaltung auf Zerlegbarkeit und Transportierbarkeit geachtet werden.

Ist es dem Designer dann gelungen, ein Produkt zu dematerialisieren, für die Herstellung also weniger Materialien oder ökologisch weniger aufwendig gewonnene Materialien einzuplanen, dann erzielt er unter Umständen einen Nebeneffekt, der den ökologischen Gewinn ganz oder teilweise aufzehren kann und in manchen Fällen sogar ins Gegenteil verkehrt: Das neue, optimierte Design kann nämlich den Herstellungspreis des Produktes senken.

Das Produkt läßt sich dann besser verkaufen, was der Auftraggeber natürlich auch wünscht. Der Erfolg: im Extremfall wird zwar das einzelne Produkt mit weniger Materialaufwand hergestellt, aber es werden so viele Exemplare dieses Produktes auf den Markt gebracht, daß insgesamt die Materialströme zunehmen. Die Dematerialisierung eines Produktes im Design kann also ökologisch unerwünschte Effekte haben.

Ein Beispiel dafür sind Laserdrucker für Computer. Sie waren noch vor wenigen Jahren große und schwere Geräte. In ihnen war sehr viel Material verbaut; die Materialintensität war also hoch im Vergleich zu anderen Computerdruckern. Doch diese Geräte kosteten fünfstellige Summen und wurden deshalb nur in kleinen Stückzahlen verkauft. Inzwischen nehmen sie am allgemeinen Boom der Computertechnik teil und sind längst in den Massenmarkt vorgedrungen. Die Stückzahlen stiegen, das Design wurde optimiert (wobei allerdings auch einige ökologisch besonders problematische Materialien verwendet werden). Der Erfolg war: Die kleineren, leichteren Laserdrucker von heute sind so billig, daß sie in vielen Bereichen andere Druckertechniken vollständig verdrängen. Zugleich verbreiten sich die Arbeitsplatzcomputer dank ihres ebenfalls fallenden Preises epidemisch; jeder Mitarbeiter eines Unternehmens oder einer Behörde hat seinen eigenen Computer, und immer kleinere Gruppen haben Zugriff auf einen eigenen Drucker. Im Ergebnis werden heute in wenigen Wochen so viele Laserdrucker verkauft wie noch vor gar nicht so langer Zeit in mehreren Jahren.

Ähnliches gilt für Fotokopiermaschinen. Als 1959 Xerox den ersten Trockenkopierer herausbrachte, schätzte eine Unternehmensberatung den Markt auf 5.000 Stück in den ganzen Vereinigten Staaten von Amerika. Gut ein Vierteljahrhundert später, im Jahre 1986, kauften Unternehmen in den USA 200.000 Kopierer – alle in einem Jahr![1]

Wie werden wir mit den materiellen Mengeneffekten fertig, die die ökologischen Spareffekte auffressen?

Die Beispiele sind nicht zufällig gewählt. Der Markt der Büromaschinen, insbesondere der Computer und ihres Zubehörs, gehört derzeit zu denen, die sich besonders dynamisch entwickeln. Solche Märkte sind für Probleme der geschilderten Art besonders anfällig: Jedes Sparpflänzchen wird durch die bloße quantitative Expansion niedergewalzt. Anders sind die Erfolgschancen einer ökologischen Optimierung bei Produkten, deren Markt gesättigt ist. Der Markt der Kühlschränke etwa und einiger anderer Haushaltsgeräte ist so gut wie gesättigt; jeder Haushalt hat mindestens ein Exemplar. Fast so weit ist in den Industriestaaten der Automarkt. Wird ein solches Produkt dematerialisiert, dann schlägt sich das direkt positiv in der ökologischen Gesamtbilanz nieder, weil Neuanschaffungen in der Regel nicht den Bestand erhöhen, sondern abfallreife vorhandene Geräte ersetzen.

Doch dann bleibt ein zweiter Grund für schnellen Wechsel zwischen Produkten: Es gibt nur wenige Beispiele für zeitloses Design. Das bedeutet, daß die Gestaltung eines Produktes sich »verschleißt«; auf dem Markt werden neue Produkte nur deshalb gewünscht, weil eine andere Gestaltung des Produktes gewünscht wird. Musterbeispiel dafür ist die Kleidung; weil die Mode es so will, wird sie ausgetauscht, lange bevor sie verschlissen ist. (Manchmal hilft es, Kleidungsstücke ein paar Jahre aufzuheben. Dann sind sie plötzlich wieder à la mode.) Andere Produkte, wie etwa Autos, »verschleißen« zwar auch optisch, es gibt jedoch einen zweiten Markt, den Gebrauchtwagen- und den Oldtimer-Markt, der auf diesen Verschleiß nicht sehr empfindlich reagiert oder ihn sogar wünscht. Eine dritte Kategorie von Produkten »verschleißt« optisch gar nicht, etwa Werkzeuge wie Hammer und Schraubenzieher. An diese Kategorie von Produkten werden keine ästhetischen Ansprüche gestellt. Sie sind in der Regel auch nicht von Designern gestaltet.

Da es zeitloses Design nur allzu selten gibt, sind den Bemühungen um modularen Aufbau von Produkten, Reparierbarkeit und Wiederverwendbarkeit von Teilen Grenzen gesetzt. Es gibt zwar Produkte, die sich nahezu beliebig lange verwenden lassen, wenn man Verschleißteile regelmäßig austauscht, doch läßt sich dieses ökologisch so wünschenswerte Konzept noch lange nicht auf alle Produktarten anwenden. Beispiele für Langzeitprodukte sind manche Investitionsgüter (z. B. Straßenbahnen), Fahrräder (sofern sie nicht zum Modeartikel werden) oder auch die speziell auf Langlebigkeit konstruierten Fahrzeuge eines großen Paketdienstes.

In der Industrie gibt es derzeit durchaus eine Sensibilität für ökologische Vor- und Nachteile von Produkten. Wenn ein Designer Informationen vorweisen kann, die eindeutig ein Material als ökologisch vorteilhafter als ein anderes ausweisen, so hat er gute Chancen, daß das ökologisch bessere bevorzugt wird. Diese eindeutigen Informationen fehlen den Designern aber bis heute. Der Grund dafür ist genau das Thema dieses Buches und ein wichtiger Arbeitsschwerpunkt des Wuppertal Institutes: Es gibt bis heute keine eindeutigen Kriterien, nach denen Materialien ökologisch beurteilt werden können, sondern eine Vielfalt einander teils widersprechender Aussagen. Es ist deshalb schwierig bis unmöglich, mit den ökologischen Qualitäten eines Produktes zu argumentieren, wenn man nicht Gefahr laufen will, einer ideologischen Richtung im Ökologiestreit zugeordnet zu werden.

Kriterien für ein ökologisches Design

Ein eigenständiges ökologisches Design für künftige Produkte wird sich wohl kaum entwickeln, wenn man nur versucht, die Produkte von heute zu »ökologisieren«, denn diese Produkte sind unter unökologischen Bedingungen geschaffen, optimiert und benutzt worden. Design sollte also nicht ökologisieren, sondern ökologisch optimierte Neukonzepte hervorbringen. Ein planvolles Vorgehen in dieser Richtung könnte in folgendem Stufenkonzept bestehen:

1. Stufe: Detaillierte Beschreibung des Dienstleistungsbündels

Der erste Schritt zu den dematerialisierten Produkten, Systemen und Dienstleistungen der Zukunft muß eine klare Definition des »Dienstleistungspaketes« sein, das gebraucht oder gewünscht wird. Die Fragestellung sollte also in diesem Stadium der Planung nicht sein, wie vorhandene Produkte oder Anlagen unter ökologischen Kriterien technisch verbessert werden könnten, denn das führt oft zur Erfindung von »Maschinchen auf Dinosauriern«, wie etwa Filteranlagen, Katalysatoren und Motor-Abstellautomatiken für Autos im Stillstand, für die zusätzliche Stoffströme in Bewegung gesetzt werden müssen und die den Weg zu wirklich neuartigen Lösungen verstellen.

2. Stufe: Suche nach möglichst weitgehend dematerialisierten Lösungen – Konzeption, Planung, Entwurf

Nun wird nach Wegen gesucht, das eben beschriebene Bündel von Dienstleistungen zu befriedigen. Hier sind neuartige und unkonventionelle Ideen gefragt. Berücksichtigt werden muß, daß Menschen Produkte zwar kaufen, weil diese Produkte ihnen Dienstleistungen im weitesten Sinne erbringen sollen, daß sich dieser Anspruch aber oft mit anderen vermischt, etwa dem Wunsch nach Ästhetik oder einem Statussymbol.

3. Stufe: Erste Bewertung der Ergebnisse

In einer ersten Bewertungsrunde werden unrealistische Lösungsvorschläge ausgeschieden. In dieser Phase findet der erste Test statt: Kann man aus den Ideen, die in der Phase des Brainstorming als umweltfreundlich eingestuft wurden, auch in der Praxis ein umweltfreundliches Produkt entwerfen? Beispielsweise muß Massenfertigung möglich sein, und die Produktionskosten müssen in einem realistischen Rahmen bleiben.

4. Stufe: Detaillierte Überprüfung der ausgewählten Optionen

In dieser Stufe werden die verbliebenen Lösungsvorschläge anhand der weiter oben aufgeführten Liste der Kriterien für ökologisches Design Schritt für Schritt abgeklopft. Am Ende sollte bei jedem einzelnen Vorschlag deutlich sein, welche der Kriterien er mehr oder weniger oder gar nicht erfüllt.

5. Stufe: Bewertung der verbliebenen Vorschläge

In einem weiteren Bewertungsprozeß werden die Entwürfe anhand der soeben aufgestellten Kriterienliste verglichen. Dabei muß deutlich werden, welcher die gestellte Aufgabe am besten und umweltfreundlichsten erfüllt. Erste Kriterien sind die MIPS und, soweit bekannt, die Human- und Ökotoxizität. Darüber hinaus kommen in dieser Phase traditionelle Designkriterien zum Tragen wie Sicherheit, Gesundheitsverträglichkeit und nicht zuletzt Ästhetik.

6. Stufe: Realisierung der ausgewählten optimalen Lösung oder Rückkehr zu Schritt 2

Gibt es einen Sieger im Ausscheidungswettbewerb, dann wird diese Lösung nun realisiert, das heißt, der Produktentwurf wird abgeschlossen, das Produkt wird produziert. Ist kein Sieger aus dem Verfahren hervorgegangen, gibt es die Möglichkeiten, zu Stufe 2, also dem Brainstorming, zurückzukehren. Wenn das nicht gewünscht oder nicht sinnvoll ist, muß nach anderen Kriterien unter den vorhandenen Vorschlägen ausgewählt werden.

Wenn keine Lösung gefunden wurde, kann das aber auch bedeuten, daß es ein ökologisch günstiges Produkt für die gewünschte Dienstleistung nicht gibt. Die Konsequenz daraus könnte sein, bei vorhandenen Produkten zu bleiben oder auf die Bereitstellung der Dienstleistung ganz zu verzichten. Solch ein Verzicht wird allerdings einem Unternehmen, das unter Konkurrenz- und Innovationsdruck für den Markt produziert, besonders schwer fallen.

Zweifellos muß der Preis bei der Bewertung der gefundenen Lösung eine Rolle spielen. Aber solange die Preise im Sinne von Ernst Ulrich von Weizsäcker nicht »die ökologische Wahrheit« sagen, kann dieses Kriterium zu – unter dem Gesichtspunkt der Umweltoptimierung – schweren Fehlentscheidungen führen.

Das vorgestellte Vorgehen bei der Suche nach einem ökologischen Design ist übrigens nicht nur graue Theorie. Ursula Tischner vom Wuppertal Institut hat diesen Weg in ihrer Diplomarbeit bei der Ausarbeitung eines neuen Konzeptes für die Dienstleistung »Kühlen von Lebensmitteln im Haushalt« beschritten. Ihr Ergebnis stellen wir unter der Überschrift »Muß ein Kühlschrank reisen können?« vor. Exakt diese Frage war im übrigen der Schlüssel, der im Schritt 2 zu der neuen Lösung im Sinne der Dematerialisierung führte, wie sie in diesem Buch gefordert wird.

Anmerkungen, Kapitel 7

1 Robert Herman, Siamak A. Ardekani, Jesse H. Ausubel: Dematerialization. in: Technology and Environment. Washington DC 1989.

Muß ein Kühlschrank reisen können?

Wie findet man eine materialsparende Alternative zu einem herkömmlichen Produkt? Die Designerin Ursula Tischner hat in ihrer Diplomarbeit ein konkretes Beispiel ausgearbeitet.* Sie hat die Regeln, die wir in diesem Buch für das ökologische Design formuliert haben, auf das Beispiel des Kühlschrankes angewandt. Herausgekommen ist nicht einfach ein neuer Kühlschrank, sondern ein neues Konzept für das Aufbewahren temperaturempfindlicher Lebensmittel im Haushalt. »Fria« nennt Ursula Tischner ihren Entwurf für den ersten Kühlschrank der Erde, der nach MIPS-Kriterien entworfen wurde.

Die Wahl fiel nicht ganz zufällig auf den Kühlschrank. Die Art von Geräten, wie sie heute in Küchen und Partykellern stehen, trägt nicht unerheblich zum Müllaufkommen und zur Veränderung der Erdatmosphäre bei. Zwischen 20.000 und 30.000 Tonnen Fluorchlorkohlenwasserstoffe werden jährlich weltweit allein aus Kühl- und Gefriergeräten in die Erdatmosphäre entlassen; sie tragen dort zur Zerstörung der Ozonschicht und zur Verstärkung des Treibhauseffektes bei. Etwa drei Prozent aller FCKW werden in Haushaltskühlschränken verbaut, teils als Kühlmittel, teils im Isolierschaum.

Dazu kommt eine Vielzahl unterschiedlicher Materialien wie Eisen und Aluminium, Kunststoffe, Glas, Gummi, Resopal und anderes. Rezykliert wird davon bis heute im wesentlichen das Metall. Insgesamt wiegt ein 160-Liter-Kühlschrank etwa 35 Kilogramm.

---

* *Ursula Tischner: Die Kühlkammer – Ein umweltfreundliches Kühlkonzept für den Haushalt. Diplomarbeit an der Bergischen Universität Gesamthochschule Wuppertal, Fachbereich 5 »Industrie Design«, in Zusammenarbeit mit dem Wuppertal Institut für Klima, Umwelt und Energie, 1993.*

Pro Tag braucht solch ein Kühlschrank 0,85 Kilowattstunden Energie; macht 310,25 Kilowattstunden im Jahr. Das ist nicht viel im Vergleich zu Heizung und Warmwasserbereitung; doch sieht man von diesen beiden Großverbrauchern ab, dann fließt durch den Kühlschrank immerhin etwa 30 Prozent aller sonstigen Energie, die ein durchschnittlicher Haushalt verbraucht. Benutzt wird solch ein Kühlschrank nach Studien der Herstellerverbände im Durchschnitt 15 Jahre. Doch bei den Entsorgern kommt er häufig schon nach fünf bis acht Jahren an.

34 Millionen Kühlschränke gibt es in den alten Bundesländern; das macht 1,44 für jeden der 23,5 Millionen Haushalte. Neun Prozent davon oder drei Millionen Geräte werden jedes Jahr verschrottet. Sie stapeln sich zu einer Müllmenge von 105.000 Tonnen, was etwa drei bis fünf Millionen Tonnen »Umwelt« pro Jahr entspricht. Zwar werden inzwischen 90 Prozent aller Kühlschränke in Deutschland getrennt vom normalen Sperrmüll gesammelt, aber Schätzungen besagen, daß nur aus drei Prozent das Kühlmittel (FCKW) entfernt wird, bevor sie in die Shredderanlage wandern. Von den FCKW im Isolierschaum und im Kompressoröl werden erst in jüngster Zeit auf neuen Anlagen einzelner Entsorger bis zu 99 Prozent zurückgewonnen.

Schon beim ersten Planungsschritt, der »Beschreibung des Dienstleistungsbündels«, deutet sich an, wo die neue Lösung zu suchen ist. Die Frage nämlich: »Wie sieht ein ökologischer(er) Kühlschrank aus?« wäre bereits falsch gestellt, weil dies die Frage nach dem Gerät und nicht die nach dem Dienstleistungsbündel ist. Zu den Dienstleistungen eines Kühlschrankes gehören: Lebensmittel sollen kühl und dunkel aufbewahrt werden können, damit sie lange haltbar bleiben; der Aufbewahrungsort soll sich dort befinden, wo Lebensmittel zubereitet werden, er soll hygienisch sein, die üblichen Behälter aufnehmen können, ästhetischen Ansprüchen genügen und leicht erreichbar sein.

Letzteres tun herkömmliche Kühlschränke übrigens meist nicht: Man muß in die Knie gehen, wenn man etwas herausholen will. Sie haben darüber hinaus eine Eigenschaft, die sie eigentlich nicht zu haben brauchen: Sie haben eine feste, stabile Außenhaut, die es erlaubt, sie bei einem Umzug mitzunehmen. Wozu? Nehmen wir beim Umzug die Badewanne mit? Wohl kaum. Warum dann also den Kühlschrank?

Der grundlegende Dienstleistungsanspruch an einen Kühlschrank ist ökologisch sinnvoll: Die Lagerhaltung in einem kühlen, dunklen Raum macht Sammeleinkäufe möglich und verhindert, daß Frischwaren nach kurzer Zeit weggeworfen werden müssen.

Die Kritik am herkömmlichen Konzept legt es nahe: Warum soll ein Kühlschrank nicht Teil eines Hauses sein, ähnlich der Speisekammer unserer Großmutter? Wird er in eine Außenwand integriert – am besten in Greifhöhe – dann kann sich im Winter das Aggregat abschalten, und zur Kühlung kann kalte Außenluft angesaugt werden – alles vollautomatisch, nicht anders als heute auch schon bei der Heizung. FCKW-geschäumte Dämmstoffe können wegfallen und durch voluminöse Stoffe wie etwa Abfälle aus der Korkherstellung oder Altpapier ersetzt werden. Selbstverständlich müssen Türen, Dichtungen, Regelungstechnik und das (getrennt untergebrachte) Aggregat austauschbar sein. Eventuell sollte die ganze Anlage oder zumindest das Aggregat nicht, wie heute üblich, gekauft werden. Wenn der Benutzer einem Fachhändler lediglich eine regelmäßige Miete für die Dienstleistung »Kühlen« bezahlt, dann liegt es im Interesse des Fachhändlers, das Gerät auf dem Stand der Technik zu halten und optimal zu warten, damit die Unterhaltskosten möglichst gering sind. Eine gute Wartung wird auf jeden Fall nötig sein, wenn das Gerät tatsächlich so lange leben soll wie das Haus.

Wie also könnte der Einbau-Kühlschrank aussehen? Ursula Tischner hat die Idee zu Ende konstruiert. Sie plante einen Kühlraum mit variablem Volumen zwischen 100 und 220 Litern in einer Wandnische der Küche ein. Der Kühlraum hat nicht nur eine einzige Tür, wie ein klassischer Kühlschrank, sondern mehrere, damit der Kälteverlust beim Öffnen möglichst gering bleibt. Hinter jeder Tür verbirgt sich ein Fach mit unterschiedlichem Kälteniveau. Es gibt ein Gefrierfach mit minus 18 Grad, das Kühlfach mit 1 bis 8 Grad und das Kellerfach mit 10 bis 15 Grad. Alle verwendeten Materialien sind hochwertig, damit sie lange leben. Es werden nur wenige Kunststoffe verwendet, darunter nach Möglichkeit keine Verbundmaterialien, die schlecht rezykliert werden können. Metalle sind korrosionsbeständig, und zur Dämmung werden Kork, Aerogele und Gasbetonplatten verwendet.

In vielen Punkten hat die Kühlraum-Idee Vorzüge. Allein die Langlebigkeit und die Tatsache, daß das Gerät nicht transportiert, sondern vor Ort produziert wird (nämlich vom einbauenden Handwerker), verringert den Materialbedarf enorm. Da der Kühlraum ein Hausleben lang genutzt werden soll, müssen alle Verschleißteile leicht ausgetauscht werden können – ein weiterer Umweltvorteil.

Die wichtigste Frage an den fertigen Entwurf ist: Wie hoch ist die Materialintensität pro Dienstleistungseinheit, die MIPS? Zunächst zum Energieverbrauch: Der Kühlraum, so wie Ursula Tischner ihn entworfen hat, kann bei einem Anschlußwert von 110 Watt mit schätzungsweise 0,4 Kilowattstunden am Tag betrieben werden; herkömmliche Kühlschränke mit der gleichen Leistung brauchen 0,85 Kilowattstunden, also mehr als doppelt so viel. Nehmen wir an, der benötigte elektrische Strom werde vollständig in einem Braunkohlekraftwerk erzeugt. Um eine Megawattstunde (1000 Kilowattstunden) Strom zu erzeugen, braucht man etwa 1,2 Tonnen Braunkohle; bei deren Förderung entstehen rund 9,5 Tonnen Abraum. Da die 0,4 Kilowattstunden pro Tag des Kühlraums sich auf 146 Kilowattstunden im Jahr summieren, ist er demnach allein durch seinen Energieverbrauch für einen Stoffstrom von mehr als 1,5 Tonnen im Jahr verantwortlich – beim Bergbau abgepumpte Grundwassermengen nicht mitgerechnet. Eine entsprechende Rechnung für den konventionellen Kühlschrank ergibt 3,3 Tonnen. Nicht einkalkuliert ist, daß ein optimal konstruierter Einbau-Kühlraum mehrere Wochen im Jahr mit Außenluft gekühlt werden kann und dabei Energie spart.

Anders sieht die Bilanz der Stoffströme für die Herstellung aus. Ein Gehäuse fällt vollkommen weg, und es werden nur noch wenige Kunststoffe gebraucht. Die Kühltechnik bleibt im wesentlichen gleich, aber es kommt ein Ventilator hinzu, und die Isolierung wird deutlich voluminöser. Alles in allem sind 36,68 Kilogramm Materialien zum Bau erforderlich; hinzu kommen während der Lebensdauer von möglicherweise hundert Jahren einige Kilo Austauschteile. Das ist mehr als die 35,2 Kilo für einen konventionellen Kühlschrank, doch in dieser letzten Zahl sind keine Reparaturen enthalten. Der entscheidende Unterschied aber ist, daß der Kühlraum rund hundert Jahre mit den errechneten Stoffströmen auskommt, während die 35,2 Kilogramm für den konventionellen Kühlschrank alle 10 Jahre in voller Höhe aufs neue anfallen. Insgesamt kann mit dem Kühlraum-Konzept die Materialintensität um etwa den Faktor sieben verringert werden.

In dieser Kalkulation sind die »ökologischen Rucksäcke« der verwendeten Rohmaterialien nicht berücksichtigt. Glas, Blech, Gummi, Kupfer – von kaum einem der Ausgangsstoffe ist bis heute erfaßt, wieviel Stoffströme fließen mußten, bis er auf dem Markt war. Bis die Materialintensitäten wirklich »von der Wiege bis zur Wiege« berechnet werden können, muß also die Datengrundlage erst geschaffen werden. Das Wuppertal Institut arbeitet daran, einen »Stoffatlas« der wichtigsten Ausgangsstoffe der Industrie zu erstellen.

Wenn der Kühlraum nun solche Vorteile hat, warum gibt es ihn dann im privaten Bereich noch nicht? Man kann eine ganze Reihe von Gründen dafür finden. Einer ist sicher pure Gewohnheit: Wir empfinden es als ungewöhnlich, den Kühlschrank, den wir benutzen, nicht zu besitzen. Auch fehlt das Netz an Handwerkern für Montage, Wartung und Reparatur. Wieder einmal stoßen wir also auf das Hindernis einer Preisstruktur, die nicht die ökologische Wahrheit sagt. Beim Aufbau der benötigten Infrastruktur müßte wohl eine staatliche Initiative mit Fördermitteln dafür sorgen, daß bei Neu- oder Umbauten Kühlräume vorgesehen werden. Solch eine Initiative wäre keineswegs eine Neuigkeit: Bauvorschriften gibt es zuhauf, und das energiesparende Isolieren von Fenstern und Außenwänden wurde und wird mit öffentlichen Mitteln gefördert. Statt der Einzellösung »Kühlschrank« muß also eine »Systemlösung« geschaffen werden, zu der mehr gehört als die Produktion eines neuen Gerätes durch einen Hersteller.

8
Der Markt und seine Signale

Because markets by themselves cannot internalize environmental cost, it is necessary to establish appropriate environmental laws, institutions and policies to do so.
Gemeinsame Erklärung von IMF und OECD, 1991[1]

Bund und Länder haben bei ihren wirtschafts- und finanzpolitischen Maßnahmen die Erfordernisse des gesamtwirtschaftlichen Gleichgewichtes zu beachten. Die Maßnahmen sind so zu treffen, daß sie im Rahmen der marktwirtschaftlichen Ordnung gleichzeitig zur Stabilität des Preisniveaus, zu einem hohen Beschäftigungsgrad und außenwirtschaftlichen Gleichgewicht bei stetigem und angemessenem Wirtschaftswachstum beitragen.
Gesetz zur Förderung der Stabilität und des Wachstums der Wirtschaft vom 8. Juni 1967, § 1

Wir zerstören systematisch die Kulturen, um Ökonomien aufzubauen. Dies ist eine der größten Verminderungen des menschlichen Geistes. Ich kann mir nicht vorstellen, daß man etwas Größeres zerstören kann.
Wenn uns die Kultur nichts mehr angeht, wenn das sekundär ist, wenn es unwichtig geworden ist – wie können wir da überhaupt über die Natur sprechen? Wie können wir sagen, wir müßten uns darum kümmern, daß sich unsere Beziehung zur Natur verbessert? Das ist doch Unsinn. Warum ist das Unsinn? Weil die einzigen Argumente, die heute akzeptiert werden, wirtschaftliche sind. Ich muß ein wirtschaftliches Argument geben, um die Natur nicht zu zerstören. Das heißt, ich muß ein wirtschaftliches Argument haben, um das Leben nicht zu zerstören. Es ist ontologisch absolut eine Barbarei, daß die Wirtschaft über dem Leben, anstatt das Leben über der Wirtschaft steht. Wir leben heutzutage in einer Gesellschaft, in der die Menschen Diener der Ökonomie sind, anstatt daß die Ökonomie zu Diensten des Menschen steht.
Prof. Manfred A. Max-Neef, Universidad Bolivariana / Development Alternatives Center – CEPAUR, Santiago de Chile (Nach einer unkorrigierten Bandabschrift, Ev. Akademie Bad Boll)

Wo wir heute stehen

Die Menschheit steht vor einem gewaltigen Problem. Die Ökosphäre zeigt Anzeichen von Erschöpfung und partiellem Zusammenbruch; die Gründe dafür sind inzwischen hinreichend bekannt und aus naturwissenschaftlicher Sicht nicht überraschend. Die Menschheit hat sich daran gewöhnt, daß sie wächst und wächst, und mit ihr Güterproduktion, Rohstoffverbrauch und Dienstleistungsgenuß. Das ging jahrhundertelang gut, und niemand brauchte sich ernsthaft Gedanken darüber zu machen, ob denn das auf alle Zeiten so weitergehen könne – immerwährendes Wachstum auf einem doch ganz offensichtlich begrenzten, nicht mitwachsenden Planeten.

Doch jetzt wird es Zeit. Dank wissenschaftlicher Erkenntnisse wissen wir sogar, daß es dringend Zeit wird, etwas zu tun, auch wenn die Wissenschaft kein Datum angeben kann, zu dem der Zusammenbruch der Ökosphäre mit großem Knall geschehen wird. Diesen Zeitpunkt wird es sicher nie geben, und auch den großen Knall wird niemand zu hören bekommen. Es werden sich Symptome häufen, eines nach dem anderen, mal in schneller Folge, mal in weniger schneller. Wir werden uns an manche dieser Symptome einfach gewöhnen, mit der phänomenalen Fähigkeit des menschlichen Geistes, Vergangenes und auch Beobachtetes zu vergessen und eine Umwelt, in die er hineingeboren wurde, schlicht als normal zu empfinden und sich in ihr zurecht zu finden. Im Zusammenhang mit einer Studie über die Früherkennung unerwarteter Umweltschäden haben wir 1986 z. B. Schäfer bei München darüber befragt, welche Veränderungen ihnen während ihres Berufslebens in der Natur aufgefallen seien. Die Antworten waren alle nichtssagend. Die (Trivial-)Literatur hat sich mit der gefährlichen Langsamkeit von Katastrophen schon vor zwei Jahrzehnten beschäftigt. John Brunners Horror-Szenario ›Schafe blicken auf‹ wurde zwischen all den Weltraumabenteuern einer Science-fiction-Reihe veröffentlicht[2].

Bei dieser Unsichtbarkeit durch Langsamkeit wird es aber nicht bleiben. Wir, die Menschheit, werden die Reaktionen der Ökosphäre zu spüren bekommen. Zuerst wird es wohl die Menschen des Südens treffen, die gar nicht die Hauptverursacher der Veränderungen der Ökosphäre sind, jedenfalls noch nicht. Die steigende Zahl der Umwelt- und Armutsflüchtlinge, die in die reichen Länder drängen, ist der deutliche Beweis dafür, daß wir auf diesen Zeitpunkt schon gar nicht mehr zu warten brauchen; er ist da. Doch alle Prognosen, die den gegenwärtigen Trend der Umweltveränderung abschätzen, sagen, daß auch wir, die Menschen in den reichen Ländern des Nordens, von den Folgen nicht verschont bleiben werden – und wenn diese Folgen auch zuerst nur aus einem Strom von Flüchtlingen bestehen.

Der rasche Aufstieg zu all den heute verfügbaren Manifestationen des materiellen Wohlstandes erfüllt viele Menschen mit Stolz und Genugtuung. Gleichzeitig aber wehren sie sich instinktiv gegen Veränderungen, die sie aus dem gewohnten Trott bringen könnten. Natürlich wird sich das technische Umfeld des Menschen auch in der Zukunft weiter verändern. Zu hoffen ist, daß dies in ökologischeren Bahnen vor sich geht – zwischen ökologischen Leitplanken sozusagen.

In dieser Situation kommt nun die gute Kunde von den Systemforschern: Aus chemischer und technischer Sicht wäre es kein grundsätzliches Problem, eine Dematerialisierung gegenwärtiger Infrastrukturen, Güter und Dienstleistungen um den Faktor zehn oder mehr zu erreichen. Technisch wäre es also möglich, unseren Stoffwechsel mit der Natur so weit zu reduzieren, wie es nötig wäre, die Ökosphäre ein erhebliches Stück, vielleicht sogar entscheidend, zu restabilisieren.

Selbstverständlich wären dazu enorme und zielgerichtete Innovations- und Entwicklungsanstrengungen nötig, sowohl im privaten als auch im öffentlichem Sektor. Der Schwerpunkt der technisch-naturwissenschaftlichen Forschung muß von der Analyse der

Umweltbelastung weg- und hingeschoben werden zur Analyse des Verbrauchs von Umwelt. Dematerialisierte technische Lösungen sind gefragt. Selbstverständlich würde dies bedeuten, daß die »Dienstleistungserfüllungsmaschinen« nachher anders aussähen und anders funktionierten als gegenwärtige Apparate und Systeme. Wahrscheinlich wären sie sogar besser und eleganter als heute. Sicherlich wäre die Folge auch eine weitere Verschiebung der Wirtschaftsstruktur hin zum Dienstleistungssektor, denn es ist anzunehmen, daß alle die Arbeiten an Bedeutung gewinnen würden, die durch Langzeitwartung und Reparatur dafür sorgen, daß Stoffe möglichst lange nutzbringend innerhalb der Technosphäre zirkulieren, bevor sie endgültig ausgeschieden werden.

Doch eine Systemänderung tritt in der wirklichen Welt nicht schon dann ein, wenn sie technisch möglich ist. Manch einer wird sagen, zum Glück ist dies so. Systemänderungen müssen auch politisch möglich und gesellschaftlich sowie ökonomisch gewollt sein, damit sie zur Realität reifen können.

Aus ökonomischer Sicht ist einer der wichtigsten Gründe für das derzeitige Verharren in unökologischen Gewohnheiten, daß weder die Preise noch andere ökonomische Signale die Wirtschaft ermutigen, sich schon jetzt in eine zukunftssicherere Richtung zu bewegen. Der Markt selbst kann eben die externen Folgen, die »Kosten« für die unbeabsichtigten Umweltveränderungen, nicht internalisieren, sie also selbsttätig in seine Preisstrukturen aufnehmen. Regierungen sind deshalb aufgerufen, in sorgfältiger Weise die wirtschafts- und finanzpolitischen Maßnahmen im Rahmen der marktwirtschaftlichen Ordnung – gezielt so anzupassen, daß ökologisches Wirtschaften attraktiver wird.

Dies ist keine neuartige Aufgabe für Parlament und Regierung. Derartige Anpassungen sind ganz normal in einer modernen Gesellschaft und finden ihre institutionelle Ausprägung in Form von Arbeits-, Sozial-, Gesundheits-, Forschungs-, Wissenschafts- oder Wirtschaftsministerien. Allerdings sind solcherart Anpassungen bis jetzt fast ausnahmslos sozialer Natur. Daher auch der Begriff der »Sozialen Marktwirtschaft«. Eine ökologisch sinnvolle, zukunftsfähige Wirtschaft durchzusetzen, ist nun insofern etwas anderes, als nicht nur das Wohl des Menschen oder der Gesellschaft, sondern auch die Erhaltung der Ökosphäre als einziger Heimstadt und verläßlicher Ressourcenbasis für den Menschen und seine Nachfahren zur Debatte steht. Die Worte klingen bekannt? Das hat man doch schon mal gehört? Stimmt.

Mehr Wohlstand durch weniger Umwelt!

Nur: Ökopolitik muß weit über die »Entgiftung« der Wirtschaft und der Umwelt hinausgehen. Neben der alten Frage nach der »sauberen« Produktion ist wirklich entscheidend, wie Produktions- und Konsumbedürfnisse mit einem zehnmal niedrigeren Umweltverbrauch befriedigt werden können, wie wir also aus weniger Umwelt(verbrauch) mehr Wohlstand machen. Ökopolitik muß sich auf den Anfang der Wirtschaftsprozesse konzentrieren, nicht auf die Müllentsorgung durch monopolisierten Afterschluß. Sie muß zukünftigen Wohlstand wirtschaftlich und technisch auf völlig anderen Wegen ermöglichen als bisher. Und Umweltminister Töpfer hat leider keinerlei Kompetenzen, die notwendigen wirtschafts- und finanzpolitischen Maßnahmen durchzusetzen, die zur Erhaltung des ökologischen Gleichgewichtes notwendig sind. Da der Wirtschaftsminister sich der Mehrung des Wohlstandes unseres Volkes, also dem Wirtschaftswachstum im Sinne des Gesetzes zur Förderung der Stabilität und des Wachstums der Wirtschaft, gesetzlich verpflichtet fühlen muß, besteht *de facto* eine politische Pattsituation. Sie besteht so lange, bis die Menschen begriffen haben, daß wir damit aufhören müssen, unseren materiellen Wohlstand durch die Bewegung riesiger Stoffströme und Energiemengen sowie enormen Flächenverbrauch zu befriedigen, und dies auch in Wirtschaftspolitik umzusetzen willens sind. Es gibt eben kein ökologisch neutrales Wegbaggern in der Umwelt, so wenig wie es ökologisch neutralen Müll gibt. Und nur eine durchgreifend neue, eine ökologisch orientierte Wirtschaftspolitik kann dies ändern. Wenn wir die erreicht haben, dann können wir realistisch von einer »ökologischen sozialen Marktwirtschaft« reden. Vorher nicht.

Bis heute hat kein Land der Erde eine »ökologische Marktwirt-

Abb. 18 *In dieser Abbildung werden verschiedene Aspekte des Ressourcenverbrauches in Deutschland mit dem in einigen weniger industrialisierten Ländern verglichen.*

schaft«. Wir sind da keine Ausnahme und sogar, verglichen mit Ländern wie den USA, Kanada oder Australien, noch relativ bescheiden im Pro-Kopf-Verbrauch von Ressourcen. Verglichen aber mit fast allen Ländern der »Dritten Welt« (da es keine zweite Welt mehr gibt, ist sie wohl jetzt die Zweite Welt in dieser merkwürdig neokolonialistischen Zählweise) dürfen wir uns jedoch zum exklusiven kleinen Club der Spitzenumweltverschwender rechnen (Abb. 18). Raimund Bleischwitz und Helmut Schütz vom Wuppertal Institut haben dazu einige Zahlen zusammengetragen[3].

Da sie nicht teilbar ist, diese Erde, und wir sie auch nicht erweitern können, gehen aus ökologischer Sicht alle Wirtschaftsentscheidungen aller Länder alle anderen Länder etwas an; und die ökologische Bedeutung einer Entscheidung wird ganz wesentlich bestimmt durch beides: die Bevölkerungszahl des entscheidenden Landes und zugleich seine wirtschaftliche Kraft. Wenn ein kleines, reiches Land ökologischen Unsinn macht, kann das schlimmer sein, als wenn ein bevölkerungsreiches, armes Land (noch) in die falsche Richtung geht.

Bruttosozialprodukt – die unvollständige Bilanz

Robert Repetto, Wirtschaftswissenschaftler am World Ressources Institute in Washington, DC, hat einmal an einem drastischen Beispiel den Unsinn gegenwärtig praktizierter volkswirtschaftlicher Gesamtrechnungen vorgeführt[4]:

Wenn ein Bauer in seinem Wald Holz schlägt, um es zu verkaufen und sich von dem Geld eine neue Scheune zu bauen, dann kann er in seine Bilanz einen Aktiv- und einen Passivposten schreiben. Der Aktivposten ist die Scheune, die er als produktives, Einkommen schaffendes Kapital erworben hat. Der Passivposten ist der Verlust von Bäumen. Den Tausch hat er deswegen gemacht, weil er ökonomisch klug kalkuliert hat: Die Scheune ist für seine ökonomische Zukunft wichtiger als dieser Wald.

Der Entschluß des Bauern geht am Jahresende auch in die volkswirtschaftliche Gesamtrechnung seines Landes ein. Er schlägt sich dort in dem international anerkannten Maß für wirtschaftlichen Erfolg nieder, dem Bruttosozialprodukt. Das Bruttosozialprodukt ist der Geldwert aller Produkte und Dienstleistungen, die die Bevölkerung eines Landes erbringt. Dieses Bruttosozialprodukt hat der Bauer auf zweifache Weise erhöht: Erstens hat er investiert – er hat eine Scheune gebaut und damit das produktive Kapital des Landes aufgestockt. Zweitens hat er eine produktive Arbeit verrichtet – er hat Bäume geschlagen, hat damit also der Natur einen Rohstoff abgewonnen und ihn in den volkswirtschaftlichen Kreislauf eingespeist. Die Aktion des Bauern war also rundum positiv.

Nur positiv? War da nicht vorher ein Wald, der jetzt nicht mehr da ist? Hat die Volkswirtschaft nicht durch die Aktion des Bauern von ihrem Kapital, dem Rohstoff Holz, gezehrt? Müßte sie nicht, genau wie der Bauer, den beiden Aktivposten auch einen Passivposten gegenüberstellen, um den Verlust an Wald zu bilanzieren? Ja, sie müßte es. Das meinen jedenfalls mittlerweile viele Ökonomen. Doch sie tut es nicht. Der Verbrauch oder Verlust natürlicher Rohstoffe schlägt sich in keiner Weise im Bruttosozialprodukt nieder. Im Gegenteil: Wenn ein Land all seine Wälder verliert und deswegen enorme Summen investieren muß, um die Erosion zu stoppen und die Grundwasserabsenkung zu kompensieren, dann erhöhen diese Investitionen das Bruttosozialprodukt auch noch, obwohl es doch reine Reparatur-Investitionen sind, die im Grunde keine neuen Werte schaffen.

Repetto, und mit ihm Meadows, Meadows und Randers in ihrer Fortschreibung des Weltbestsellers ›Die Grenzen des Wachstums‹[5], schildern das Beispiel Costa Ricas. Das Land hat innerhalb von 20 Jahren 30 Prozent seiner Wälder eingebüßt; meist wurden die teils wertvollen Tropenhölzer nicht einmal verkauft, sondern einfach niedergebrannt, um Platz für Farmen zu schaffen. Die Folge war eine beispiellose Erosion in dem regenreichen und hügeligen Land. Das World Ressources Institute schätzt den Verlust an Mutterboden auf 2,2 Milliarden Tonnen innerhalb von zwei Jahrzehnten – rein rechnerisch eine zwölf Meter hohe Erdschicht über der Hauptstadt San José. Die damit verbundene Wasserverschmutzung, zusammen mit Überfischung der Küstengewässer, haben den Fischbestand und die Korallenriffe schwer geschädigt.

Die Bilanz: Allein in einem Jahr, dem Jahr 1989, wurde Holz im Verkaufswert von 650 Millionen Mark einfach vernichtet. »Dieser Betrag entspricht 112 Mark pro Kopf der Bevölkerung Costa Ricas und überstieg die Zinszahlungen für Auslandsschulden um 36 Prozent«, schreibt Repetto. Der Nährstoffverlust durch Erosion machte 14 Prozent der jährlichen Vieherträge und 17 Prozent der Ernteerträge aus, und die Einkommen der Fischer sanken unter das Niveau der Sozialhilfe. Innerhalb von 20 Jahren summierte sich die rechnerische Wertminderung von Wäldern, Böden und Fischbeständen auf rund 6,7 Milliarden Mark in Preisen von 1984 – ein Verlust, der höher liegt als das Bruttoinlandsprodukt eines ganzen Jahres. Es ist, als hätte das ganze Land Costa Rica ein Jahr lang nichts produziert und nur von der Substanz gelebt. Oder, in den Worten Repettos: Gemessen an der Größe der Volkswirtschaft ist der Verlust so groß, »als würde der gesamte Verteidigungshaushalt der USA jedes Jahr spurlos verschwinden«.

Und all diese Verluste tauchen nirgends in der volkswirtschaftlichen Gesamtrechnung des Landes auf. Selbstverständlich geriet das Land in finanzielle Schwierigkeiten. Der Internationale Währungsfonds schaltete sich ein, die Auslandsschulden wurden penibel registriert, Programme zur Stabilisierung der Währung wurden aufgestellt. Doch für den Verlust des Ressourcenkapitals interessierte sich niemand.

So, wie wir die Praxis der volkswirtschaftlichen Gesamtbilanz hier geschildert haben, erscheint sie als eine einzige absurde Veranstaltung. Es scheint, als müsse man das Beispiel vom Bauern oder von Costa Rica nur einem durchschnittlich intelligenten Wirtschaftswissenschaftler schildern, um ihn vor Scham im Boden versinken zu sehen angesichts so offensichtlicher und gravierender Fehler in seinem Bilanzierungsverfahren. Doch so einfach ist die Sache nicht. Das klassische Verfahren der volkswirtschaftlichen Gesamtrechnung hat seine Geschichte, und es hat seine Verdienste.

Die Wurzeln des noch heute praktizierten Verfahrens liegen im vergangenen Jahrhundert, dem Jahrhundert der Industrialisierung und der Explosion des internationalen Handels mit Rohstoffen und Produkten. Dieses Jahrhundert und auch noch der Anfang unseres, des zwanzigsten Jahrhunderts, waren geprägt von Phasen nie gekannten Aufstiegs und schwerer Stürze in die Rezession, von krassen Unterschieden zwischen Arm und Reich auch innerhalb der insgesamt reichen Industrieländer. Je dramatischer dieses Auf und Ab verlief, desto weniger waren Politiker, Unternehmer und Wirtschaftswissenschaftler bereit, sich damit abzufinden, daß die Menschheit diesen Zyklen hilflos ausgeliefert sein sollte. Man suchte nach den Ursachen, und man suchte nach Indikatoren, die als frühzeitige Warnsignale brauchbar waren.

Nach der Weltwirtschaftskrise von 1929 stellte dann der englische Wirtschaftswissenschaftler John Maynard Keynes ein ökonomisches Modell auf, das zur Basis der heute praktizierten Form volkswirtschaftlicher Gesamtrechnung wurde. Vor rund einem halben Jahrhundert machten die Vereinten Nationen einen Standard daraus. In diesem System werden einige Schlüsseldaten sorgfältig bilanziert. Im Ergebnis liefern sie einen Indikator, eine einzige Zahl, die Auskunft darüber gibt, ob es in einer Volkswirtschaft bergauf oder bergab geht – und das auch dann, wenn sich im Alltag noch keine Anlässe für Katastrophenstimmung oder Euphorie bieten. Dieser Indikator heißt Bruttosozialprodukt. Er wird mittlerweile fast überall auf der Welt genutzt, wenn auch nicht immer exakt in der Form, wie es die Vereinten Nationen seinerzeit verlangt hatten.

Auch Robert Repetto, ein Kritiker des scheinbar so universellen Maßstabes »Bruttosozialprodukt«, billigt dem Verfahren Verdienste zu. »Die volkswirtschaftliche Gesamtrechnung«, so schreibt er, »gehört – so unzulänglich sie ist und obwohl die breite Öffentlichkeit kaum etwas davon versteht – zweifellos zu den wichtigsten sozialen Errungenschaften unseres Jahrhunderts.« Lange genug habe es gebraucht, bis die Wissenschaft verstanden habe, wie sich Volkswirtschaften steuern lassen. Im politischen Alltag – zumindest der industrialisierten Länder – gehört das Bruttosozialprodukt zu den wichtigsten Wirtschaftsdaten überhaupt. Regierungen werden für jede Bewegung dieser Zahl direkt verantwortlich gemacht; führt die Bewegung nach unten, kann dies Minister und ganze Regierungen zu Fall bringen. Stabilität dieser Zahl – das heißt: stabiles Wachstum – ist Maßstab für die Qualität von Politik, und das ist, ganz abgesehen von den heute sichtbaren ökologischen Folgen, jahrzehntelang für die Menschen dieser Länder positiv gewesen.

Für die Menschen in reichen Ländern wie den USA, Japan oder Deutschland ist es immer noch positiv, denn diese Länder können es sich leisten, daß inzwischen erhebliche Prozentsätze dieses Bruttosozialproduktes reinen Reparaturinvestitionen zu verdanken sind: Jeder Verkehrsunfall, jeder Krankenhausbesuch, jede Beseitigung von Altlasten, der ganze Grüne Punkt und jeder Schadstofffilter schlagen sich positiv im Bruttosozialprodukt nieder. Natürlich trägt ein Krankenhaus indirekt zur Produktivität eines Landes bei, indem es kranke, also unproduktive Menschen fähig macht, wieder arbeiten zu können; und natürlich ist auch die Beseitigung von Altlasten in dem Sinne produktiv, als sie Landfläche zur Nutzung zurückgewinnt. Doch ein Unternehmen, das »Nebenkosten« von diesem Ausmaß in Kauf nehmen würde, wäre wohl bald vom Markt verschwunden. Und ganz absurd wäre es, wenn ein Unternehmen Rohstoffe, die es teuer erworben hat, billig verschleudern oder nicht ökonomisch optimal in Produkte umwandeln würde.

Damit aber sind wir wieder beim Thema dieses Buches und bei dem Bauern, der seinen Wald gegen eine Scheune tauscht. Als John Maynard Keynes sein makroökonomisches Modell aufstellte, auf dem die Berechnung des Bruttosozialproduktes im wesentlichen basiert, gab es keinen Anlaß, sich damit zu beschäftigen, daß Rohstoffe Eigenschaften haben könnten, die wir heute »Begrenztheit« nennen, oder daß ihre Nutzung gar für ökologisch destruktive Folgen verantwortlich sein könnte. Der internationale Handel florierte, Rohstoffe flossen mit großer Selbstverständlichkeit aus den Ländern des Südens nach Europa und Nordamerika, und ihr Anteil am Preis der bearbeiteten Endprodukte war minimal.

Erinnern wir noch einmal daran: Was Keynes interessierte, waren die ökonomischen Gesetze des Auf und Ab der Weltwirtschaft. Selbstverständlich wußte auch er, daß der Wert eines Produktes sich aus menschlicher Arbeitskraft, investiertem Kapital und natürlichen Ressourcen zusammensetzt. Doch die Preise der meisten und wichtigsten dieser natürlichen Ressourcen bewegten sich auf einem so niedrigen Niveau, daß sie für seine Berechnungen nicht wesentlich ins Gewicht fielen. Und so verdünnte sich der Posten »natürliche Ressourcen« still und gar nicht heimlich immer weiter in der volkswirtschaftlichen Bilanz. Bis heute hat er noch kein berauschendes Comeback gefeiert.

Die schmalbrüstige Ressourcenproduktivität

Die Menschheit weiß jetzt, daß jedes Schöpfen aus dem Topf Umwelt eine ökologische Veränderung hinterläßt. Jede Kelle macht 'ne Delle, sozusagen. Was immer wir mit den Stoffströmen anfangen, ob wir sie einfach liegen lassen, nachdem wir sie aus dem Weg geschafft haben, oder ob wir daraus Städte, Autos, Shredder, Gartenzwerge oder Mausefallen bauen, die Ökosphäre kann das Schöpfen nicht vergessen. Ermuntert durch immer bessere Maschinen vom Typus Dinosaurier, gezwungen durch das Bevölkerungswachstum und scheinbar ausweglos gefangen in dem Drang zu mehr materiellem Wohlstand für alle, beschleunigt der Mensch den Prozeß der Ressourcenentnahme immer weiter. Er hat das Tempo der geologischen Veränderungen auf der Erde hinter sich gelassen und läuft Gefahr, sich selbst und viele andere Arten zu Fossilien zu machen, sein eigenes Überleben auf dem Gastplaneten Erde in Frage zu stellen – auch dann, wenn er sich nicht vorher schon vergiftet.

Wir stehen also vor der entscheidenden Frage, wie wir mit den verfügbaren Ressourcen zukunftssicherer umgehen können. Die Frage besteht aus zwei Fragen, und die lauten: Erstens, wieviel Wohlstand brauchen wir, und zweitens, wieviel Wohlstand kann man aus einer gegebenen Menge von Ressourcen herausholen? Sie lauten nicht, wie bisher: Wieviel Arbeit und Kapital muß man zur Befriedigung bestimmter materieller Wünsche aufbringen, und welche Stoffe eignen sich dazu am besten?

Die neue Frage ist die nach der Ressourcenproduktivität. Sie riecht etwas nach Sparsamkeit, Ökosparsamkeit. Das ist auch richtig so. Wirklich aufregend ist dabei jedoch die ungeheuere Herausforderung an den menschlichen Witz und Verstand, neue Wohlstandsmodelle zu erarbeiten und die dazu notwendige, völlig neue Technologie zu schaffen.

Dies ist insbesondere eine Herausforderung für die Industrieländer, deren phänomenale wirtschaftliche Erfolge der letzten zweihundert Jahre wesentlich durch den weltweit praktisch unbeschrankten Zugriff auf natürliche Ressourcen möglich geworden sind – Erfolge, die den weniger reichen Ländern heute selbstverständlich als nachahmenswert erscheinen müssen, bisher noch inklusive des Weges, den die Vorbilder gegangen sind.

Wie sieht nun die Wirklichkeit heute aus? Wenn man den Wahlkampfparolen von Politikern in vielen Ländern, aber insbesondere in den Industriestaaten, Glauben schenken will, dann gehört die (»möglichst ökologisch gestaltete«) Sicherstellung des Zugriffes auf »lebenswichtige« Ressourcen zu den wichtigsten Aufgaben der Wirtschaftspolitik – und nicht etwa die gezielte Ausnutzung von Ressourcen im Sinne einer verbesserten Produktivität. Ähnliches kann von staatlichen Forschungsprogrammen berichtet werden: Noch immer nimmt die bessere Versorgung mit Ressourcen (einschließlich nachwachsender Ressourcen) mit Abstand den wichtigsten Platz ein, während ressourcensparende Technologien sehr zurückhaltend behandelt werden.

Auch militärische Aufwendungen werden als Investitionen in die Versorgung mit Ressourcen angelegt: Der Krieg ums Öl in Kuwait Anfang 1991, an dem fast die gesamte westliche Welt in irgendeiner Form beteiligt war, verursachte Kosten in zweistelliger Milliardenhöhe. Die Bundesrepublik, obwohl militärisch nicht involviert, hat davon etwa ein Drittel aufgebracht. Unabhängig davon, ob man für diesen Krieg auch andere Beweggründe anerkennen will, bleibt also die Tatsache, daß die Ressource Öl noch in jüngster Vergangenheit aus Steuermitteln ganz erheblich subventioniert wurde – und nicht etwa verteuert zugunsten eines ökologischen Strukturwandels. Wer Al Gore's Buch ›Wege zum Gleichgewicht[6]‹ liest, wird vergeblich den Ruf nach einer entscheidenden Verbesserung der Ressourcenproduktivität suchen. Und dieses Buch des US-amerikanischen Vizepräsidenten wird hoch gelobt ob seiner umweltpolitischen Bedeutung.

Ein Blick auf die zeitliche Entwicklung einiger wichtiger Industrie-Indikatoren in den alten Ländern der Bundesrepublik zeigt zwar ein gemischtes, aber in gewisser Hinsicht auch ein durchaus ermutigendes Bild. Martin Jänicke hat hierzu interessante Zahlen vorgelegt[7]. Zwischen 1960 und 1989 hat sich die Produktion traditioneller Güter wie Düngemittel, Stahl, Zement und auch Wasser deutlich vom Wirtschaftswachstum abgekoppelt, gemessen am Bruttoinlandsprodukt. Die strukturelle Umweltbelastung durch diese Güter ist also rückläufig. Auch der Primärverbrauch von Energie und das Gewicht der transportierten Güter stagnieren seit 1979. Dies ist zwar kein direkter Nachweis für eine Erhöhung der Ressourcenproduktivität bei der Herstellung dieser Güter, aber zumindest wurde die Bruttowertschöpfung in Deutschland während dieser Zeit unabhängiger von der Herstellung der genannten Produkte, einschließlich der Menge des geförderten Wassers.

Andererseits ist in demselben Zeitraum in der Bundesrepublik die Produktion einiger Güter auch überproportional gewachsen. Zu ihnen gehören Strom, Chlor, Aluminium, Insektizide und Papier.

Im internationalen Vergleich haben es, so Jänickes Ergebnisse, insbesondere Japan, Luxemburg und Schweden geschafft, die Umwelt bei wachsendem Bruttoinlandprodukt zu entlasten, gemessen an Gütertransport, Energie, Wasserverbrauch und sieben Indikatoren im Schwerindustriebereich. Am Ende der Skala liegen die südeuropäischen Länder, und kurz davor die Osteuropäer. Deutschland nimmt eine Mittelstellung ein. Die Länder Afrikas, Südamerikas und weite Teile Asiens waren in die Analyse nicht einbezogen.

Daß Rohstoffe heute keine Mangelware sind und die Wirtschaft auch nicht befürchtet, dies könne sich in absehbarer Zeit ändern, kann man ganz einfach am mittelfristigen Verlauf ihrer Weltmarktpreise ablesen. In vielen Fällen sind sie in den letzten 200 Jahren, bei insgesamt unregelmäßigem Verlauf, von Jahrzehnt zu Jahrzehnt billiger verfügbar geworden. Ihre Preise sind heute so niedrig, daß sie bei ökonomischen Entscheidungen selten den Ausschlag geben. Nur sehr energieintensive Produkte bilden hier eine Ausnahme. Aber selbst in extremen Fällen machen die Rohstoffkosten nicht mehr als zwei bis fünf Prozent des Preises aus, während die Arbeitsintensität und die Arbeitsproduktivität in vielen Fällen für mehr als 80 Prozent des Gestehungspreises verantwortlich sind.

Es geht um die Entwicklung einer Wirtschaftspolitik, die uns den größtmöglichen Spielraum zur Entfaltung und Mehrung von Wohlstand im Rahmen der von der Natur gesetzten Grenzen gewährt.

In den Industrieländern sind die Pro-Kopf-Kosten eines Arbeitstages, grob gesprochen, allemal eine Tonne Rohmaterial wert. Sand, Kies, Wasser, Weizen und Erde gibt's viel billiger. Was diese Preise heute widerspiegeln, ist die mehr oder weniger sauber verrechnete wirtschaftliche Wahrheit der eingesetzten Kapital- und Arbeitskosten für ihre Beschaffung und den Profit. Das Schöpfen aus dem Topf Umwelt wird zur Preisgestaltung einfach nicht herangezogen. Dies gilt insbesondere auch für die Transportkosten. In Deutschland ist es betriebswirtschaftlich sinnvoll, viele Güter des täglichen Gebrauchs während ihrer Fertigung Tausende von Kilometern zu transportieren, um Arbeitskosten zu sparen. Baumwollgewebe werden heute routinemäßig zum Färben und zur Erledigung anderer »Veredelungsprozesse« einmal nach Kiew und zurück und später nach Polen und zurück transportiert. Zu glauben, die Öffnung der Ostgrenzen werde Arbeitsplätze in der EG schaffen, ist bei diesen Transportkosten auf sehr lange Zeit unbegründet. Wir haben an anderer Stelle schon auf die Arbeiten von Stefanie Böge am Wuppertal Institut hingewiesen. Sie hat die geradezu atemberaubenden Transportwege eines simplen Joghurtbechers nachvollzogen. Aluminium aus dem Rheinland, Erdbeeren aus Polen, Bakterienkulturen aus Schleswig-Holstein und produziert in Stuttgart. Solcher Transportaufwand hat volkswirtschaftlich überhaupt keinen Sinn, und ökologisch sowieso nicht. Er ist ein typisches Beispiel für eine völlig verfehlte Subventionspolitik.

Wir stellen also fest, daß die Ressourcenproduktivität im Vergleich zur Produktivität der Arbeit und des Kapitals sehr unterentwickelt ist. Das liegt zum Teil daran, daß man ernsthaft erst vor einigen Jahrzehnten begann, auf die risikoreichen ökologischen Folgen des Einsatzes von natürlichen Ressourcen aufmerksam zu werden. Und es liegt vor allem daran, daß bis heute nur ganz wenige Menschen die Risiken der menschengemachten Umweltveränderungen ernst nehmen.

Wir haben dargelegt, daß die westlichen Wirtschaften im Schnitt etwa um einen Faktor zehn dematerialisiert werden müßten, um glaubhafte Fortschritte in Richtung auf eine zukunftsfähige Wirtschaft zu machen. Die dazu notwendige Erhöhung der Ressourcenproduktivität dürfte etwa in der gleichen Größenordnung liegen.

Völlig offen ist bisher, wie die verschiedenen Produktivitäten voneinander abhängen. Arbeitsproduktivität und Ressourcenproduktivität sind mit ziemlicher Sicherheit voneinander abhängig; sie könnten demnach auch nicht unabhängig voneinander maximiert werden. Die Anhebung der Ressourcenproduktivität müßte Spuren in der Arbeitswelt hinterlassen. Dazu könnte eine Ausdehnung des Dienstleistungssektors gehören.

Der Deutlichkeit halber sei darauf hingewiesen, daß wir hier nicht von der Ressourcen-Effizienz sprachen, sondern von ihrer Produktivität. Zum Vergleich: Als die Arbeitskosten mehr und mehr zu einem der bestimmenden Faktoren für Erfolg im wirtschaftlichen Konkurrenzkampf wurden, wurden die wirklich wichtigen Durchbrüche nicht durch die Verbesserung der Effizienz bereits existierender Prozesse erzielt, sondern durch das Erfinden neuer Maschinen und Qualitätssicherungsmethoden, die drastisch bessere Resultate lieferten, als bis dahin möglich gewesen war. Nicht der handwerklich arbeitende Schuhmacher lernte, die zehnfache Menge an Schuhen in der gleichen Zeit zu produzieren, sondern es wurden völlig neue Formen der Schuhproduktion eingeführt. Produktivitätsverbesserungen um den Faktor zehn, zwanzig und mehr waren eher die Norm als die Ausnahme; in extremen Fällen, wie z. B. im Bergbau, lagen die Faktoren bei zehntausend und darüber.

Falsche Preise – falsche Marktentscheidungen

Beobachten wir einen Einkauf. Gekauft werden, sagen wir: zwei Wandhaken, ein elektrischer Büchsenöffner, eine Waschmaschine, Äpfel, Tomaten und zwei Kilogramm Schweinerücken. Die Konsumentin ist umweltbewußt. Zwei Fragen will sie sich beantworten: *Erstens*, welche Produkte sind an sich schon und ohne jeden Vergleich zu anderen »ökologisch teuer«; und *zweitens*, wie erkenne ich, ob Konkurrenzprodukte ökologisch besser sind und, wenn das der Fall ist, um wieviel sie besser sind?

Sicher ist, daß der Ladenpreis eines Industrieproduktes mit seiner Umweltqualität bis heute wenig oder nichts zu tun hat. Auch die Kennzeichnung als sogenanntes Bio-Produkt bezieht sich nur auf vom Produzenten ausgewählte Kriterien, z. B. den Verzicht auf Pestizide. Sie sagt aber z. B. nichts über Wasserverbrauch und Energieeinsatz aus. Die Vergabe des »Blauen Engel« basierte von Anfang an auf einer klug gewählten und für jedermann sichtbaren Beschränkung der Auswahlkriterien. Aber diese Kriterien sind eben wirklich sehr beschränkt.

Die *erste* Frage der Konsumentin enthält die nach der »Nulloption«: Besteht wirklich ein Bedarf, dieses Produkt zu besitzen oder zu verbrauchen? Auch dann, wenn es »ökologisch teuer« ist? Brauche ich wirklich einen elektrischen Büchsenöffner? Braucht Cousine Karoline einen, die ich zum Geburtstag damit beglücken möchte? Wie oft würde ich die Waschmaschine denn benutzen? Wäre es nicht gar des Schwätzchens halber interessanter, außerdem billiger, platzsparender und letztlich vielleicht sogar bequemer, einmal die Woche in den Waschsalon zu gehen oder die Gemeinschaftsmaschine im Keller zu benutzen? Muß man wirklich so viel Fleisch essen, obschon der Doktor jedesmal Mäßigung empfiehlt?

»Null-Optionen« im Verbrauch sind ökologisch allemal besser als noch so umweltfreundliche technische Lösungen.

Eine verwirrende Flut von reklametüchtiger Öko-Schein- und Teilinformation wird heute über viele Produkte auf ökologisch teurem Papier verbreitet. Und auf jeder Packung ist dann noch der Grüne Punkt. Aber wieviel Umwelt kosten diese Dinge wirklich, einschließlich der Entsorgung der Verpackung? »Von der Wiege bis zur Wiege« also? Wie soll eine Verbraucherin oder ein Verbraucher im Laden das herausbekommen? Eine leicht verständliche und aussagekräftige Information müßte her, so etwas wie der Preis, eine einzige Zahl, eine Markierung auf einer Skala, Daumen rauf oder runter – irgend etwas Griffiges, selbst wenn diese Information letzten Endes nicht präzise ist. Die Materialintensität MI oder MIPS könnten der Sache näher kommen.

Die *zweite* Frage, die nach den Konkurrenzprodukten, muß beantwortbar sein, wenn die Konsumentin vergleichen und auch im Zweifel eine Entscheidung treffen will, die zumindest in die richtige Richtung geht. Wie ist das bei den Wandhaken, beim Obst und Gemüse? Informationen gibt es auch hier, zum Teil richtige. Wie wir aber erfahren haben, muß die Umweltverträglichkeit von Produkten »von der Wiege bis zur Wiege« berücksichtigt werden, und dies schließt Verpackung und Transport mit ein. Äpfel aus Neuseeland und Tomaten aus Portugal im fernen Deutschland zu verkaufen, kann ökologisch nicht vernünftig sein, auch dann nicht, wenn sie »biologisch« angebaut wurden.

Und es gibt nur noch ganz wenige Geschäfte, solche von der guten alten Sorte, wo man zwei Haken kaufen kann. Heute bekommt man immer gleich zehn, weil sie so abgepackt sind, denn das erspart im Supermarkt Arbeit, vereitelt Diebstahl und freut die Verpackungsindustrie. Natürlich legt man die acht zu viel gekauften beiseite und vergißt sie oder braucht später andere. Beim nächsten Mal dann das gleiche Spiel. So kann die Wirtschaft blühen, so werden Arbeitsplätze geschaffen! Sie glauben, das seien nur kleine Fische? Wenn jeder Bundesbürger einmal im Jahr auf diese Art Haken kauft, zu je einem Gramm das Stück, werden etwa 20.000 Tonnen Umwelt nutzlos bewegt, die Verpackung und den Transport nicht gerechnet. MI oder MIPS auf der Packung wäre wohl hilfreicher als der Grüne Punkt!

Übrigens hätten auch die besten Experten der Welt der Frau Konsumentin nicht viel helfen können. Noch gibt es keine (international) vereinbarte Methodik zur Abschätzung der lebenszyklusweiten Umweltbelastungsintensität von Gütern und Dienstleistungen, die den weiter oben in diesem Buch aufgestellten Kriterien entspräche. Jahrelange Forschung und ein ziemlich großer Computer hätten dazugehört, der Konsumentin vorläufige Antworten auf ihre Fragen zu geben – Antworten, denen von anderen Experten widersprochen worden wäre. Das ist doch erstaunlich, oder?

Und noch ein weiteres »Übrigens«. Es kann kein grünes globales Zoll- und Handelsabkommen, kurz GATT, geben, insbesondere keinen Zollausgleich für Waren, der Umweltaspekte berücksichtigt, ohne eine internationale Einigung darüber, wie Umweltverträglichkeit »von der Wiege bis zur Grenze« bemessen werden soll.

Auch hierfür ist MIPS ein Ansatz; das Nachdenken darüber begann sogar mit dieser Frage[8].

Freihandel mit den Gütern von heute ist die Subventionierung der Zerstörung der Umwelt.

Daß die Marktwirtschaft verläßlich funktioniert, hängt entscheidend davon ab, daß Millionen von Einkäufern und Verkäufern, also am Markt teilhabende Menschen, unentwegt vernünftige Entscheidungen treffen und der Markt auf die Summe dieser Entscheidungen reagiert. Der Markt gebiert die Produkte und Dienstleistungen, die der Käufer verlangt oder für die beim Käufer Interesse geweckt werden kann. Solche Produkte haben Erfolg. Wird ein neues, verläßlicheres oder aus anderem Grund besseres Produkt angeboten, ändern sich die Entscheidungen der Käufer, und ihre Summe ändert das Marktgeschehen. Die »unsichtbare Hand«, die den Markt steuert, ist die Gemeinschaft der Käufer. Diese »unsichtbare Hand« ist der wichtigste Entscheidungsmechanismus des Marktes. Die ökologische Wirtschaftsreform findet deshalb auf dem Markt statt oder gar nicht.

Das internationale Kriterium für Marktentscheidungen ist der Preis. Deformierte Preise aber sind nicht in der Lage, die Ressourcenallokation richtig zu steuern. Sie lenken Ressourcenströme zur falschen Zeit in der falschen Menge in die falsche Richtung. Wenn nun aber die Preise nicht die ökologische Wahrheit sagen? Wenn sie auf falschen oder völlig fehlenden Abschätzungen der ökologischen Tragfähigkeit unserer Erde beruhen?

Ohne die »unsichtbare Hand« funktioniert der Markt nicht, und ohne ehrliche Preise greift die »unsichtbare Hand« ins Dunkle. Nun ist aber nicht zu erwarten, daß wir in absehbarer Zukunft ökologisch ehrliche Preise haben werden. Wir werden noch zu erklären versuchen, warum das so ist. Inzwischen aber brauchen Konsumenten einfach verständliche und international verläßliche Informationen über die Umweltverträglichkeit jedes Prozesses, jeder Anlage, jedes Gutes und aller Dienstleistungen – zusätzlich zum Preis, und leicht verständlich. Sonst können sie die ihnen vom

Markt zugeschriebene Funktion der »unsichtbaren Hand« nicht erfüllen. Der MIPS-Ansatz ist hierfür eine brauchbare Lösung.

Ein Beispiel von welthistorischen Ausmaßen aus jüngster Zeit macht deutlich, was die wirtschaftlichen Folgen des Verzichtes auf die Kräfte des Marktes bedeuten können: Die planwirtschaftlich gesteuerten sozialistischen Wirtschaften brachen zusammen. Erheblichen Anteil hat hieran die Tatsache, daß die Preise staatlich verordnet waren, also nicht die wirklichen wirtschaftlichen Kosten widerspiegelten.

Wie wir gesehen haben, stimmen aber auch die Preise in unserer Wirtschaft nicht. Sie laden zum Raubbau an der Umwelt ein, sie helfen dem Konsumenten, die Stabilität der Ökosphäre zu untergraben. Es ist schon erstaunlich, daß die Mehrheit der erfahrenen Wirtschaftswissenschaftler im Westen noch immer eine geradezu panische Scheu vor der ernsthaften Diskussion hat, wie wir aus dieser wirtschaftlich kritischen Schieflage herauskommen, wie wir die ökologische Wirtschaftsreform meistern wollen. Dies steht in auffallendem Gegensatz zu ihrer großen Bereitschaft, den Regierungen der früheren sozialistischen Staaten bei der Einführung der Marktwirtschaft behilflich zu sein.

Wenn die Regierungen der Industrieländer weitsichtig und weise wären, dann müßten sie die heute noch flagranten Widersprüche zwischen dem traditionellen wirtschaftspolitischen Ziel der Mehrung des nationalen Wohlstands auf der einen Seite und den Bedingungen zur Erhaltung der globalen ökologischen Stabilität auf der anderen Seite in überzeugender Weise zu überwinden suchen. Sollte dies nicht gelingen, dann wird der Verlust an politischer Glaubwürdigkeit weiter zunehmen. Er wird so lange zunehmen, bis die Legitimität von Regierungen und öffentlichen Einrichtungen auf den lokalen, nationalen und internationalen Ebenen erschöpft ist, und er wird Folgen zeitigen, die den noch anhaltenden Umbrüchen in der früheren sozialistischen Welt ähnlich sein werden. Eines der Opfer könnte die marktwirtschaftliche Ordnung sein. Ein anderes die liberale Gesellschaft.

Wie kommt der Strukturwandel in Gang?

Einige Vorbedingungen

Einige wesentliche Bedingungen müssen wohl bedacht werden, ehe ernsthaft mit dem ökologischen Strukturwandel begonnen werden kann. Zu ihnen gehören die folgenden:

Erstens muß eine gewichtige Minderheit von Menschen in vielen Ländern, und insbesondere auch Entscheidungsträger im privaten und öffentlichen Sektor, davon überzeugt sein, daß »business as usual« unweigerlich zum ökologischen Kollaps führt, der das Weiterleben der Menschen auf dem Planeten Erde mit großer Wahrscheinlichkeit zumindest stark beeinträchtigen und vielleicht unmöglich machen wird. Dieses Szenario gewinnt täglich an Brisanz, weil die noch nicht industrialisierten Länder kein anderes Entwicklungsmodell als unsere unökologische Wirtschaft kennen, sie also fleißig nachbauen. Es darf zumindest bezweifelt werden, ob zur Zeit mehr als eine kleine Minderheit von Wirtschaftsministern, Regierungschefs und Spitzenmanagern der Industrie die ökologischen Risiken ernst nehmen. Hier ist also noch ein hartes Stück Arbeit zu leisten. Die Kräfte der »Missionare« sollten sich darum auf die noch nicht Überzeugten konzentrieren. Zu viele »Ökos« reden vorwiegend mit »Ökos«. Die Bücher der Wirtschaftskapitäne Stefan Schmidheiny und Klaus Woltron sind in diesem Zusammenhang sehr willkommen.

> **Deutschland braucht eine neue Industriekultur, neue Einstiege und eine völlig neue Risikobereitschaft.**
>
> Peter Menke-Glückert

Zweitens müssen die Entscheidungsträger davon überzeugt sein, daß der mögliche Kollaps schon im Laufe von Jahrzehnten geschehen kann, Entscheidungen also schon heute anstehen, um technische Neuerungen rechtzeitig auf den Markt bringen zu können, um neue Marktsignale (z. B. ökologische Steuern) nicht abrupt und schmerzhaft heftig einführen zu müssen, und ganz allgemein, um den Menschen eine vernünftige Chance zu geben, sich mit tiefgreifenden Veränderungen ohne Hast vertraut machen zu können. Insbesondere die hohen wirtschaftlichen Wachstumsraten in Ländern der noch nicht industrialisierten Welt mit etwa 1,5 Milliarden Menschen tragen durch die damit zwangsläufig verursachten riesigen Umweltinvestitionen im Transport-, Energieversorgungs- und Anlagenbereich dazu bei, daß die Chancen für eine Restabilisierung der Ökosphäre rapide abnehmen.

Drittens muß die ökologische Wirtschaftsreform mit gesellschaftlich und technisch realistischen »Zeitrampen« arbeiten. Steuer- oder Abgabeerhöhungen zum Beispiel müssen Schmerzgrenzen beachten und verläßlich und berechenbar auf Jahrzehnte verteilt werden. Sie müssen gewisse Randbedingungen widerspiegeln, so z. B., daß neuartige Schlüsseltechnologien ein bis zwei Jahrzehnte zur Reife brauchen – und wesentliche gesellschaftliche Veränderungen selten weniger als eine Generation.

Viertens dürfen während des ökologischen Strukturwandels auf lange Sicht angelegte Investitionen technischer Art, die bereits vorher getätigt worden waren, nicht willkürlich und vorzeitig abgerissen und durch ökologisch bessere Lösungen ersetzt werden. Solche Art Bilderstürmerei kann sowohl wirtschaftlicher als auch ökologischer Unsinn sein. Es ist dringend notwendig, Modelle für ökologisch optimales Vorgehen zu erarbeiten. Der MIPS-Ansatz ist hierfür als Grundlage geeignet.

Fünftens müssen sich Politik und Wirtschaft auf wissenschaftliche Analysen der wesentlichen wirtschaftlichen Ursachen der heutigen ökologischen Misere verlassen können, so daß zielgerichtete und dauerhafte »least cost investments« zur Verbesserung der Situation möglich werden. Die zahlreichen und komplexen, zur Zeit für verschiedenste Umweltbereiche verfügbaren Spezialanalysen verschiedenster Expertengruppen sind in dieser Hinsicht nicht erfolgversprechend. Basierend auf den erforderlichen Analysen müssen robuste, einfache, kostengünstige und richtungssichere Wirtschaftsindikatoren entwickelt werden, die für Planung und Ausführung von ökologisch verträglichen Infrastrukturen, Anlagen, Produkten und Dienstleistungsangeboten geeignet sind – und

Bestand haben. Diese Indikatoren müssen zugleich für die internationale Kontrolle des Erfolges von Strukturänderungen sowie die Konzeption von Kurskorrekturen geeignet sein. Das MIPS-Konzept versucht, diesem Anspruch gerecht zu werden. Es kann wohl kein Zweifel daran bestehen, daß im technischen Bereich die beträchtliche Verbesserung der Ressourcenproduktivität (der Ökoeffizienz) das zentrale Anliegen jedes ökologischen Strukturwandels sein wird. Wie mehrfach schon erwähnt, sind Ergänzungen von MIPS möglich und in bestimmten Fällen auch notwendig. Das gilt insbesondere für das Beurteilen und Vermeiden toxischer Stoffströme.

Sechstens braucht die Wirtschaft verläßliche Peilungen dafür, wie weit die strukturellen Veränderungen gehen müssen, damit zukünftige Entwicklungen im Rahmen der von der Ökosphäre vorgegebenen Leitplanken bleiben. Wir schlagen als erste Richtgröße den »ökologischen Sicherheitsfaktor 10« für die Dematerialisierung der westlichen Wirtschaften vor. Weltweit entspräche dies bei der gegenwärtigen Bevölkerung einer mittleren Abnahme der menschenverursachten Stoffströme um 50 Prozent. Die Wirtschaft braucht allerdings auch eine neue Industriekultur; die muß sie sich mit Schwung erst selbst noch schaffen. Neue Einstiege, neue Risikobereitschaften sind gefragt. Wann endlich hört das ewige Gemurre auf?

Siebtens muß in der Zukunft jeder Versuch unterbleiben, die Ausgestaltung technisch notwendiger Lösungen durch Gesetzgebung festlegen zu wollen. Sache des Staates ist es, das Ziel anzugeben, das erreicht werden soll. Wird dieser Grundsatz nicht beachtet, so ist das ein viel sichereres Mittel als alle »End-of-the-pipe«-Technologien, den ökologischen Strukturwandel zu verhindern.

Und *achtens* sollte noch einmal darauf hingewiesen werden, daß Schritte zu einem ökologischen Strukturwandel auf nationaler Ebene nur zum Teil sinnvoll sein können. Die Erde wird von allen Menschen als Rohstoffbasis gebraucht. Es nutzt auf die Dauer wenig, wenn nur einzelne Länder ihre Wirtschaft umstellen, zumal ihnen hieraus auch noch wirtschaftliche Nachteile erwachsen können.

Wir halten also fest, daß zum erfolgreichen ökologischen Strukturwandel auch die Zusammenarbeit der Länder dieser Erde erheblich verbessert werden muß. Auch hier muß ein »Aber« folgen: Wenn große Länder wie Deutschland ihre Führungsrolle nicht verlieren wollen, dann gehört eben auch der Mut dazu, das Richtungsweisende zuerst zu tun, mit Witz und Phantasie voranzugehen.

Ohne innovative ökologische Demonstrationsprojekte wird Deutschland seine wirtschaftliche Position verlieren.
Peter Menke-Glückert

Ordnungsrechtliche Maßnahmen

In den vergangenen 20 Jahren wurde der Umweltschutz in den Industriestaaten vorwiegend durch ordnungsrechtliche Vorschriften vorangebracht. Prinzipiell ist dieser Weg geeignet, bestimmte oder beschreibbare Typen von Umweltverschmutzungen relativ schnell und effizient zu beheben und transparente, wettbewerbsschonende Verhältnisse für die Industrie zu schaffen. Bei Gefahr im Verzuge sind ordnungsrechtliche Maßnahmen unverzichtbar, z. B. bei Unfällen oder Störfällen, bei denen toxische Substanzen im Spiele sind. Es muß allerdings bezweifelt werden, ob dieser regulatorische Weg letztlich kosteneffizient ist und zu wünschenswerten Kosten- und Ressourcenallokationen führt. Dieser Weg hat sich bisher nicht als gangbarer Pfad zu ökologischen Preisen erwiesen. Außerdem fehlt in vielen Ländern dieser Welt die Infrastruktur, um Umweltschutz auf ordnungsrechtlichem Wege durchsetzen zu können. Dennoch werden auch in der Zukunft Regelungen dieser Art ihre Bedeutung für den Umweltschutz haben. Z. B. wird wohl niemand auf das Chemikaliengesetz verzichten wollen. Ordnungspolitische Maßnahmen könnten auch für klar definierbare Schritte in Richtung Strukturwandel sinnvoll sein. Beispielsweise wäre es denkbar, bis zum Jahr 2005 oder früher für den Privatverkehr in Städten nur noch Citycars vorzusehen. Dafür ist die Technologie längst vorhanden. Besser wäre es natürlich, wenn die großen Automobilhersteller endlich selbst darauf kämen, daß auch sie ökologisch sinnvolle strategische Entwicklungen anstoßen und vorantreiben können.

Ordnungsrechtliche Instrumente tendieren dazu, recht spezifische technisch-wissenschaftliche und Verwaltungsvorschriften festzulegen. Sie erlauben damit nachvollziehbare Erfolgskontrollen, aber auch Erfolgserlebnisse der zuständigen Beamten, beim Technischen Überwachungsverein, bei den Berufsgenossenschaften und anderswo. Im wesentlichen ergeben sich aus gesetzlichen Vorschriften dieser Art folgende Aktivitäten:

- das Entwickeln und Festlegen von Normen, Standards, Grenzwerten, Prüfrichtlinien etc.;
- das Erteilen von Zulassungen und Verboten, das Festlegen von Beschränkungen;
- das Überprüfen der Einhaltung von Bestimmungen und Vorschriften;
- das Verfolgen und gegebenenfalls Bestrafen der Übertretung gesetzlicher Vorschriften.

Institutionelle Verbesserungen

Neben ordnungspolitischen Maßnahmen sollten Regierungen gezielt institutionelle Rahmenbedingungen verändern und großzügig erweitern, die die Bürger behutsam zu anderen Konsumgewohnheiten, zu einer neuen Art Wohlstand, begleiten können. Auch Vereinigungen, Kirchen, Parteien, Firmen, Universitäten, Volkshochschulen und andere Institutionen können und sollten entscheidend dazu beitragen, neue Impulse zu geben, z. B. in den folgenden Bereichen:

- Aus- und Fortbildung;
- Anhörungen, Beteiligungsmöglichkeiten;
- Berufsstands- und Berufsausübungsanforderungen anpassen;
- Reklame-Einschränkungen oder -Förderungen vornehmen;
- Informationszugänge erleichtern;
- Kennzeichnungen erweitern;

- neue Berufe schaffen (zum Beispiel Energie- oder Materialberater, Pflanzenschutzberater (»Crop Doctor«, nach dem erwähnten Vorschlag von Bob Ayres, und ähnliche);
- staatliche und private Betriebe transparent machen im Hinblick auf ökologisches Handeln und bessere Produkte.

Schließlich sei daran erinnert, daß Regierungen oft viel dadurch erreichen können, daß sie betroffenen Institutionen (z. B. Firmen, Schulen, Kirchen) großzügige Freiräume für eigenverantwortliches innovatives Handeln einräumen.

Ausnutzung des Marktkräfte

Was verstehen wir unter wirtschaftlichen Instrumenten?
Wir haben bereits die entscheidende Rolle des Marktes bei der Verwirklichung der ökologischen Wirtschaftsreform verdeutlicht. Unter wirtschaftlichen Instrumenten verstehen wir solche, die ohne Verbote oder Gebote dazu beitragen, die »unsichtbare Hand« ökologisch zu stärken – die millionenfachen Entscheidungen aller am Markte beteiligten Menschen im Durchschnitt ökologisch richtiger werden zu lassen.

Das Beispiel Abfall
Das Abfallproblem, mit dem die industrialisierten Länder sich derzeit herumschlagen, kann nicht gelöst werden, indem die Output-Schleusen, sprich Deponie und Verbrennungsanlage, verschlossen werden und das Material möglichst oft im Kreis geführt wird, andererseits aber die Input-Schleusen bei weiterhin geringen Rohstoffpreisen unvermindert offen stehen. Erstens ist das Im-Kreis-Führen ohne Abfall sowie Material- und Energieaufwand gar nicht möglich; und zweitens wächst durch einen solchen »Afterschluß« die Masse immer weiter an, die in der Technosphäre zirkuliert. Dies bedeutet letztlich: es werden mit steigenden ökologischen Kosten immer größere Materiallager in der Technosphäre angelegt. Die Materialqualität kann dabei erhebliche Einbußen erleiden (Downcycling). Der Verfall der Sekundärstoffpreise ist dann natür-

lich programmiert, und die staatliche Subventionierung nimmt weiter zu.

Ein krasses Beispiel für die internationalen Folgen solcher Politik spielt sich derzeit in Indonesien ab. Dort leben seit langem Zehntausende von Menschen davon, unter anderem Kunststoffmüll einzusammeln und an Recyclingbetriebe zu verkaufen. Doch in letzter Zeit haben, nicht zuletzt durch den Grünen Punkt, die Kunststoffmüll-Importe aus Europa und Nordamerika erheblich zugenommen. Recycling-Unternehmen bevorzugen diesen Importmüll, da er angeblich von höherer Qualität ist. Neue Verwertungsbetriebe werden aus dem Boden gestampft. Doch da der Export des Mülls in Europa hoch subventioniert wird, ist er für die indonesischen Betriebe kostenlos. Die Folge: die Preise für den Müll, den die einheimischen Sammler abgeben, sinken drastisch; viele können nicht mehr davon leben. Die deutsche »Gesellschaft für Technische Zusammenarbeit« (GTZ) fördert nun ein Umschulungsprogramm für Müllsammler. Aus deutschen Steuergeldern wird mithin ein Programm unterstützt, das die Folgen lindern helfen soll, die durch hochsubventionierten Müllexport, unter anderem aus Deutschland, entstanden sind[9].

Ungute, illegale und zuweilen auch kriminelle Praktiken auf der Abfallseite sind realistischerweise gar nicht oder nur mit hohen Strafverfolgungskosten zu kontrollieren, solange eine ökologisch und marktwirtschaftlich sinnvolle Stoffinput-Politik noch nicht existiert. Berichte über entsprechende Vorfälle finden sich in unregelmäßigen Abständen in der Presse. Die erwähnten Kunststoffimporte nach Indonesien beispielsweise enthalten nach Angaben und zur Empörung der dortigen Behörden bis zu 30 Prozent nicht wiederverwertbares Material und sogar bis zu 10 Prozent Sondermüll.

Das Abfallproblem ist langfristig nur durch die Verringerung des Inputs in die Technosphäre zu lösen, und diese Abmagerung muß durch veränderte Marktsignale in Gang gesetzt werden. Teurere Rohstoffe führen auch zu vermarktbaren Sekundärstoffen.

Das Beispiel Energiesteuer
Ein Beispiel hierfür sei zur Verdeutlichung der Funktionsweise von wirtschaftlichen Instrumenten in groben Zügen dargestellt. Wir wollen hier nicht eine erschöpfende Analyse der Folgen einer Preiserhöhung für Energie diskutieren. Darüber wurden schon viele Berichte und Bücher geschrieben.[10, 11]

Man stelle sich vor, die EG habe eine Energiesteuer beschlossen, mit dem Ziel einer langsamen und stetigen Erhöhung der Energiekosten: Über eine Laufzeit von 40 Jahren sollen sich die Kosten um fünf Prozent netto pro Jahr erhöhen. Das würde bedeuten, daß in 40 Jahren Energie etwa um einen Faktor acht teurer wäre, Inflation und Preiserhöhungen durch Produzenten von Primärenergieträgern nicht gerechnet.

Zunächst eine grundsätzliche Bemerkung: Ernst Ulrich von Weizsäcker, einer der überzeugendsten Wegbereiter ökologischer Steuern, hat immer wieder darauf hingewiesen, daß sie nicht zur Bereicherung des Fiskus erhoben werden sollten, da sonst ihr Zweck, als Lenkungssteuer den Weg in Richtung auf eine Stabilisierung der Ökosphäre zu weisen, mißverstanden und ihre politische Durchsetzbarkeit erschwert werde. Er schlägt deshalb vor, gleichzeitig mit der Einführung einer Energiesteuer einen Nachlaß an anderer Stelle zu vereinbaren, z. B. bei der Einkommensteuer oder bei den Lohnnebenkosten, so daß die Steuereinnahmen sich insgesamt nicht ändern.

Nehmen wir also an, die Energiesteuer sei da. Wie reagiert ein privater Konsument? Die Reaktion des Endverbrauchers auf eine Energiesteuer wäre wohl in vielen Fällen, den Energiekonsum so weit wie möglich einzuschränken, um die Mehrkosten aufzufangen. Sofern dabei kein wirklicher Verlust an Dienstleistungen (beim Beleuchten, Duschen, Waschen, Kochen, Heizen etc.) eintritt, wäre dies eine Energieproduktivitätssteigerung erster und privater Art. Es gibt natürlich, wie wir schon wiederholt gesehen haben, auch »Nulloptionen«, also den Verzicht auf bestimmte Dienstleistungen oder den Verzicht auf das Eigentum an bestimmten Maschinen. »Nulloptionen« sind ökologisch immer richtig, es sei denn, man verpraßt den ökologischen Gewinn an anderer

Stelle, z. B. durch vermehrtes Autofahren oder auf Fernreisen in die Ferien.

Daneben wird sich die Industrie daran machen, privaten, institutionellen und industriellen Energieverbrauchern das Einsparen dadurch zu erleichtern, daß sie neue Energiespar-Techniken anbietet. Sie wird versuchen, die neue »Nische« zu besetzen. (Ein Beispiel hierfür sind die heute schon erhältlichen Energiesparlampen). Daran verdient sie ja Geld und verschafft sich Marktvorteile. Sie schafft übrigens auch neue Arbeitsplätze (und alte gehen möglicherweise auch verloren).

Diese industrielle Reaktion kommt in zweifacher Weise einer Energieproduktivitätssteigerung gleich: *Erstens* spart der private oder institutionelle Endverbraucher – z. B. eine Schule – dank der neuen Technologie noch mehr, als aus eigener Anstrengung schon möglich war, und *zweitens* wird der Energieverbrauch in der Produktion beliebiger Güter bei solchen Firmen gesenkt, die die neue Technik angeschafft haben, um Mehrausgaben für Energie zu vermeiden. Allerdings kosten die nötigen Anschaffungen Geld. Sie müssen sich also lohnen. Dies zu erklären und dem Investierenden zu erläutern, kann so kompliziert werden, daß ein neuer Beruf entstehen könnte, nämlich der des ökologischen Anschaffungs- und Benutzungsberaters (vergleichbar etwa dem Steuerberater). Auch dies könnte Arbeitsplätze schaffen.

Mit fortschreitender Zunahme des Energiepreises entsteht in der Industrie immer mehr Konkurrenz, auch mit dem Ausland, bessere, elegantere und billigere Energieeinsparungsmaschinen, also die Dienstleistungserfüllungsmaschinen der Zukunft, auf den Markt zu bringen. Die Energieproduktivität erreicht immer bessere Werte. Der Übergang zur ökologischen Marktwirtschaft wäre also geschafft. Oder?

Wie die MIPS-Diskussion gezeigt hat, müßte zunächst einmal sichergestellt werden, daß sich die Erhöhung der Energieproduktivität auf den ganzen Lebenszyklus des neuen Produktes bezieht und auch nicht zu Lasten der Materialproduktivität erreicht wurde. Sonst könnte sie zum ökologischen Scheinerfolg werden. Abschätzungen dieser Art mit Hilfe von MIPS sind also unerläßlich. Daneben sollte berücksichtigt werden, ob beim Übergang auf die neue Technik mehr oder andere toxische Stoffe anfallen. Ob diese Faktoren bei den erwähnten Lampen von Bedeutung sind, steht heute noch nicht fest.

Es ist durchaus möglich, daß ökologischere Dienstleistungserfüllungsmaschinen in der Anschaffung wesentlich teurer sind als konventionelle Lösungen; man denke an die Sparlampen! Sollte dies in der Zukunft generell der Fall sein, und dafür spricht einiges, dann wären Konsequenzen für die Finanzierung des ökologischen Strukturwandels erforderlich – möglicherweise auch, um Verzögerungen bei der Umstellung in einkommensschwachen Familien zu vermeiden. Mit anderen Worten: Verfahren des Mietens und des Mietkaufs müßten weiterentwickelt und auf neue Produktbereiche ausgedehnt werden.

Energiepreiserhöhungen können durchaus Nettopreiserhöhungen für die Industrie und damit auch den Konsumenten auslösen, zumindest vorübergehend. Dies hätte nationale und internationale Wettbewerbsnachteile zur Folge. Darauf weist die Industrie nimmermüde hin und hat auf diese Weise bis jetzt die Energiesteuer auch verhindert. Dies darf wohl als ein Anzeichen dafür gewertet werden, daß die Verantwortlichen in Industrie und Regierung die ökologischen Risiken als zur Zeit noch nicht sehr überzeugend und akut einschätzen.

Im Zuge einer ökologischen Wirtschaftsreform muß die Produktivität von Ressourcen generell erheblich verbessert werden. Das gilt für geologische Rohstoffe ebenso wie z. B. für Wasser, Bodennutzung und Energie. Eine wichtige Frage ist, ob die Besteuerung (Verteuerung) all dieser Ressourcen richtig und sinnvoll wäre. Die Antwort ist: grundsätzlich ja – aber, also jein. Man kann Eisen z. B. so sehr verteuern, daß es sich lohnen würde, nachts die Schienen der Bundesbahn zu stehlen, oder Gartenzäune. Das kann wohl kaum der Sinn der Sache sein. Andererseits kann man Energie nur ganz begrenzt stehlen, und man kann sie insbesondere nicht gut lagern; Strom in kommerziell interessanten Mengen überhaupt nicht. Wasser aufzuheben ist auch schwierig, zumindest aber ist das ein teures Unterfangen, zum Teil einfach deshalb, weil es flüssig ist. Dies bedeutet, daß man durchaus darüber nachdenken muß, welche Güter man wie und wann und wo besteuert, um die Ressourcenproduktivität in bestimmten Zielbereichen gut beeinflussen zu können. So wäre es z. B. vielleicht sinnvoll, Zement über eine spezielle Energiesteuer zu verteuern, wenn die Zementproduktivität verbessert werden soll. Insofern bietet sich Energie als eines von wenigen Gütern für eine »Generalsteuer« an – übrigens auch und gerade deshalb, weil alle technischen Aktivitäten Energie in der einen oder anderen Form erfordern. Allerdings sollten wir hier noch einmal daran erinnern, daß die Menge eingesetzter Energie keineswegs ein verläßliches Maß für die resultierende Belastung der Umwelt ist. Und nicht zuletzt muß berücksichtigt werden, daß staatlich eingeführte Energiepreiserhöhungen in der EG auch Rückwirkungen auf die Öl-, Gas- und Kohleproduzenten im Ausland haben.

Ein interessantes Beispiel dafür, wie man konventionelles Denken in der Stromversorgungsindustrie geradezu auf den Kopf stellen kann, liefern amerikanische Elektrizitätswerke: Sie verschenkten Hunderttausende der neuen Sparlampen und vermieden auf diese Weise den Bau neuer Kraftwerke. Dies war kommerziell ein voller Erfolg und in diesem Falle mit Sicherheit auch eine ganz erhebliche Umwelt*ent*lastung, da der Bau, Betrieb und Abriß konventioneller Kraftwerke, einschließlich der Kernkraftwerke, im Sinne von MIPS sehr aufwendig ist. Amory Lovins nennt das den intelligenten Verkauf von negativem Strom, von »Negawatts«[12]. Wir nennen das »Anreizumkehr« und kommen darauf zurück.

Das Beispiel Subvention

Subventionen sind, wie wir gesehen haben, grundsätzlich dazu geeignet, die Preise auf dem Markt zu verfälschen, aber auch dazu, Wirtschaftsstrukturen zu verändern, kurz, die Effizienz der »unsichtbaren Hand« zu schwächen. Wir wollen uns deshalb mit einigen Aspekten von Subventionen befassen, sofern sie für den ökologischen Strukturwandel von Belang sind.

In der Bundesrepublik Deutschland wird offiziell von nahezu 40 Milliarden Mark Subventionen pro Jahr gesprochen. Hierin sind sicherlich viele indirekte Subventionen nicht enthalten. Alle heute existierenden Subventionen sind mehr oder weniger unökologisch. Wie bekannt, lassen sich Subventionen (z. B. in den Bereichen Landwirtschaft, Kohle, Stahl, Kali) nur ganz schwer zurücknehmen. Wer fernsieht, kennt die Bilder von den Protesten. Neben der Verfälschung des Marktes wachsen mit Subventionen eben auch immer persönliche und gesellschaftliche Abhängigkeiten. Subventionen frieren sozusagen wirtschaftlich instabile Lagen künstlich ein.

Es wäre wünschenswert, wenn die Massenmedien in Zukunft die Darstellungen der erschütternden, oft bis an das Überleben ganzer Städte und Regionen reichenden Umbrüche im Zusammenhang mit dem Abbau subventionierter Bereiche anreichern könnten mit Informationen über die Bedeutung solcher Entwicklungen für die Verwirklichung des ökologischen Strukturwandels. Dieser Wandel muß ganz offenbar zum Niedergang bestimmter Wirtschaftsbranchen beitragen, wie er auch neue schaffen wird. An dieser Stelle wird besonders deutlich, wie sorgfältig und langfristig der Weg zur zukunftsfähigen Wirtschaft durchdacht werden muß, wie wichtig es ist, den Menschen eine vernünftige Chance zu geben, sich mit tiefgreifenden Veränderungen ohne Hast und ohne Sorgen oder Schlimmeres vertraut zu machen. Aber wir können nicht beides, den ökologischen Zusammenbruch verhindern und gleichzeitig immer weiterbaggern wollen in der Erde. Zu den »Sundown«-Branchen müssen alle die gehören, die natürliche Rohstoffe wie Sand, Kies, Kali und Kohle in die Wirtschaft bringen.

Übrigens ist die Abfallwirtschaft auf dem besten Wege, mittelfristig ganz erhebliche Subventionsschübe zu verursachen. Die Beschäftigungszahlen in dieser Branche nehmen zur Zeit sprunghaft zu (unter anderem durch den Grünen Punkt). Sollte unsere Forderung nach einer entscheidenden Dematerialisierung der Wirtschaft verwirklicht werden, und sollten die Abfallströme entsprechend abnehmen, so werden natürlich auch dort die Ansprüche auf Weiterbeschäftigung laut werden und teure Fahrzeuge und Anlagen nur noch Schrottwert haben. So kann das (teilweise) Gute zum Feind des Besseren werden.

Strukturänderungen hat es schon immer gegeben, sonst wären die meisten von uns noch immer Bauern (nicht Landwirte, Bauern!). Der ökologische Strukturwandel zeichnet sich jedoch dadurch aus, daß man mit einiger Sicherheit, und auf lange Sicht, die Branchen benennen kann, die wichtige Beiträge für die Dematerialisierung der Wirtschaft erbringen können. Hierzu gehören, um nur einige zu nennen, die Kommunikationsbranche, die Biotechnologie (sofern sie in der Zukunft mit weniger Wasser auskommen kann), die Mikro- und Nanotechnologie, die Chemie, eine neue Transportindustrie, der Hoch- und Tiefbau sowie die dezentralisierte Niedervolt-Gleichstromversorgung.

Grundsätzlich gibt es einen breiten politischen Konsens darüber, Subventionen zu reduzieren, bzw. abzuschaffen oder umzuwidmen. Dieser Konsens könnte in sozialverträglicher Weise bei der Annäherung an eine zukunftsfähige Wirtschaft genutzt werden. Als erster Schritt in diese Richtung sollte eine belastbare vergleichende Analyse des ökologischen Charakters der wesentlichen Subventionen in Deutschland und der EG erstellt werden. Hierzu kann der MIPS-Ansatz gute Dienste leisten. Darüber hinaus muß ein objektives und möglichst umfassendes Bild der direkten und indirekten Subventionen in Europa erarbeitet werden, ehe die Entwicklung sinnvoller Optionen für den Ab- oder Umbau von Subventionen unternommen werden kann.

Interessant sind in diesem Zusammenhang neue US-amerikanische Schätzungen, die für direkte und indirekte Subventionen des privaten Autoverkehrs in den USA auf die astronomische Summe von etwa 300 Milliarden US-Dollar pro Jahr kommen. Hierbei wurden Posten wie die freie Benutzung von Straßen als Parkplätze in Städten, der ausschließlich durch Verkehr verursachte Bedarf im Gesundheitssektor, bei der Polizei und bei Behörden sowie Ausgaben im Informations- und Kommunikationsbereich berücksichtigt. Diese Zahl ist viel zu vorläufiger Natur, als daß man daraus Folgerungen ableiten könnte. Sie deutet aber an, daß verläßliche Analysen in diesem Bereich wichtige Hinweise auf Marktverzerrungen größeren Umfanges geben könnten.

Verschiedene Wirtschaftsinstrumente

Im folgenden wollen wir die wichtigsten Spielarten wirtschaftlicher Instrumente aufzählen, die der Staat auf dem Weg zu einer zukunftsfähigen Wirtschaft einsetzen kann. Wie überall sonst im Leben auch, wird es letzten Endes einer intelligenten Mischung von Maßnahmen bedürfen, um bestimmte ökologische Ziele zu erreichen. Das gilt für die Bündelung von Maßnahmen ebenso wie für ihre zeitliche Abfolge.

Im fiskalischen Bereich können Regierungen folgendes tun:

- unökologische Subventionen abbauen;
- Ressourcenverbrauchssteuern erheben, gegebenenfalls gegen Aufrechnung anderer Steuern;
- Abgaben verlangen (Abfälle, Einleitungen);
- Steuervorteile gewähren;
- Abschreibungen erleichtern;
- Benutzungsgebühren erheben;
- Produktabgaben verlangen;
- Pfandleistungen erheben;
- ihr Beschaffungspotential für Produkte und Dienstleistungen zur Lenkung einsetzen;
- Forschungs- und Entwicklungsprogramme finanzieren.
- Regierungen können weiterhin:
- direkte finanzielle Zuwendungen leisten, z. B. durch Finanzierungen zu Vorzugszinsen und Subventionen;
- handelbare Emissions- und Einleitungslizenzen zulassen;
- Eigentums- und Nutzungsrechte verändern,
- Versicherungsprämien beeinflussen;
- Haftungen festsetzen.

Der Einstieg in den ökologischen Strukturwandel

Wir wenden uns nun einem schwierigen Unterfangen zu. Wir wollen einen ersten Versuch wagen, verschiedene Möglichkeiten des Einstiegs in den ökologischen Strukturwandel zu beschreiben und gewissermaßen unter einen Hut zu bringen.

Wir haben bereits über die Energiesteuer und einige Aspekte der Auswirkungen von Subventionen gesprochen. Maßnahmen in diesen Bereichen werden für die Verwirklichung des ökologischen Strukturwandels von entscheidender Bedeutung sein. In beiden Fällen jedoch kann nur der Staat handeln, und er muß sich dabei in unserem Falle auch an supranationale Verpflichtungen, z. B. innerhalb der EG, halten. Das kostet Zeit. Wir wollen deshalb noch einige Alternativen betrachten, die staatliches Eingreifen nur in geringerem Umfang oder gar nicht erfordern.

Abbildung 19 zeigt einen gewissen »Stufenplan« für das Wirksamwerden verschiedener Optionen zum Erreichen einer zukunftsfähigen Wirtschaft. Er ist rein hypothetischer Natur und erhebt keinen Anspruch auf Vollständigkeit oder Realitätsnähe. Wichtig ist ausschließlich der Gedanke, daß wir Strategien zur praktischen Bewältigung dieser extrem komplexen Aufgabe entwickeln müssen.

Anreizumkehr

Ein Beispiel für Anreizumkehr: Architekten verdienen heute einen bestimmten Prozentsatz der Bausumme. So will es die Gebührenordnung. Hieraus entsteht wenig Anreiz, das Gebäude so zu bauen, daß sowohl beim Bau als auch im Betrieb weniger Material und Energie ausreichen. Eher das Gegenteil ist der Fall.

Man darf aber nicht verkennen, daß der Materialeinsatz auch stark durch staatliche Verordnungen, Sicherheitsvorschriften und staatlich sanktionierte Normen (z. B. DIN) aufgebläht ist. Dies ist kein Plädoyer gegen Sicherheit, sondern eine Aufforderung an alle Betroffenen, entsprechende Normen und Vorschriften einmal im Licht der Ressourcenproduktivität und internationaler Erfahrungen zu überdenken. Wie schon an anderer Stelle erläutert: wenn jeder von uns in Deutschland einmal 10 Gramm mehr Stahl verbraucht als nötig, werden rund 25.000 Tonnen Umwelt unnütz bewegt.

Zurück zu den Architekten. Eine mögliche Anreizumkehr wäre z. B., Vergütungen auf der Basis von Material- und Energieeinsparungen zu vereinbaren. Grundlage könnte ein Vergleich zwischen einer konventionellen Lösung und einer »Einsparlösung« mit ver-

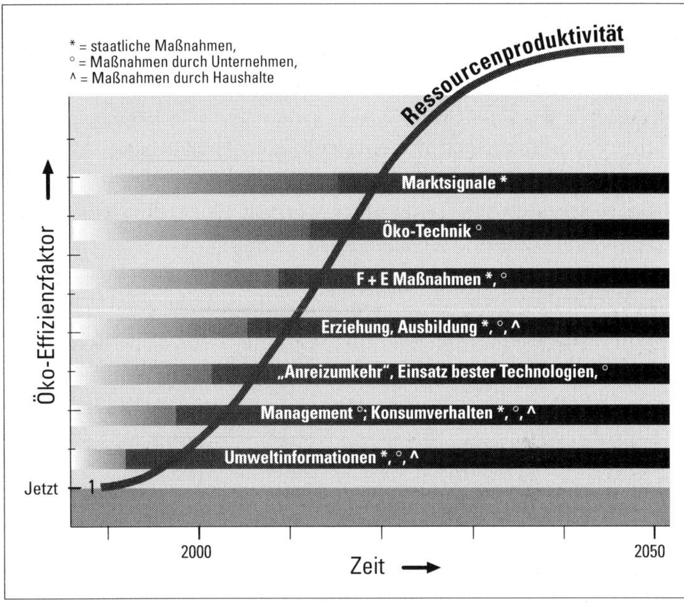

Abb. 19 *Die hypothetische Zunahme der Ressourcenproduktivität (Ökoeffizienz) durch verschiedene Maßnahmen im staatlichen Sektor (*), in Unternehmen (°) und in privaten Haushalten (^) über die nächsten Jahrzehnte.*

gleichbarer Langfristqualität der Gebäudenutzung (vergleichbarer »Dienstleistung« des Gebäudes) sein. Dies wäre also ein MIPS-Vergleich, wobei das »S« in MIPS, der Service, in beiden Fällen dieselbe Größe hätte. Ein entsprechend gut ausgehandelter Vertrag würde viele zu Gewinnern machen: Bauherren, Architekten und insbesondere auch die Umwelt. Verlierer gäbe es natürlich auch, z. B. die Zementindustrie.

Auch das erwähnte Beispiel von den Hunderttausenden verschenkter Sparlampen kann man als einen Fall von »Anreizumkehr« betrachten. Letztlich gehört hierher auch das Konzept des »Least Cost Planning«, das durch den breitgefächerten Einsatz von Energiesparoptionen den Stromverkauf im kommunalen Bereich einzuschränken trachtet. Peter Hennicke vom Wuppertal Institut und seine Mitarbeiter bearbeiten diesen Bereich intensiv.

Uns scheint dies ein außerordentlich lohnendes Gebiet für intensive Studien und Überlegungen zu sein. Optionen und praktische Erfahrungen im Bereich Bodennutzung, Einsparung von Material (einschließlich Wasser) sowie Absenkung des Energieverbrauchs sollten gesammelt und aufbereitet werden. Es ist durchaus denkbar, daß eine sinnvolle Zusammenstellung von Ansätzen mit Fallbeispielen aus der Praxis sowie deren angemessene Verbreitung einen nicht zu unterschätzenden Beitrag zur ökologischen Strukturänderung leisten könnte – und dies ohne wesentliche Zeitverzögerungen, in manchen (vielen?) Fällen ohne beträchtliche Investitionen, und ohne daß die Akteure auf staatliches Handeln angewiesen sind.

Management

Erfahrungen vielfacher Art zeigen, daß noch ganz erhebliche Fortschritte zu besserer Ressourcenproduktivität im privaten wie öffentlichen Sektor möglich sind, wenn strikter gespart und die »Housekeeping«-Methoden im eigenen Heim oder im Betrieb verbessert werden. Gespräche mit Ingenieurbüros, die Audits in Firmen durchführen, deuten darauf hin, daß fast immer 20 Prozent und mehr an Energie und Material eingespart werden können, ohne daß kostenträchtige technische Veränderungen vorgenommen werden müssen – oder zumindest nur solche, die sich in ein oder zwei Jahren amortisieren.

Oft werden solche Einsparungen durch ständiges (und zum Teil ermüdendes) Aufpassen und Daran-Erinnern erreicht. Bei Dow Chemical hat ein Prämiensystem für Energieeinsparungen zu ganz erheblichen Erfolgen geführt. Einsparungen solcher Art sind nicht unbedingt von Dauer, sie können erheblichen Zeitaufwand verlangen, und der Umfang der Einsparungen, die erreicht werden können, ist letzten Endes begrenzt. Es wäre deshalb sicher sehr hilfreich, wenn es leichter wäre, an kostengünstige elektronische Kontroll- und Optimierungsgeräte für Haus und Betrieb zu kommen.

Zu den möglichen ökologischen Einsparungen durch besseres Management könnte auch zählen, in Stadtbereichen einen erheblichen Teil der Einbahnstraßen aufzuheben, sowie einen Teil der Verkehrsampeln ganz abzuschalten oder nur stundenweise in Betrieb zu setzen. Mit dem Auto einmal anzuhalten und warten zu müssen entspricht einigen hundert Meter Fahrt. Insbesondere dann, wenn nur noch (oder vorwiegend) Citycars für den Privatverkehr im innerstädtischen Bereich benutzt würden, wären solche Überlegungen wichtig. Verbunden damit müßte rücksichtsloses Fahren mit sehr viel höheren Strafen belegt werden.

Forschung und Entwicklung

Neben der Politik sind vor allem Wissenschaft und Technologie aufgerufen, nach Möglichkeiten für eine massive Verringerung der Ressourceneinsätze zu suchen. Angesprochen sind natur- und ingenieurwissenschaftliche Forschungs- und Technologieprogramme, aber auch sozialwissenschaftliche Forschungsprogramme.

So wie die Dinge gegenwärtig liegen, sollte man nicht erwarten, daß der private Sektor von sich aus wesentliche Anstrengungen machen wird, alternative Optionen zu entwickeln, mit deren Hilfe die Ressourcenproduktivität angehoben werden kann. Forschung und Innovation basieren oft auf sehr langfristigen Erwartungen, und aus der Sicht der Industrie gibt es noch wenig Anzeichen dafür, daß der Übergang zur zukunftsfähigen Wirtschaft wirklich in Gang kommt. Aus diesem Grunde muß der Staat hier Zeichen setzen. Das gilt auch für die EG.

Die wichtigsten Wirtschaftskonkurrenten der Europäischen Gemeinschaften, Japan und die USA, haben deutlich zu erkennen gegeben, daß sie in der Zukunft erheblich verstärkte Anstrengungen in der staatlich unterstützten Technikforschung unternehmen werden. So hat Japan Pläne für eine ökologische Strukturänderung entworfen (»New Earth 21«) und ein großes wissenschaftliches Institut errichtet, mit der speziellen Aufgabe, Umwelttechnologien zu entwickeln. Präsident Clinton hat ein neues Unterstützungsprogramm verkündet, das zum Ziele hat, Technologien zu entwickeln, die hohe Einkommensmöglichkeiten mit wachsendem Umweltschutz verbinden.

In beiden Fällen wird eine steigende Ressourcenproduktivität, bzw. umfassende Dematerialisierung der Wirtschaft, zur Stabilisierung der Ökosphäre zumindest nicht ausdrücklich angestrebt. In jedem Falle aber sehen wir hier eine bedeutsame Chance für Europa, zukünftige Exportmärkte zu erschließen. Voraussetzung dafür wäre selbstverständlich, daß strategische und ausreichend dotierte Forschungs- und Entwicklungsprogramme aufgestellt und verwirklicht werden. Die Beteiligung des privaten Sektors im üblichen Rahmen der Finanzierungsbeteiligungen kann wohl vorausgesetzt werden. Noch einmal sollte betont werden, daß parallel zur Entwicklung technologischer Optionen auch Fragen nach neuen Wohlstandsmodellen der Antwort bedürfen.

Ernst Ulrich von Weizsäcker weist zu Recht darauf hin, daß in kontinentaleuropäischen Ländern, im Gegensatz zum angelsächsischen Raum, so etwas wie »policy analysis« in der Wissenschaft fast überhaupt nicht betrieben wird. Es gibt auch kein deutsches Wort für diese Forschung, die sich insbesondere dadurch auszeichnet, daß sie sich mit der Überwindung von diagnostischen Hemmnissen im politischen Raum befaßt. Diese Art Forschung sollte in Deutschland mehr gepflegt werden. Sie stellt gewissermaßen ein Bindeglied zwischen der mehr zweckfreien Forschung und der Entwicklung praktikabler politischer Optionen für gesellschaftlich wichtige Entwicklungen dar.

Im Bereich Technologie und Management sind beispielsweise die potentiellen Beiträge solcher Felder wie Nanotechnologie, Mikroelektronik, Mikrosensorik, Biotechnologie, Automation und Materialforschung (insbesondere Chemie) für materialextensive Prozesse, Güter und Dienstleistungen zu prüfen. Neue Ansätze im Produktdesign sollten verstärkt im Hinblick auf zukunftsfähige Lösungen untersucht werden. Systematisch sollten Ansätze gefördert werden, Materialien, insbesondere kohlenstoffhaltige Materialien, in Kaskaden zu nutzen, wenn sie schon einmal in die Technosphäre integriert wurden; d. h., Produkte, Teile davon und letztlich ihre Materialien sollten in möglichst vielen

Stufen von hohen zu niedrigen Ansprüchen an die Qualität genutzt werden, mit der thermischen Nutzung als Endpunkt. Die Methodik der Ökobilanzierung ist zu verbessern und international zu harmonisieren. Normen und Sicherheitsstandards sollten im Hinblick auf immanente Trends zur Material- und Energieverschwendung hinterfragt werden. Die Entwicklung von Energiesystemen mit geringem Gesamtmaterial- und Energieverbrauch sollte forciert werden. Modelle für eine allmähliche Dezentralisierung von Herstellungs-, Verteilungs- und Energiebereitstellungssystemen sind zu entwickeln. Für die wichtigsten Grundstoffe der Industrie und für Massenprodukte sollte eine Datenbasis erstellt werden, die Auskunft über deren Material-, Energie- und Flächenintensität während des kompletten Lebenszyklus gibt. Dabei ist auch an eine internationale Harmonisierung, ständige Aktualisierung und an Zugangsmöglichkeiten für möglichst weite Kreise nachzudenken. So wird z. B. ein grünes GATT auf diese Informationen angewiesen sein. Managementstrategien sollten entwickelt werden für Einrichtung und Unterhalt von dematerialisierten Produktionslinien und Dienstleistungsangeboten. Neue Transport- und Infrastruktursysteme mit möglichst geringem Material-, Energie- und Flächenverbrauch bei Erstellung, Wartung, Betrieb und Abriß sollten an Fallstudien exemplarisch untersucht werden.

Insgesamt geht die Entwicklung von Technologien eher zu intelligenten Lösungen, weg von Masse und Energie, weg von der Manufacturing of scale, hin zur Manufacturing of scope. Intelligente Lösungen bedeuten mehr Informationsintensität, und die wiederum setzt neue Schwerpunkte in der Forschungs- und Entwicklungspolitik voraus.

Im Bereich *Ökologie* werden folgende Forschungs-, Entwicklungs- und »policy«-Themen als prioritär angesehen:

- Entwicklung und Prüfung von praktikablen, ökonomisch bedeutsamen und international harmonisierbaren Indikatoren für die Umweltbelastungsintensität von Gütern und Dienstleistungen, Regionen und Wirtschaften;

- Entwicklung von Methoden für kosteneffiziente und reproduzierbare Ökobilanzen;
- Entwicklung von ökologischen Optimierungsprinzipien für Recycling, Wiederverwendung und den Einsatz von erneuerbaren Materialien;
- Berechnung der Material-, Energie- und Flächenintensitäten (der »ökologischen Rucksäcke«) der 30 bis 40 wichtigsten Input-Materialien für industrielle Prozesse;
- Entwicklung praktikabler Ansätze zur Abschätzung der ökologischen Tragfähigkeit der Erde;
- Überprüfung unserer Hypothese, daß in den OECD-Ländern langfristig eine Verminderung der Materialintensität um einen Faktor von etwa 10 erforderlich ist.

Im Bereich *Sozialwissenschaften* werden folgende Themen als prioritär angesehen:

- Entwicklung von Modellen für sozial und politisch akzeptable Ansätze zur drastischen Verminderung des Material- und Energieverbrauchs unserer Wirtschaft;
- Entwicklung von Alternativen zur bestehenden »Anspruchsinflation«; Ausarbeitung der verschiedenen Aspekte von Suffizienz; Entwicklung von Optionen für einen »dematerialisierten« Konsum;
- Untersuchung des Zusammenhangs zwischen Materialbesitz (auch Eigentumsverständnis) und dem Statusbefinden (inklusive Imponiergehabe);
- Entwicklung von Meßgrößen für unsere Wohlstandswahrnehmung;
- Entwicklung von Modellen für eine verbesserte Zusammenarbeit von Industrie- und Entwicklungsländern bei der Einführung von Maßnahmen in Richtung Sustainable development.

Im Bereich *Ökonomie* sind folgende Themen als prioritär forschungswürdig einzustufen:

- Entwicklung von ökonomisch wirksamen Ansätzen zur deutlichen Erhöhung der Ressourcenproduktivität;

- Entwicklung von Finanzierungsmodellen für einen ökologischen Strukturwandel;
- Untersuchung der Interdependenzen zwischen Arbeitsmärkten und Strukturwandel (»Ressourcen statt Arbeit rationalisieren«) bei Berücksichtigung eines ökonomisch tragfähigen Tempos für den Strukturwandel und einer Entwicklung vom produzierenden zum Dienstleistungssektor;
- Untersuchungen über die internationalen Auswirkungen von nationaler und internationaler Verteuerung von Ressourcen;
- Ermittlung der Größenordnung der gegenwärtigen direkten und indirekten Subventionen in den EG-Ländern, und Entwicklung von ökologisch günstigen Veränderungen;
- Entwicklung von nationalen Bilanzen, die die physische Basis der Wirtschaft mit geeigneten Indikatoren für ökonomischen Erfolg kombinieren;
- Entwicklung von Politikstrategien für einen ökologisch defensiven Welthandel (Modifikation des GATT);
- Untersuchungen über die Wirkung verschiedener Anreizsysteme auf eine Entwicklung hin zu einem Sustainable Development (z. B. Least Cost Planning, nicht nur für Energiedienstleistungen, sondern auch für den Einsatz von Wasser und anderen Materialien);
- Analyse der Bedingungen, unter denen einzelne Länder im Hinblick auf die ökologischen Notwendigkeiten finanziell unterstützt werden können;
- Untersuchungen über die möglichen Wirkungen einer steigenden Ressourcenproduktivität auf die Nachfrage nach Gütern und Dienstleistungen;
- Analyse der ökonomischen Wirkungen auf jene Länder, die eine Führungsrolle auf dem Weg in Richtung Sustainable development übernehmen.

Anmerkungen, Kapitel 8

1 »Da Märkte aus eigener Kraft Umweltkosten nicht internalisieren können, müssen geeignete Gesetze, Institutionen und Politiken geschaffen werden, die das tun.«
2 John Brunner: Schafe blicken auf. München, 1987; Originalausgabe 1972.
3 Raimund Bleischwitz und Helmut Schütz: Unser trügerischer Wohlstand. Wuppertal Texte 1, 1993.
4 Robert Repetto: Die Bewertung natürlicher Ressourcen, in: Spektrum der Wissenschaft, August 1992.
5 Meadows u. a.: a. a. O.
6 Al Gore: Wege zum Gleichgewicht. Frankfurt a. M. 1992.
7 Martin Jänicke: Ökologische Aspekte des Strukturwandels, in: Ernst Ulrich von Weizsäcker und Raimund Bleischwitz (Hrsg.): Klima und Strukturwandel. 1992.
8 F. Schmidt-Bleek und H. Wohlmeyer (Hrsg.): International Trade and the Environment. Forschungsbericht, IIASA, Laxenburg, 1991.
F. Schmidt-Bleek und M. M. Marchal: Comparing Regulatory Regimes for Pesticide Control in 22 Countries – Toward a New Generation of Pesticide Regulations. Regulatory Toxicology and Pharmacology, Band 17, No 3, Juni 1993, Seite 262 bis 281.
9 Franziska Strohbusch und Boris Terpinc: Tukang Sampah – Meister des Mülls. Dokumentarfilm, gefördert vom Bundesministerium für wirtschaftliche Zusammenarbeit und Entwicklung, 1993. Im Verleih der Landesfilmdienste.
10 Ernst Ulrich von Weizsäcker und Jochen Jesinghaus: Ecological Tax Reform. London 1992.
11 Samuel P. Mauch u. a.: Ökologische Steuerreform – Europäische Ebene und Fallbeispiel Schweiz. Chur/Zürich 1992.
12 Siehe dazu diverse Veröffentlichungen des Rocky Mountains Institute.

Natur versus Kultur – der Sonderfall Landwirtschaft

Wenn man den Einfluß der Landwirtschaft auf die Ökosphäre in der Terminologie der Materialintensität pro Dienstleistungseinheit ausdrücken will, muß man einige Besonderheiten bei der Bilanz beachten. Christiane Richard-Elsner vom Wuppertal Institut hat dies an einem Beispiel getan; sie hat sich angeschaut, wie materialintensiv Baumwollanbau in Arizona und Uganda im Vergleich ist.*

Landwirtschaft ersetzt vorhandene biologische Verhältnisse durch neue biologische Verhältnisse. Wenn die angepflanzten Kulturfrüchte Wasser aufnehmen, Nährstoffe aus dem Boden ziehen, den Kohlendioxydhaushalt beeinflussen und anderes, dann kann man nicht einfach Wasser, Nährstoff, Kohlendioxyd und anderes zusammenzählen, um die Materialintensität zu bekommen. Denn bevor der Mensch eine Kulturlandschaft angelegt hat, war an der gleichen Stelle eine Naturlandschaft, und auch die hat den Wasserhaushalt beeinflußt und Nährstoffe und Kohlendioxyd in Bewegung gesetzt.

Eine Stoffstrombilanz landwirtschaftlicher Tätigkeit muß also Ähnlichkeiten mit der Bilanz eines Unternehmens haben: Da werden zwar Rohstoffe von außen eingekauft und Produkte nach außen verkauft, doch es gibt auch Kapital im weitesten Sinne, das innerhalb des Betriebes bleibt und sich dort verändert: Maschinen, Gebäude und andere Infrastrukturen werden abgenutzt, und diese Abnutzung muß korrekterweise bilanziert werden. Auch Natur »nutzt sich« in ähnlichem Sinne durch Landwirtschaft »ab«: Der

---

* *Christiane Richard-Elsner: Material inputs and land use in agriculture; sowie dieselbe: Material inputs in cotton agriculture; beide in: Fresenius Environmental Bulletin 1993.*

Boden verändert z. B. seine Qualität, und der Wasserhaushalt der Region kann beeinflußt werden. Die Schwierigkeit besteht darin, die Ausgangsdaten für diese Bilanz zu bekommen, also die Stoffstromverhältnisse der ungestörten Natur oder zumindest der Vorläuferlandschaft einer landwirtschaftlich genutzten Fläche. Glück hat, wer, wie Christiane Richard-Elsner, eine benachbarte Landschaft als Vergleichsfläche heranziehen kann.

Baumwolle ist eines der wichtigsten landwirtschaftlichen Exportgüter auf der Erde. 21 Millionen Tonnen werden jedes Jahr produziert. Dabei, so das Ergebnis der Untersuchung, bewegt der Mensch, um ein einziges Kilo Baumwollfasern zu gewinnen, zwischen 6.000 und 10.000 Kilo natürlicher »Umwelt« und greift damit tief in natürliche Stoffkreisläufe ein.

Die Unterschiede zwischen den Anbauregionen sind groß. In Arizona wird viel bewässert und gedüngt, und es werden Maschinen zur Ernte eingesetzt. In Uganda arbeiten ganze Familien in Handarbeit und können, dank des regenreichen Klimas, auf Bewässerung so gut wie verzichten. Pestizide werden in beiden Regionen verwendet.

Obwohl also alles nach einem Umweltvorteil für Uganda aussieht, sagt die Untersuchung das Gegenteil: Mehr als 10.000 Kilo »Umwelt« werden in dem afrikanischen Land bewegt, um ein Kilo Baumwollfasern zu produzieren; in Arizona sind es »nur« etwas mehr als 6.000 Kilo. Die Rohstoffproduktivität läßt also in beiden Regionen stark zu wünschen übrig.

Beim Baumwollanbau ist vor allem die Wasserproduktivität niedrig. Fast 100 Prozent der Stoffströme sind Wasser – sowohl in Arizona als auch in Uganda. Rund 10.000 Kilo Wasser werden in dem afrikanischen Land bewegt, um ein Kilo Baumwollfasern zu produzieren; in Arizona sind es »nur« etwas mehr als 6.000 Kilo. Alle anderen Ströme verschwinden daneben fast; in den USA summieren sie sich zu 5 Kilo, in Uganda zu gut 54 Kilo.

Die niedrige Wasserproduktivität ist ökologisch in beiden Regionen fatal: Der Baumwollanbau in Arizona findet in einer Halbwüste statt, die bewässert werden muß. In Uganda wird zwar natürlicher Regenfall genutzt, doch die Baumwollpflanzen nehmen wesentlich mehr Wasser auf als die natürliche Vegetation, und zwischen ihnen schwemmt der Regen den Boden in großen Mengen davon. 44 Kilo Erde pro Kilo geernteter Baumwolle gehen verloren. Selbstverständlich darf man den natürlichen Regenfall nicht dem Baumwollanbau aufs Konto schreiben; schließlich regnet es ja auch in ungestörter Landschaft.

Die Kohlendioxydbilanz ist ein Beispiel für einen Vorher-Nachher-Vergleich. In der Halbwüste Arizonas binden die Baumwollfelder mehr Kohlendioxyd als die natürliche Vegetation. In Uganda mit seiner reichhaltigen tropischen Vegetation ist es umgekehrt; hier sind die Baumwollfelder biologisch weniger aktiv als die Umgebung.

Der rein menschengemachte Anteil der Stoffströme ist in diesem Fall vergleichsweise einfach ermittelt. Es wurde der pro Saison verbrauchte Treibstoff ermittelt, und das Gewicht der Erntemaschinen wurde auf die Zahl der Ernteperioden umgelegt, die die Maschinen eingesetzt werden. So kommen in Arizona ein Kilo und in Uganda ein Zehntelkilo Stoffströme pro Kilo Baumwolle zusammen.

In dieser Rechnung fehlt, daß auch Stahl, Gummi, Erdöl und anderes, aus dem die Maschinen bestehen und mit dem sie arbeiten, mit hohem Umweltverbrauch produziert werden mußten. Diese »ökologischen Rucksäcke« industrieller Rohstoffe sind bisher erst teilweise bekannt.

9
Das internationale Gesicht des ökologischen Strukturwandels

Können wir uns darauf verlassen, daß eine Lösung von genug Menschen schnell genug zustande gebracht wird, um die moderne Welt zu retten? Diese Frage wird oft gestellt, doch wie immer auch die Antwort ausfällt, sie wird irreführend sein. die Antwort »Ja« würde zur Selbstgefälligkeit führen, die Antwort »Nein« zur Verzweiflung. Es ist wünschenswert, diese Verirrungen hinter sich zu lassen und sich an die Arbeit zu machen.

E. F. Schumacher

Ökologischer Strukturwandel ist international, oder er ist nicht

Sollte die westliche Art der Dienstleistungsbefriedigung von 20 Prozent der Menschheit auf 100 Prozent ausgedehnt werden, sollte also der gegenwärtige Traum der ganzen Menschheit in Erfüllung gehen, dann würde der von den industrialisierten Staaten in die Wege geleitete Veränderungstrend der Ökosphäre um mindestens den Faktor fünf beschleunigt werden. Die Folgen müssen sich nicht unbedingt linear verstärken, sie werden es wahrscheinlich sogar in viel größerem Maße tun und damit die Zeit ganz wesentlich verringern, die uns noch zur Verwirklichung einer zukunftsfähigen Entwicklung verbleibt.

Im Jahre 1992 trafen sich Tausende von Entscheidungsträgern aus aller Welt zu einer Konferenz der Vereinten Nationen in Rio de Janeiro, dem »Erdgipfel«. Die Industriestaaten sprachen von der Konferenz für »Umwelt und Entwicklung«, Vertreter von südlichen Ländern sprachen von – oder dachten zumindest lieber an – »Entwicklung und Umwelt«. Das Wortspiel steht für völlig gegensätzliche Prioritäten und für eine gedankliche Zweiteilung der Welt, die zwar in der kulturellen und wirtschaftlichen Vielfalt der Völker dieser Erde nicht die mindeste Entsprechung hat, dennoch aber in der Zukunft noch sehr ernsthafte Konsequenzen zeitigen könnte.

Der Begriff »Entwicklungsland« entstammt übrigens der Antrittsrede von Harry Truman als amerikanischer Präsident, der damit eher auf wirtschaftliche Bedürfnisse vieler Länder unmittelbar nach dem Zweiten Weltkrieg hinweisen wollte, dennoch aber eine merkwürdige und allzu simple Zweiteilung der Welt erfand. Es gibt, und hat es immer gegeben, unter den »Entwicklungsländern« Nationen, die reicher sind als einige der OECD oder NATO-Mitgliedsstaaten.

Viele »Entwicklungsländer« sind zu keinerlei wirtschaftlichen Zugeständnissen zugunsten der Umwelt bereit, solange sie den Verdacht haben müssen, daß die nördlichen Länder nur von einer Öko-Wende reden und ein Eingehen auf vertragliche Vereinbarungen nur zu einer Zementierung gegenwärtiger wirtschaftlicher Ungleichheiten beitragen würde. Sie beanspruchen ihren Anteil an den Ressourcen dieser Erde, und die Radikalsten unter ihren Sprechern tun es ausdrücklich auch auf Kosten der Umwelt.

Im Oktober 1992 drohte der Wirtschaftsminister von Malaysia vor der Weltöffentlichkeit damit, sein Land könne sich gezwungen sehen, seine Regenwälder niederzubrennen, falls die Industriestaaten mit einem Importstop das Tropenholz zur unverkäuflichen Ware machen sollten. Dann, so der Minister, müsse man auf diesen Flächen eben Landwirtschaft betreiben. Unabhängig davon, ob dies mehr war als eine Drohgebärde, und unabhängig davon, ob dem Minister klar ist, daß solch ein Handeln selbstmörderisch für sein Land wäre, macht dieses krasse Beispiel deutlich: Die Menschheit steht vor einem unbarmherzigen Kampf um die Ressourcen dieser Erde. Die Kurve des Bevölkerungswachstums zeigt gerade in den armen Ländern der Dritten Welt nach wie vor steil nach oben. Will man diesen Ländern zubilligen, sich aus der Armut heraus zu entwickeln, so bedeutet dies, daß sie so lange einen Anstieg der Material- und Energieintensität ihres Lebens brauchen, bis wir willens und in der Lage sind, ihnen dematerialisierte Technologien zu geben.

Zu geben? Also zu schenken? Wohl nicht ganz. Aber die Planung und Entwicklung von Prozessen, Anlagen und Gütern mit radikal verbesserter Ressourcenproduktivität ist zuallererst unsere Aufgabe in der westlichen Welt, schon deshalb, weil die anderen Länder gar nicht die Kapazität zu solcherart Entwicklungen haben. Wir sollten die Aufgaben mit Experten dieser Länder gemeinsam anpacken und größere Anlagen, wie etwa neuartige Energieversorgungs- und Transportsysteme, von Anfang an in diesen Ländern aufbauen. Davon können wir nicht nur selbst lernen, wir erarbeiten auch Technologien und Exportchancen für die Weltmärkte von morgen. Und was das liebe Geld angeht, so geben wir jedes Jahr viele Milliarden Mark für »Wirtschaftshilfe« aus. In vielen Fällen sind dies *de facto* Exportkredite für unsere un-ökologische Fossiltechnologie, die kräftig mit zur weiteren rasanten Verschlechterung der ökologischen Situation beiträgt. Da ließe sich schon etwas ändern, oder?

Durch Überzeugungskraft, Verzicht, Entwicklung überzeugender Technologien und geändertes Konsumverhalten in den industrialisierten Ländern selbst wird es gelingen, den »Süden« dazu zu bewegen, das ökologisch Richtige anzustreben. Fast 200 Jahre lang haben die OECD und insbesondere die sieben Länder des Weltwirtschaftsgipfels immer größere Energie- und Stoffströme in Bewegung gesetzt und damit ihre Wirtschaft zur gegenwärtigen Stärke geführt. Ihr Erfolg ist weltweit zum Vorbild aller Entwicklung geworden. Für die Menschen in der »Dritten Welt« ist deshalb, neben einem vollen Magen und guter Gesundheitsversorgung, ein eigenes Auto noch auf lange Sicht das Ziel schlechthin.

Es gibt keine nationale Ökosphäre.

Die Konferenz in Rio hat deutlich gemacht, wie schwierig auch kleine Schritte in Zeiten wirtschaftlicher Stagnation in großen Industrieländern sind. Wenn eine internationale Umverteilung der Ressourcen auf friedlichem Wege vor sich gehen soll, so sind aber viel drastischere Schritte nötig, als sie in Rio vereinbart wurden. Diese Schritte müssen international abgestimmt und kontrolliert werden – es ist eine internationale Wirtschafts- und Technologiepolitik nötig, die erstmals diesen Namen verdient, es ist internationale Ökopolitik nötig. Ohne diese internationale Absprache wird eine Umgestaltung der Wirtschaft auf große Schwierigkeiten mit den weltweiten Waren- und Dienstleistungsströmen stoßen, wenn sie überhaupt möglich sein wird. Die heute vorhandenen internationalen Organisationen sind nicht in der Lage, diese großen Veränderungen erfolgreich zu begleiten. Neue, zum Teil regionale Institutionen müssen geschaffen werden, die wirtschaftliche und ökologische Fragestellungen und Problemlösungen zusammenführen können, ohne die bisher üblichen destruktiven Schönheitswettbewerbe zwischen Ökonomie und Ökologie. Selbst bei der OECD in Paris findet die Symbiose zwischen beiden nur in müden Worten statt. Man sehe sich hierzu nur einmal den neuesten OECD-Bericht zur ökologischen Lage Deutschlands an[1]. Zur Produktivität der Organisationen würde auch beitragen, wenn zukünftig neue internationale Sekretariate nur auf Zeit eingerichtet würden. Etwa alle zehn Jahre müßten sie sich automatisch auflösen, es sei denn, eine überwältigende Mehrheit der Mitgliedsländer stimmte ausdrücklich für die Verlängerung.

Die Entwicklungsländer geben für militärische Belange jedes Jahr ein Mehrfaches der gesamten westlichen Wirtschaftshilfe aus. Die fünf ständigen Mitglieder des Sicherheitsrates der Vereinten Nationen, also USA, China, Rußland, Frankreich und Großbritannien, gehören zu den größten Waffenexporteuren der Welt. Auch Deutschland gehört zum Kreis der Größen in diesem Bereich. Man braucht wohl kein Experte zu sein, um zu sehen, wie sich der Gebrauch dieser Technologie auf Mensch und Umwelt auswirkt. Das Fernsehen zeigt es jeden Tag. Eine glaubhafte Wende hin zur internationalen ökologischen Politik wird auch diese Aspekte berücksichtigen müssen. Es mag aus realpolitischer Sicht heute naiv scheinen, solche Überlegungen anzustellen. Aber wenn die heute noch flagranten Widersprüche zwischen den traditionellen wirtschafts- und militärpolitischen Zielen auf der einen Seite und den Bedingungen zur Erhaltung der globalen ökologischen Stabilität auf der anderen Seite nicht in überzeugender Weise überwunden werden können, dann wird der Verlust an politischer Glaubwürdigkeit immer weiter zunehmen. Man wird sich wohl auch ernsthaft mit diesen Zusammenhängen auseinandersetzen müssen.

GATT – Das falsche Signal

Der Welthandel hat einen bedeutenden Beitrag zur Verbreitung fortschrittlicher Technik geleistet, auch umweltschonender Technik. Der US-Konzern General Electric beispielsweise produziert in Ungarn energiesparende Lampen, und er tut damit genau das, was die Länder des ehemaligen Ostblocks brauchen: Er liefert modernste Technik der Energienutzung dorthin, wo viel Energie mit spärlichem Nutzen verpufft. Der freie Welthandel hat vielen Ländern überhaupt erst die Möglichkeit verschafft, solche Technik zu erwerben. Nach einer Untersuchung des Worldwatch-Institutes haben Japan, die USA und Europa 1990 schon »Umwelttechniken« im Wert von 20 Milliarden Dollar exportiert[2]. Dies müssen wir vorausschicken, wenn wir uns nun mit den gegenwärtigen Trends des Welthandels, mit GATT und mit der Rolle der Ökologie dabei befassen.

Weltweit sind 1991 nach der eben zitierten Untersuchung des Worldwatch-Institutes Rohstoffe und Güter im Wert von 3,5 Billionen Dollar, also 3.500 Milliarden Dollar, exportiert worden. Jedes Produkt hat bis zu dem Zeitpunkt, an dem die Grenze des Importlandes überquert wurde, bereits einen »ökologischen Rucksack« geschultert, d. h, es hat während der Lebensphase »von der Wiege bis zur Grenze« bereits die globale Umwelt mehr oder weniger belastet und wird selbstverständlich die Umwelt während der Gebrauchsphase und bei der Entsorgung weiter belasten. Das gilt unabhängig davon, ob es sich um einen Rohstoff, ein Zwischen- oder ein Fertigprodukt handelt. Die Umweltbelastung jeder Phase des Lebenszyklus eines Produktes zu ermitteln und zu minimieren, muß also auf jeden Fall eine internationale Aufgabe sein, und das Ergebnis dieser Ermittlung muß sich in weltweiten Absprachen niederschlagen, auch im GATT, dem »Global Agreement on Tariffs and Trades« (Weltweites Zoll- und Handelsabkommen). Eine hohe Umweltqualität von Gütern und Dienstleistungen muß international organisiert und harmonisiert werden. Solange der freie Welthandel mit Produkten gefördert wird, die die Umwelt stark belasten, ist es so gut wie unmöglich, eine nachhaltige ökonomische Entwicklung zu erreichen, denn ökologisch weniger »teure« Güter werden eine weniger gute Handelschance haben.

Sehr viele Produkte und Dienstleistungen werden in erheblichen Mengen oder sogar ausschließlich über den internationalen Markt gehandelt. Der internationale Handel kann deshalb direkt zur internationalen Umweltverschmutzung beitragen. Wenn Gefahren nicht auf einer international harmonisierten Basis begegnet wird, dann kann das einerseits zu ungerechten Handelsvorteilen in »Billigumwelt«-Ländern führen, also zu Umwelt-Dumping, und andererseits zu nicht tarifgemäßen Handelsbarrieren.

Es wäre aber für die Restabilisierung der Ökosphäre wenig hilfreich, wenn der Ruf nach internationaler Harmonisierung mißdeutet würde als eine Einladung zur Einigung auf dem niedrigsten gemeinsamen Level des Umweltschutzes. Wir sind der festen Überzeugung, daß es niemals eine zukunftsfähige ökonomische Entwicklung geben wird, wenn nicht die Umweltbelastung von allem, was auf dem Markt gehandelt wird, signifikant verringert wird. Schließlich wird das Konzept des freien Handels ja auch nicht auf Munition, Medikamente und Drogen angewendet. Produkte mit hoher Umweltbelastungsintensität gehören nicht weniger zu dieser Kategorie von Handelsgütern. Mit hoher Wahrscheinlichkeit wird »Umwelt-Dumping« in der Zukunft genausowenig mehr akzeptiert werden wie andere Formen des Dumping heute.

High-MIPS-Produkte, also solche mit niedriger Ressourcenproduktivität, gehören aus ökologischen Gründen in dieselbe Klasse wie Munition und Drogen aus gesundheitlichen Gründen. Ihr Handel sollte deshalb nicht frei sein.

Vielfach gilt nach wie vor das Credo, daß Wirtschaft um so besser, rationeller und gerechter ist, je internationaler sie ist. Doch ist das wirklich so? Es scheint viel dafür zu sprechen, daß eine gedankenlose Internationalisierung der Wirtschaft unökologisch ist und deshalb rückläufig sein könnte, wenn das Ziel der Dematerialisierung ernst genommen wird. Ein Grund dafür ist der hohe ökologische Aufwand für den betriebswirtschaftlich billigen Transport, der sich in den letzten Jahrzehnten zur absoluten Selbstverständlichkeit entwickelt hat. Wer weiß z. B. schon, daß viele der Schnittblumen bei Tante Emma an der Ecke mit dem Flugzeug aus Brasilien kommen? Die Preise für Transport sind dermaßen niedrig, daß selbst Güter von ökonomisch marginaler Bedeutung über den halben Erdball transportiert werden, bis daraus ein Endprodukt wird.

Dies kann nicht das letzte Wort sein, wenn man in die Kalkulation die Material-, Energie- und Flächenintensität mit einbezieht. Aus ökologischen Gründen wird eine gewisse Regionalisierung und Lokalisierung unausweichlich sein. Exportgüter werden dann nicht mehr so häufig Produkte sein, sondern Kapital, Wissen und Information.

Im internationalen Handel wird bisher nirgends die Ressourcenintensität von Produkten und Maschinen von der Wiege bis zur Bahre, von der Gewinnung der Rohstoffe bis zur Entsorgung, untersucht. Oft werden Basismaterialien aus aller Welt zusammengetragen, kommen über die Transportketten und Teilproduktionsschritte irgendwo zur Endproduktion, werden danach wieder über die ganze Welt verteilt als Endprodukte, und hinterher möglicherweise wieder als Abfall exportiert. Ausfuhr von Wertstoffen wird das dann manchmal genannt, weil es ja nicht fein ist, Abfall zu exportieren, in manchen Fällen sogar strikt illegal.

Wir haben weltweite Netze ausgelegt, wiederum weil der Anteil der Ressourcenintensität oder -produktivität am wirklichen Marktpreis relativ unbedeutend ist und deshalb heute eine Produktionsstraße für Autos von Süditalien nach Detroit eine Selbstverständlichkeit ist. Bei einer besonderen Art von Cadillacs reicht in der Tat die Produktionsstraße, die früher bei Herrn Ford ungefähr 150 Meter lang war, über 6.000 Kilometer. Ähnliches gilt für den Airbus. Es spielt offenbar für den Preis keine nennenswerte Rolle, daß die Maschine permanent in der Gegend herumgeflogen wird, bevor sie selbst fliegen gelernt hat.

Der Handel hat seit dem Zweiten Weltkrieg eine ungeheuer intensive Internationalisierungsphase erlebt, die dazu geführt hat, daß es heute praktisch gleichgültig ist, ob beispielsweise ein Auto in Südafrika oder in Japan oder am Nordpol gebaut wird. Es ist auf dem Markt konkurrenzfähig, unabhängig vom Transport. Das ist ökologischer Unsinn.

Wenn aber künftig die Materialintensität insgesamt bewertet wird, einschließlich der Verpackungs- und Transportintensität des angebotenen Produktes auf dem Markt, dann werden wir feststellen, daß Verpackungs- und Transportintensität in vielen Fällen einen erheblichen Anteil der Gesamt-Materialintensität ausmachen. Wenn das aber richtig ist, dann heißt das: Es wird in Zukunft ökologisch sinnvoller sein, etwa für ein Auto Design, Entwicklung, Forschung, Marketing und Finanzierung, alle weniger materialintensiven Arbeiten also, in einer Zentrale zusammenzufassen, während die Produktion – und dann auch das Re-Manufacturing und Recycling – dezentralisiert und verbrauchernäher stattfindet. Die gegenwärtigen Marktsignale aber propagieren auf dem Weltmarkt den Handel mit ökologisch problematischen Produkten. GATT fördert den freien Warenverkehr mit Gütern, deren Herstellung und Gebrauch den Bestand der Ökosphäre bedrohen. Das gilt für Blumen aus Südamerika ebenso wie für Autos, Kühlschränke und Wegwerfbesteck.

Die Regelungen des GATT erlauben es einem einzelnen Vertragsstaat zwar, den Import von Gütern zu unterbinden oder mit hohen Belastungen zu belegen, wenn diese Güter in diesem Land als für die Gesundheit oder die Umwelt gefährlich eingestuft sind. Voraussetzung ist nur, daß für Produzenten im Inland die gleichen Beschränkungen gelten. GATT verhindert aber bisher, ein mit hohem Material- und Energieaufwand produziertes Produkt den Umweltkosten entsprechend mit Zöllen zu belegen. Gemäß GATT ist es gleichgültig, ob Früchte im ökologisch optimierten Anbau produziert wurden oder in Großplantagen mit beträchtlichem Einsatz an Wasser, Pestiziden, Fungiziden und Düngemitteln sowie ruinöser Bodenerosion. Für GATT existieren ökologische Rucksäcke nicht.

Ökotechnologien für die Wirtschaftshilfe

Versuchen wir uns einmal vorzustellen, wie die zukünftige technische Ausstattung der Entwicklungsländer aussehen wird. Einige von ihnen – in ihnen leben insgesamt rund 2,5 Milliarden Menschen, also etwa 40 Prozent der heutigen Menschheit, und ihre Wirtschaften wachsen mit Raten zwischen drei und bis zu zehn Prozent pro Jahr – haben zur Zeit als einzige Zielvorstellung den

Bau und den Besitz genau der Dinosauriertechnik im Auge, die aus Gründen der Energie, Material- und Flächenintensität so schnell wie möglich der Vergangenheit angehören sollte, nämlich unserer westlichen Technik. Das gleiche trifft auf die früheren Ostblockstaaten zu, einschließlich der fünf neuen Länder der Bundesrepublik, allerdings mit Ausnahme der Wachstumsraten. Sie alle bauen also in riesigem Umfang, mit unserer finanziellen Unterstützung und technischen Hilfe, exakt die Infrastrukturen, Produktionsanlagen und Konsumstrukturen auf (mit der Folge entsprechender Abfallproduktionen), die die Restabilisierung der Ökosphäre ernsthaft in Frage stellen. Sie haben auch gar keine andere Wahl, weil sie es sich aus ihrer sozialen Verantwortung heraus, aus Zeit- und Kapazitätsgründen nicht leisten zu können glauben, ihren Aufbau zugunsten einer noch nicht existierenden zukunftsorientierten Technologie zu verzögern. Allein die OECD-Länder haben die Möglichkeit, den weltweiten technologischen Wandel einzuleiten. Dies gilt im Hinblick auf die »Entwicklungsländer« in besonderem Maße für langlebige Investitionsgüter im Verkehrs- und Transportbereich, für Gebäude, für die dezentralisierte Energieversorgung sowie für extrem wassersparende Technologien in allen Branchen und Wirtschaftsbereichen.

Es böte sich an, solche Technologien im Rahmen von Hilfsprogrammen von Anfang an in enger Zusammenarbeit mit Experten der Empfängerländer zu planen und Demonstrationsprojekte in diesen Ländern zur Reife zu bringen. Hierdurch würden nicht nur technische Anlagen, sondern auch Kenntnisse exportiert; es entstünde ein gewisses technologisches »leapfrogging«, was dazu beitragen könnte, daß solche Entwicklungen in diesen Ländern auf breitere Zustimmung und Unterstützung stoßen würden und dennoch die späteren handelspolitischen Vorteile bei den unterstützenden Ländern bleiben könnten.

Wirtschaftshilfeprogramme haben wohl letzten Endes nur dann Aussicht auf langfristigen Erfolg, wenn alle Partner profitieren können. Es wäre an der Zeit, den westlichen Profit in der Verzögerung oder gar Verhinderung der nächsten ökologischen Katastrophe zu suchen – und, wie wir gesehen haben, auch in verbesserten

Absatzchancen für Ökotechnologie der Zukunft auf dem Weltmarkt. Der unökologische wirtschaftliche Aufschwung der Dritten Welt verkürzt die noch verbliebene Zeit zur Vermeidung schmerzhafter Reaktionen der Ökosphäre entscheidend. Eine solche Entwicklung vermindert dort ganz selbstverständlich auch den Erfolg jeder Maßnahme im Westen um ein Vielfaches.

Wenn China während der nächsten fünf bis sechs Jahre das gegenwärtige Wirtschaftswachstum beibehält, dann können sich etwa zehn Prozent aller Familien dort ein Auto leisten. Das wären mehr als 40 Millionen Autos. So viele fahren heute etwa in Deutschland oder auch in ganz Afrika. Autos brauchen Straßen, Tankstellen und Parkplätze. Man darf sicher sein, daß die großen Automobilhersteller das auch schon erkannt haben. Und wir reden uns hier immer noch die Köpfe heiß über Geschwindigkeitsbeschränkungen für fünfsitzige Autos, in denen zumeist nur Einer sitzt. Der amerikanische Kongreß lehnte kürzlich eine Benzinsteuer von etwa zwei Pfennigen pro Liter ab.

Die ökologischen Aussichten sind zur Zeit noch recht trübe. Es fehlt an Einsicht.

Anmerkungen, Kapitel 9

1 OECD: Environmental Performance Reviews, Germany 1993.
2 Süddeutsche Zeitung, 29.3.93.

Anhang

Es gibt eine Vielzahl von Verfahren, mit denen die Umweltverträglichkeit von Produkten, Anlagen oder menschlichen Tätigkeiten unterschiedlicher Art überprüft werden. Im Kapitel »Umweltpolitik heute« haben wir darüber geschrieben. Hier haben wir zu einigen wichtigen der genannten Verfahren Einzelheiten zusammengestellt.

Ökobilanzen

Der Begriff »Ökobilanz« hat ohne Zweifel unter all den verwandten Begriffen die weiteste Verbreitung gefunden. Im Umweltbundesamt in Berlin hat sich eine eigene Arbeitsgruppe mit diesem Thema befaßt[1], und in die Koalitionsvereinbarung für die 12. Legislaturperiode des Deutschen Bundestages wurde »die Aufstellung von Ökobilanzen durch die Bundesregierung für die Bewertung von Produkten und Stoffen« als Absicht aufgenommen. Das Wort wird inzwischen häufig als Oberbegriff für all das verwendet, was an Strategien zur Bilanzierung und Bewertung von Umwelteinflüssen menschlichen Tuns entwickelt wurde und wird.

Geboren wurde die Idee der Ökobilanz aus der Erkenntnis, daß erhebliche Fehler in der ökologischen Beurteilung von Prozessen, Gütern und Dienstleistungen auftreten können, wenn nicht sorgfältig alle Lebensbereiche von Wirtschaftsleistungen analysiert werden: Rohstoffbeschaffung, Herstellung, Gebrauch, Recycling und Entsorgung.

Auch für die Auslegung neuer Prozesse und Produkte ist es von entscheidender Bedeutung, soweit wie möglich ökologische Kriterien zu berücksichtigen, um das Spektrum der vermarkteten Produkte langfristig ökologisch zu optimieren. Dazu muß aber schon bei der Planung eines Produktes oder einer Dienstleistung bekannt sein, welche der betrachteten Alternativen einmal welche Auswirkungen auf die Umwelt haben kann.

Die erwähnte Arbeitsgruppe des Umweltbundesamts schlägt folgende Definition des Begriffs vor:

> *Die Ökobilanz ist ein möglichst umfassender Vergleich der Umweltauswirkungen zweier oder mehrerer unterschiedlicher Produkte, Produktgruppen, Systeme, Verfahren oder Verhaltensweisen. Sie dient der Offenlegung von Schwachstellen, der Verbesserung der Umwelteigenschaften der Produkte, der Entscheidungsfindung in der Beschaffung und im Einkauf, der Förderung umweltfreundlicher Produkte und Verfahren, dem Vergleich alternativer Verhaltensweisen und der Begründung von Handlungsempfehlungen. Je nach der zugrundeliegenden Fragestellung wird dieser Vergleich um weitere Aspekte ergänzt, z. B. eine Beurteilung der Umweltschutzeffizienz finanzieller Mittel.*

Aufgabe einer Ökobilanz ist nach dieser Definition also nicht eine – wie auch immer verstandene – »absolute« Bewertung eines Produktes oder einer Dienstleistung, sondern sie soll die Voraussetzungen für Vergleich und Optimierung schaffen. Im Idealfall liefert sie umfassende Informationen über den gesamten Lebensweg eines Produktes von der Ressourcennutzung über die Herstellung bis zu Einkauf, Nutzung, Transport und schließlich der Beseitigung nach dem Gebrauch. Beim Einkaufen beispielsweise könnte sie Entscheidungshilfen liefern und dazu beitragen, eine Bresche durch die Vielzahl der Angebote und den Dschungel der Werbeversprechungen zu bahnen.

So der Idealfall. In der Praxis sieht es allerdings anders aus. Selbst das mit Verdikten sonst sehr zurückhaltende Umweltbundesamt beklagt ein »babylonisches Sprachgewirr« auf diesem Sektor und fühlt sich bei genauerer Betrachtung der bisher verfügbaren Ökobilanzen an »Gründerzeitmentalitäten« erinnert. Da werden beispielsweise Daten miteinander verglichen, die zu unterschiedlichen Zeiten oder in unterschiedlichen Gegenden erhoben wurden; da werden Daten, die in einem Betrieb gewonnen wurden, unzulässig verallgemeinert und auf andere Betriebe übertragen; da werden Produkte und Dienstleistungen miteinander verglichen, die so gar nicht vergleichbar sind; und da berücksichtigt die eine Studie, wie viele rezyklierte Rohstoffe eingesetzt werden und wie gut sich das Produkt selbst wiederverwenden läßt, während die andere Studie diesen Punkt einfach übergeht. Entscheidungshilfe? Die Arbeitsgruppe des Umweltbundesamtes resümiert unmißverständlich: »Aus diesen Gründen sind Ökobilanzen bisher untereinander nicht vergleichbar.«

Schaut man sich an, auf welchen Gebieten bisher Ökobilanzen erstellt wurden, dann drängt sich der Verdacht auf, daß dieses prinzipiell so wichtige Instrument dazu verwendet wird, den bekannten Kampf gegen den »Schadstoff der Woche« auf einem höheren Niveau fortzusetzen. Schlimmer noch: in dem Maße, in dem »Öko-Argumente« in der Werbung Zugkraft entwickeln, wird die Ökobilanz zum überzeugungsmächtigen Jonglieren mit nicht nachvollziehbaren Zahlen degradiert. Kernkraftwerke werden urplötzlich zu ökologischen Musteranlagen, weil das Beurteilungskriterium »CO_2-Emission« so sehr in den Vordergrund geschoben wird, daß alle anderen unwichtig erscheinen.

Das Institut für ökologische Wirtschaftsforschung (IÖW) in Heidelberg hat 1990/91 in einer Untersuchung für die Europäische Gemeinschaft 112 Veröffentlichungen mit Ökobilanzen von 132 Produkten, hauptsächlich aus Deutschland und der Schweiz, geprüft[2]. Die meisten dieser Ökobilanzen kamen, sofern sie Produkte verglichen, zu dem Ergebnis, daß eines der untersuchten Produkte die Umwelt am wenigsten schädigte; dies war das Produkt des Auftraggebers der Bilanz. Das Themenspektrum war höchst willkürlich und nur erklärbar, wenn man es mit dem Spektrum aktueller Streitthemen der Umweltdebatte vergleicht:

Verpackungen	44,7%	oder	59	Bilanzen
Chemikalien	9,1%	oder	12	Bilanzen
Baustoffe	8,3%	oder	11	Bilanzen
Windeln	7,6%	oder	10	Bilanzen
Abfall und Recycling	3,8%	oder	5	Bilanzen
Geschirr	3,0%	oder	4	Bilanzen
Sonstiges	23,5%	oder	31	Bilanzen
	100,0%	oder	132	Bilanzen

Erinnern wir uns: Ökobilanzen, so hatten wir gesagt, sollen schon vor der Herstellung oder dem Kauf eines Produktes Entscheidungshilfen geben. Einem Werkzeug, das dies tun soll, kann nichts Schlimmeres passieren, als daß es wegen methodischer Uneinheitlichkeiten angreifbar wird. Daß Studien über Verpackungen einen so großen Anteil an den bisher erstellten Ökobilanzen haben, hat selbstverständlich damit zu tun, daß jede Studie bei einer der beteiligten Parteien auf Widerspruch stößt, worauf diese Partei eine Studie mit veränderter Fragestellung oder veränderten Ausgangsdaten in Auftrag gibt. Wir wollen damit keineswegs irgendeine dieser Studien abqualifizieren; Studien und Gegenstudien mit unterschiedlichen Ergebnissen sind allein deshalb möglich, weil nicht normiert ist, was eine Ökobilanz ist und welche Faktoren eine Ökobilanz zu berücksichtigen hat. So können alle Parteien mit teils guten Gründen darauf hinweisen, daß wesentliche Beurteilungskriterien in eine Studie nicht eingeflossen sind, oder daß ein Punkt unangemessen gewichtet wurde.

Aus diesem Dilemma führen vier Wege heraus:

Erstens: Wir wenden uns achselzuckend ab, weil wir immer schon gewußt haben, daß Wissenschaftler die Studien liefern, die die Geldgeber wünschen.

Zweitens: Wir erfinden ein neues Verfahren der Ökobilanzierung, das absolut objektiv ist – zumindest in dem Fall, in dem wir es anwenden, und zumindest so lange, bis die erste Gegenstudie auftaucht. Dann findet sich jemand anders, der ein neues Verfahren erfindet ...

Drittens: Wir machen zumindest den Versuch, das Verfahren zu standardisieren, in der Hoffnung, die Beliebigkeit auf ein Minimum zu reduzieren. Wenn sich die Beliebigkeit schon nicht ausschalten läßt, sollte wenigstens erkennbar sein, an welcher Stelle der Bilanz subjektive Kriterien einfließen.

Und *Viertens:* Wir orientieren uns beim Aufstellen der Ökobilanz an einem Maßstab, der sich auf nachprüfbare Zahlen stützt, mit dem wir die wesentlichen Umweltschadenspotentiale menschlichen Handelns bewerten können und der überall auf dieser Erde mit vertretbarem Zeit- und Kostenaufwand nachvollzogen und angewendet werden kann. Solch ein Maßstab kann nur eine Grobabschätzung liefern. Doch mehr ist im wirtschaftlichen Alltag ohnehin meist nicht möglich, und mehr ist auch für eine *erste* Beurteilung eines Produktes, eines Prozesses oder einer Dienstleistung nicht nötig, wenn der Maßstab so ausgewählt ist, daß er stets zuverlässig in die richtige Richtung weist.

Falls es sich nach diesem ersten »Screening« der Umweltbelastungsintensität herausstellen sollte, daß mehr detaillierte Informationen zur Entscheidungsfindung benötigt werden, so kann die Analyse selbstverständlich, bei entsprechendem Mehraufwand, ausgeweitet werden. Unseren Vorschlag für solch einen Maßstab haben wir vorgestellt: Er heißt MIPS.

Hier wollen wir jedoch bei den Ökobilanzen verbleiben, wie sie bis heute diskutiert und aufgestellt werden. Der dritte Weg könnte nach den Vorschlägen der Arbeitsgruppe des Umweltbundesamtes in vier Schritten zu einem »Standardmodell einer Ökobilanz für Produkte« führen, also zu der bisher vermißten Standardisierung:

1. Schritt: Definieren des Bilanzierungsziels

In diesem Schritt soll möglichst deutlich formuliert werden, welche Erkenntnisse von der Ökobilanz erwartet werden und welche nicht. Erst wenn klar formuliert ist, mit welchem Ziel die Bilanz überhaupt aufgestellt wird, welche Produkte untersucht, welche

Aspekte außer acht gelassen werden, und wie der Untersuchungsraum räumlich und zeitlich eingegrenzt wird, ist ihr Ergebnis von Außenstehenden nachvollziehbar.

Wenn Produkte verglichen werden, sollte in diesem Teil der Bilanz das definiert werden, was die Autoren aus dem Umweltbundesamt eine »funktionelle Äquivalenz« nennen. Damit ist gemeint, daß Produkte nur auf der Basis ihres Nutzens sinnvoll verglichen werden können; in den Verhandlungen über ein globales Zoll- und Handelsabkommen (GATT) wird der Begriff »like products«, zu deutsch etwa »ähnliche« oder »vergleichbare« Produkte, verwendet. In diesem Buch sagen wir: Produkte können nur verglichen werden auf der Basis der Dienstleistung, die sie bieten.

2. Schritt: Die Sachbilanz

Die Sachbilanz stellt die Datenbasis auf, die als Fundament für die weitere Arbeit dient. Hier sollte es möglich sein, ohne subjektive Bewertungen auszukommen. Die Sachbilanz besteht aus vier Bausteinen.

Erster Baustein ist die *Vertikalanalyse*: Der Lebensweg eines Produktes läßt sich mit allen Umwelteinflüssen auf ein Blatt Papier so aufzeichnen, daß die Zeichnung oben mit der Rohstoffbeschaffung beginnt und unten mit der Beseitigung des nicht mehr genutzten Mülls endet. Neben jedem Schritt ist aufgetragen, welche Stoffe aus der Umwelt entnommen werden, welche in die Fertigung einfließen, welche »Abfälle« oder welche Vorprodukte bzw. Kuppelprodukte entstehen.

Kuppelprodukte sind wirtschaftlich nutzbare »Neben«-Produkte, deren Herstellung nicht Ziel des Produktionsprozesses ist. In der Viehwirtschaft beispielsweise entsteht Gülle. Diese Gülle kann als Abfall beseitigt, aber auch als Kuppelprodukt verwendet werden, nämlich als Dünger. Dennoch würde niemand Viehwirtschaft betreiben, um Gülle herzustellen. Insbesondere in der Chemischen Industrie ist viel Phantasie darauf verwandt worden, ursprünglich nicht beabsichtigte Nebenprodukte als Kuppelprodukte zu verwerten.

Diese vertikale Unterteilung des Lebensweges in einzelne Lebensabschnitte ist die Vertikalanalyse. Der Lebensweg wird dabei in einzelne »Module« unterteilt. Jedes Modul kann getrennt von den anderen untersucht werden; es hat seine eigenen »Eingänge« und »Ausgänge«. Der Produkt-»Ausgang« des einen Moduls ist mit dem Produkt-»Eingang« des nächsten verknüpft; z. B.: am Ausgang des Moduls »Produktion« wird das fertige Produkt an das Modul »Nutzung« weitergegeben. Deshalb muß selbstverständlich der Stoffstrom am Produkteingang des Moduls »Nutzung« genau so groß sein wie der am Produktausgang des Moduls »Produktion«. Außer dem Produkteingang und -ausgang hat jedes Modul weitere Eingänge für Hilfsstoffe und Ausgänge für Abprodukte. Diese Seitenein- und -ausgänge sorgen dafür, daß sich die Materialintensität des Produktes beim Durchgang durch das Modul erhöht. Am Ende der Vertikalanalyse müssen dann die Ergebnisse der Untersuchungen der einzelnen Module nur noch addiert werden. Sinn der Unterteilung in Module ist es, die Analyse zu vereinfachen: Ein Modul wie der »Transport« kann, mit veränderten Daten, mehrfach verwendet werden, und außerdem ist die Gesamtanalyse bei Veränderungen der Daten eines Moduls schnell korrigiert.

Schon bei der Vertikalanalyse taucht ein Problem auf, das uns durch die gesamte Ökobilanz begleiten wird: Wir müssen entscheiden, was wir *nicht* berücksichtigen wollen. Viele Module und viele Stoffströme, die man bei genauer Analyse berücksichtigen müßte, vergrößern den Aufwand für die Bilanz erheblich, ohne den Erkenntniswert notwendigerweise zu erhöhen. Beispiele: Wenn das Ziel der Ökobilanz der Vergleich einer digitalen mit einer mechanischen Armbanduhr ist, ist es dann wichtig, das Armband zu berücksichtigen, obwohl beide Uhren mit dem gleichen Armband ausgeliefert werden? Ist der Tropfen Öl oder die Fingerkuppe voll Schmierfett an einem Fahrrad oder einer Nähmaschine ein Stoffstrom, der das Ergebnis der Bilanz entscheidend beeinflußt? Gibt es vielleicht ganze Module, die ich außer acht lassen kann, weil sie zur Stoffstrombilanz aller Voraussicht nach drastisch weniger als andere beitragen? Ein Beispiel wäre der Bau der Gebäude, in denen ein Produkt hergestellt wird. Und schließlich: gibt es Phasen oder Stoffströme, über die keine Informationen zu beschaffen sind, die ich also bewußt beiseite lassen muß? Die Vertikalanalyse muß deutlich machen, wo die Grenzen der Analyse gezogen werden. Man sagt: die »Abschneidekriterien« müssen festgelegt werden.

Das Festlegen von Abschneidekriterien enthält immer eine gehörige Portion Risiko. Bevor nicht bekannt ist, wie stark ein Teil-Stoffstrom ist, bevor er also nicht untersucht ist, läßt sich logischerweise grundsätzlich nicht feststellen, wie groß und wie relevant er ist. Deshalb ist auf jeden Fall eine erste Grobabschätzung nötig, die alle Teil-Stoffströme einschließt. Aber auch danach stellen Abschneidekriterien eine potentielle Fehlerquelle dar. »Kleinvieh macht auch Mist«, sagt der Volksmund. Auf die Ökobilanz angewendet, heißt das: Wenn die Entscheidung getroffen wird, mehrere kleine Stoff-Rinnsale nicht einzubeziehen, kann es sein, daß ein insgesamt beträchtlicher Strom ausgeblendet wurde.

Je mehr Erfahrungen mit Ökobilanzen vorliegen, desto sicherer kann die Entscheidung getroffen werden, wo abgeschnitten werden kann. Grundsätzlich aber ist es besser, wenn eben möglich alle Teil-Stoffströme in die Bilanz aufzunehmen. Um den Aufwand dafür klein zu halten, bietet es sich an, für häufig vorkommende Teil-Stoffströme einen nach Möglichkeit international einheitlichen Satz von Daten zu schaffen.

Wird, wie wir es in diesem Buch vorschlagen, die Materialintensität zum Maßstab für Umweltbelastung durch Produkte, Prozesse und Dienstleistungen gemacht, dann erspart man sich viele Probleme mit den Abschneidekriterien. Es ist dann z. B. nicht nötig, die ökologischen Risiken verschiedener Teil-Stoffströme gegeneinander abzuwägen, weil die Materialintensität bereits implizit eine erste Risikoabschätzung enthält.

Der zweite Baustein der Sachbilanz ist die *Horizontalanalyse*. Sie betrachtet das, was wir eben die Seitenein- und -ausgänge eines Moduls genannt haben, also den Primärenergieeinsatz, die Rohstoffe und das Wasser für Kühlung, Spülung und anderes, sowie die Emissionen in die Luft, die Abwässer und die festen Abfallstoffe.

Dritter Baustein ist die Berücksichtigung von *Lebenswegkrite-*

rien. Er berücksichtigt die Verknüpfungen zwischen den Modulen. Um in unserem Bild von der Graphik der Sachbilanz zu bleiben: Hier werden die Pfeile genauer untersucht, die von einem Modul zum anderen gehen und die ja auch – etwa beim Recycling oder bei der Wiederverwendung von Mehrwegprodukten – rückwärts verlaufen können. Eine einfache Verknüpfung des Ausgangs des Moduls »Nutzung« mit dem Eingang des Moduls »Entsorgung« gibt zunächst keine Information darüber, wie lange das Produkt genutzt wurde und wie häufig es repariert werden mußte (oder wie leicht es repariert werden konnte). Eine einfache Verknüpfung zwischen »Produktion« und »Nutzung« zeigt noch nicht, ob der Nutzer das Produkt in beschädigtem Zustand übernehmen mußte oder ob es so verpackt wurde, daß es schnell verdirbt. Und schließlich sind für die Ökobilanz Informationen darüber wichtig, ob ein Produkt, das mit hohem Aufwand hergestellt wurde, vielleicht gerade wegen dieses Aufwandes in der Nutzung besonders umweltfreundlich ist und/oder gut rezykliert oder wiederverwendet werden kann.

Über all diese vertikalen und horizontalen Stoffströme und die Lebenswegkriterien müssen in der Sachbilanz Daten gesammelt werden. Der Aufwand dafür kann im einzelnen erheblich sein, auch wenn die Abschneidekriterien sorgfältig ausgewählt wurden. Die Beschaffung dieser Datenmengen ist eines der vielen Probleme, die beim Aufstellen einer Ökobilanz auftreten. Je umstrittener ein Produkt oder eine Dienstleistung ist, desto weniger wird man sich auf Abschneidekriterien einigen können, was dazu führt, daß immer mehr Module und Stoffströme berücksichtigt werden müssen.

Ebenso steigt der Aufwand, je weiter die Dienstleistungen, die miteinander verglichen werden sollen, voneinander entfernt sind. Es dürfte noch relativ leicht fallen, ein Fahrrad mit Aluminiumrahmen einem mit konventionellem Stahlrohrrahmen gegenüberzustellen, denn die Dienstleistung, die beide erbringen sollen, ist fast die gleiche. Aber schon eine scheinbar so einfache Sache wie der Vergleich zwischen Einweg- und Mehrwegverpackungen verlangt das Zusammenstellen zweier weitgehend unterschiedlicher

Datensätze. Mehrwegverpackungen müssen nämlich beispielsweise in einigen Fällen aus lebensmittelrechtlichen Gründen mit aggressiven Chemikalien gereinigt werden. Bei Einwegverpackungen fällt diese Umweltbelastung völlig weg; statt dessen muß man sich genau anschauen, wie sie sich in der Müllverbrennung verhalten. Es müssen also möglichst vollständige Daten für beide Module erhoben werden, das Reinigen und das Verbrennen. Vollends schwierig wird es, in ihren Umweltauswirkungen so unterschiedliche Dienstleistungen wie den Transport mit Lastwagen, Bahn, Schiff und Flugzeug zu vergleichen.

Dieser Aufwand führt dazu, daß der vierte Baustein der Sachbilanz sehr wichtig wird, die *Auswahl der Daten*. Das vielleicht schwerwiegendste Problem beim Aufstellen, aber auch beim Benutzen von Ökobilanzen ist, daß oft nicht nachvollzogen werden kann, woher die Daten kommen, oder daß die verfügbaren Daten nicht miteinander vergleichbar sind, weil sie mit unterschiedlichen Methoden gewonnen wurden. Beinahe schon sarkastisch urteilt die erwähnte Arbeitsgruppe des Umweltbundesamtes, Daten würden bisher in vielen Studien danach ausgewählt, ob sie zufällig verfügbar seien oder mit dem Erkenntnisinteresse übereinstimmten; statt auf zuverlässige, präzise Daten werde auf Berechnungen, Schätzungen oder rechtliche Anforderungen zurückgegriffen, mit entsprechend »dubiosen Ergebnissen«. Der chronische Mangel an konsensfähigen Daten führe zu einer Inflation unterschiedlicher, nicht vergleichbarer Daten.

Ein Beispiel für einen Versuch, zu konsensfähigen Daten zu kommen, sei hier erwähnt – nicht zuletzt deswegen, weil die beteiligten Wissenschaftler vorbildhaft die Grenzen ihrer Methode beschreiben. Es handelt sich um eine der vielen Ökobilanzen für Verpackungssysteme. Im Jahre 1990 hat das Umweltbundesamt den Auftrag für eine entsprechende Studie an die »Projektgemeinschaft Lebenswegbilanzen« vergeben, einen Zusammenschluß des Münchner Fraunhoferinstituts für Lebensmitteltechnologie und Verpackung, der Gesellschaft für Verpackungsmarktforschung in Wiesbaden sowie dem Institut für Energie- und Umweltforschung in Heidelberg (Ifeu). Unter einer »Lebenswegbilanz« wird in diesem Zusammenhang eine Ökobilanz für ein Produkt verstanden. Die Ergebnisse der Arbeitsgruppe wurden im September 1992 veröffentlicht[3].

Die Autoren weisen darauf hin, daß heute »größenordnungsmäßig 100.000 umweltrelevante Luft- oder Wasserinhaltsstoffe bekannt« seien – die genaue Zahl liegt sicher deutlich darüber – und fahren dann fort:

> *Aus rein praktischen Erwägungen können nicht alle einzelnen Stoffe einbezogen werden, auch wenn dies theoretisch wünschenswert wäre. Die Forderung nach Erfassung aller umweltbeeinflussenden Größen ist beim Erstellen von Lebenswegbilanzen nicht einzuhalten. Eine nächste Frage ist also, welche Größen innerhalb der Umweltkategorien bestimmt werden sollen.*

Die Autoren sehen sich in einem Dilemma – dem gleichen, in dem alle stehen, die Ökobilanzen aufzustellen versuchen: Entweder legt man am Anfang der Untersuchung starr fest, welche Arten von Daten berücksichtigt werden sollen. Dann ist von vornherein klar, daß manche Informationen nicht berücksichtigt werden, und das birgt die Gefahr schwerer Bilanzfehler in sich. Will man dies vermeiden und läßt die Liste der zu berücksichtigenden Informationen offen, ist ebenfalls ein möglicherweise unrepräsentatives Ergebnis programmiert. In diesem Fall ist nämlich die Wahrscheinlichkeit groß, daß am Ende das Produkt am schlechtesten abschneidet, über das es die meisten Informationen gibt. Andere Produkte, die sich möglicherweise noch niemand so recht angesehen hat, schneiden dann gut ab, gerade weil man über sie wenig weiß.

Damit die Ergebnisse von Ökobilanzen durchschaubarer werden, schlägt das Umweltbundesamt vor, Datenbanken anzulegen, die einen gewissen offiziellen Charakter haben sollten. Denkbar wäre beispielsweise, daß eine von allen Seiten akzeptierte internationale Organisation sie verwaltet. Diese Datenbanken sollten Informationen enthalten, wie sie in Ökobilanzen immer wieder gebraucht werden, sogenannte *allgemeine Daten*. Das könnten

z. B. Datenbündel sein, die die Umweltbelastung durch den Transport einer Tonne Güter mit Bahn, Lastwagen, Schiff und Flugzeug beschreiben, oder Informationen über vergleichbare Herstellungsverfahren von Papier, Stahl oder anderen Massengütern. Transport, Papier und Stahl werden bei sehr vielen Ökobilanzen berücksichtigt werden müssen, so daß es bereits eine erhebliche Vereinheitlichung bedeuten würde, wenn wenigstens in diesen Punkten alle auf die gleiche Datenbasis zurückgreifen könnten.

Neben diesen allgemeinen Daten braucht aber jede Ökobilanz *spezifisch ermittelte Daten*, die ein spezielles Herstellungsverfahren oder die besonderen Eigenschaften eines Produktes beschreiben. Solche Informationen liegen häufig nur innerhalb eines Unternehmens vor. In vielen Fällen gehören sie zu den wohlgehüteten Betriebsgeheimnissen; die Unternehmen wehren sich gegen eine Veröffentlichung, aus der berechtigten Sorge, damit den eigenen Wettbewerbsvorsprung zu verkleinern. Eine Ökobilanz, die auf solchen Daten aufbaut, ist selbstverständlich grundsätzlich nicht nachprüfbar.

Auf lange Sicht kann das allerdings auch nicht im Interesse der Unternehmen liegen; das Instrument der Ökobilanz wäre dann bald in der Öffentlichkeit so diskreditiert, daß es sich allenfalls noch zur betriebsinternen Optimierung eignen würde. Unternehmen können durchaus – freiwillig – dazu beitragen, daß ein Minimum an Nachprüfbarkeit gesichert und Betriebsgeheimnisse dennoch gewahrt werden: Sie sollten ihre Daten einer Vertrauensstelle weitergeben, die die Informationen so weit anonymisiert, daß sie zwar noch sinnvoll in Ökobilanzen verwendet werden können, aber weder direkt noch indirekt die Quelle oder Besonderheiten des Produktionsverfahrens in einzelnen Betrieben verraten.

Schwierig wird die Sachbilanz immer dann, wenn die Grenzen der Untersuchung sehr weit gezogen werden müssen oder wenn das Verhalten des Benutzers, das sich immer nur grob abschätzen läßt, einen wesentlichen Einfluß auf das Ergebnis hat. Andere, mindestens so schwere Probleme sollten nicht Bestandteil der Sachbilanz sein; dazu zählen das Abwägen unterschiedlicher Giftigkeiten gegeneinander, Aspekte der Bequemlichkeit und Benutzungsfreundlichkeit oder das Quantifizieren von Risikopotentialen (Kernenergie).

3. Schritt: Die Wirkungsbilanz

Strenggenommen soll eine Wirkungsbilanz Daten zusammenstellen, genau wie die Sachbilanz. Diese Daten sollen beschreiben, wie denn nun die Stoffströme, die in der Sachbilanz erfaßt wurden, auf die Umwelt einwirken.

Dabei treten eine Reihe von Problemen auf. Das nächstliegende: Von den allermeisten der hunderttausend oder mehr Chemikalien, die im Wirtschaftskreislauf bewegt werden, ist gar nicht bekannt, wie sie auf die Umwelt wirken. Die Wirkungsbilanz ist also die Stelle der Ökobilanz, an der das jeweils aktuelle, vorübergehende, stets vorläufige Wissen über den Stoffwechsel zwischen Mensch und Natur einfließt.

Zweites Problem: Die Sachbilanz stellt zusammen, welche Stoffe auf dem Lebensweg eines Produktes entstehen und in die Umwelt abgegeben werden, sie bilanziert also Emissionen. Aber nicht Emissionen wirken auf Pflanzen, Gewässer oder Gebäude, sondern Immissionen, also das, was auf den Pflanzen, den Gewässern oder den Gebäuden ankommt. Das muß keineswegs das gleiche sein. Verdünnung, Abbau und chemische Umwandlung können die Umweltwirkung eines Stoffes vollständig neutralisieren oder auch völlig neue Wirkungen erst möglich machen. Was davon passiert, ist in der Regel nicht oder nicht einfach festzustellen. Wird also die Wirkungsbilanz anhand der Emissionsdaten aus der Sachbilanz aufgestellt, so kann das nur mit Vorbehalt geschehen.

Drittes Problem: Die Wirkungsbilanz soll jedem Stoff oder Verfahren eine Umweltwirkung zuordnen. Das setzt voraus, daß jeder Stoff und jedes Verfahren eine eindeutige Umweltwirkung hat. Doch diese Wirkung kann sehr stark davon abhängen, wann und wo der Stoff in die Umwelt entlassen wird. Dazu ein einfaches Beispiel; es stammt von Diplomingenieur Stefan Schmitz vom Umweltbundesamt[4]:

Welche Umweltauswirkung ist einer Einleitung von 35 Gramm pro Liter NaCl (Kochsalz) beizumessen?

Antwort: Kommt darauf an: wird diese Kochsalzkonzentration in die Nordsee eingeleitet, kann dies als Einleiten von »unbelastetem« Wasser angesehen werden (da 35 g/l genau der NaCl-Konzentration der Nordsee entspricht). Der Volumenstrom der Einleitung wäre nicht relevant. Ganz anders sieht es bei einer entsprechenden Einleitung in ein Süßgewässer (aus); hier kann schon ein geringer Volumenstrom verheerende Auswirkungen auf das Ökosystem haben.

Jedem erfaßten Stoff sollen in der Wirkungsbilanz sogenannte Wirkungsindizes zugeordnet werden, die, alle zusammen genommen, seine Umweltschädlichkeit relativ zu anderen beschreiben. Ein einfaches Beispiel: Beim Verbrennen von Erdöl entsteht 1,4mal so viel Kohlendioxyd wie beim Verbrennen von Erdgas. Kohlendioxyd ist zwar ein an sich »harmloses« Gas, es heizt aber den Treibhauseffekt an, trägt also zur Erwärmung der Erde bei. Gemessen an der Wirkung »Verstärkung des Treibhauseffektes« ist also Erdöl 1,4mal so schädlich wie Erdgas. Der Steinkohle muß der Wirkungsindex 1,8 und der Braunkohle der Index 2 zugeordnet werden. Würde man die vier Brennstoffe mit einem anderen Wirkungsmaßstab messen, etwa dem des erzeugten Abraums oder der Gefahr für die Tierwelt ökologisch sensibler Küstenzonen, dann würden sich die Gewichte selbstverständlich anders verteilen. Erst die Gesamtbetrachtung aller Wirkungen macht ein vergleichendes Urteil möglich.

Doch was sind »alle Wirkungen«? Oder, weniger anspruchsvoll gefragt: Was sind die wichtigsten Wirkungen? Schon im Abschnitt über die Sachbilanz haben wir gesehen, wie schwierig es ist, auf dem Boden allgemein akzeptierbarer Aussagen zu bleiben. Beim Übergang zur Wirkungsbilanz betreten wir nun endgültig das schlüpfrige Terrain interessengebundener oder zeitgebundener Urteile und Bewertungen.

Auf einem Workshop der Gesellschaft für Umwelttoxikologie

und Umweltchemie (SETAC, Society of Environmental Toxicology and Chemistry) wurde 1991 folgende Liste der zu berücksichtigenden Wirkungen vorgeschlagen[5]:

- Globale Erwärmung
- Ozonzerstörung in der Stratosphäre
- Giftigkeit für den Menschen (Humantoxizität)
- Umweltgiftigkeit (Umwelttoxizität)
- Säurebildung (Gewässerversauerung)
- Abgabe von Chemikalien, die Sauerstoff binden, in Gewässer (Chemischer Sauerstoffbedarf (COD) mit der Folge des »Umkippens« von Gewässern)
- Bildung von Photooxydantien (Sommersmog)
- Flächenbedarf
- Belästigungen (Geruch, Lärm)
- Arbeitssicherheit
- Feste Abfälle (gefährliche, nicht gefährliche)
- Wirkung der Abwärme auf Gewässer

Sollen wir also künftig hunderttausend Chemikalien auf ihr Ozonzerstörungspotential hin untersuchen? Das wäre eine Absurdität. Auf welchen der Punkte soll also welche Chemikalie hin untersucht werden? Und, nebenbei: Wieso steht der Lärm in dieser Liste? Interessiert er uns wirklich aus ökologischen Gründen?

Wir wollen auf diese Liste hier nicht im einzelnen eingehen. Aber es sei doch auf die beiden obersten, aus der Sicht von SETAC also wohl wichtigsten Punkte hingewiesen: die globale Erwärmung und die Ozonzerstörung. Noch Mitte der achtziger Jahre hätten diese beiden Punkte niemals am Anfang einer solchen Liste gestanden; sie wären möglicherweise gar nicht aufgetaucht. Innerhalb noch nicht eines Jahrzehntes sind diese beiden Punkte an die Spitze der Aufmerksamkeit gerückt – keineswegs nur in Presse und Öffentlichkeit, sondern, wie man sieht, auch in internationalen wissenschaftlichen Debatten.

Kein Zweifel: aus heutiger Sicht gehören diese beiden Punkte in der Tat zu den gewaltigsten Umweltproblemen, die der Mensch verursacht hat. Doch woher wissen wir, daß sie es auch in, sagen wir, zehn Jahren noch sind? Woher wissen wir, was wir in zehn Jahren wissen werden? Wenn wir aber nicht wissen, ob diese beiden Punkte auch in zehn Jahren noch an der Spitze der Liste stehen werden, was versprechen wir uns dann von Ökobilanzen, die diese Liste als Prioritätenkatalog verwenden? Wenn Ökobilanzen wirklich ihren Zweck erfüllen, dann werden sie heute entworfen und morgen benutzt, um die Produkte für übermorgen zu entwerfen. Sollten wir da nicht versuchen, Prioritäten so zu formulieren, daß sie robuster sind, weniger abhängig von aktuellen Erkenntnissen und Erschreckenspotentialen in der Öffentlichkeit?

Um Mißverständnissen vorzubeugen: Auch ein »robusterer« Prioritätenkatalog muß zur Folge haben, daß jede chemische Veränderung der Erdatmosphäre zu einem dicken Minus in der Ökobilanz wird. Daran gibt es überhaupt keinen Zweifel. Doch solange wir uns mit Einzelwirkungen menschlichen Tuns auf die Umwelt befassen, werden Listen wie die oben aufgeführte länger und länger werden oder sich zumindest permanent verändern, und wir werden dennoch gegen Überraschungen nicht gefeit sein. Gebraucht wird ein Kriterium, das allgemeiner ist und mit dem wir uns dennoch im Zweifel auf der sicheren Seite bewegen. Die Stoffströme eignen sich dazu, ein solches Kriterium zu definieren, das zumindest stets in die richtige Richtung weist. Wenn die Stoffströme, die der Mensch in Bewegung setzt, einschließlich der Stoffströme für die Energiebereitstellung, zum Kriterium für Umweltbelastung gemacht werden, dann kommt automatisch und sozusagen nebenbei das Resultat heraus, daß der Ausstoß großer Mengen Kohlendioxyds in die Erdatmosphäre eine Umweltbelastung darstellt. Auf der Ebene der politischen Entscheidung mag das Ergebnis das gleiche sein. Aber es ist auf einem Weg gewonnen, der unabhängig ist vom aktuellen Stand der Erkenntnisse über den Wärmehaushalt der Atmosphäre. Das ist der entscheidende Punkt. Nur diese Unabhängigkeit von aktuellen Erkenntnissen gibt uns die Chance, daß die Entscheidungen von heute auch morgen noch richtig sind. Es ist eine Chance, nicht mehr.

4. Schritt: Die Bilanzbewertung

In der Bilanzbewertung müssen nun Schlußfolgerungen aus der bisher vorliegenden Arbeit gezogen werden. Wie der Name schon sagt, müssen dabei für politische Entscheidungen relevante Urteile gefällt werden – ein Schritt, der sich besonders schwer objektivieren läßt. Aus diesem Grund sollte dieser Schritt besonders sorgfältig von den anderen getrennt werden.

Am Ende von Sachbilanz und Wirkungsbilanz liegen möglicherweise enorme Datenmengen vor. Glücklich die Ökobilanz-Arbeitsgruppe, die aus diesen Daten schon eine eindeutige Aussage extrahieren kann! Da sind vielleicht zwei oder mehr Produkte verglichen worden, die einander sehr ähnlich sind; eines davon sticht deutlich hervor, es weist in einem oder mehreren Punkten unbestreitbare Umweltvorteile auf und fällt in keinem anderen Punkt nennenswert hinter die Vergleichsprodukte zurück. In so einem Fall ist die Ökobilanz beendet, das Ergebnis ist leicht zu formulieren.

In der Praxis wird man das aber nur in sehr wenigen Ausnahmefällen erleben. Realistischer ist es, den schlimmsten aller möglichen Fälle anzunehmen: Jedes der verglichenen Produkte hat Vor- und Nachteile, und die Plus- und Minuszeichen verteilen sich so inhomogen über die Fülle der Daten, als hätte sie jemand mit dem Salzstreuer darübergepudert. In so einem Fall stellt sich eine Reihe ganz neuer und schwieriger Fragen:

- Welche Umweltnachteile wiegen so schwer, daß Produkte, die diesen Nachteil aufweisen, auf jeden Fall ausgeschieden werden müssen?
- Gibt es Umweltvorteile, die einen Umweltnachteil aufwiegen? Nach welchen Kriterien soll das entschieden werden?
- Generell: ist es möglich, aus einer langen Liste von Plus- und Minuswerten eine Summe zu errechnen? Mit anderen Worten: Kann man aus den vielen errechneten Wirkungsindizes einen Gesamtindex ermitteln?

Ideal wäre es, man könnte solch einen Gesamtindex bestimmen, jedem Produkt sozusagen »Ökopunkte« vergeben. Das Produkt (oder die Dienstleistung oder das Verfahren) mit der besten Punktezahl wäre dann das Produkt der Wahl. Doch wie soll man z. B. Giftigkeit, Flächenverbrauch, Treibhauspotential und Gewässerverschmutzung auf einer Skala darstellen?

Es gibt verschiedene Verfahren, solch eine Skala aufzustellen. Doch alle haben ihre Schwächen; in der Regel verschieben sie das Problem, daß eine Wertentscheidung getroffen werden muß, nur an eine andere Stelle. Zum Beispiel wird versucht, eine »kritische« Belastung oder eine »maximal zulässige« Belastung zu definieren und die durch ein Produkt oder ein Verfahren ausgelöste Belastung als Bruchteil davon zu errechnen. Doch: Welche Menge eines Schadstoffes »verträgt« ein Gewässer, die Luft, der Boden? Und wenn andere Schadstoffe hinzukommen, ändert sich dann die Verträglichkeitsgrenze für den ersten Schadstoff? Wenn ja, wie? All das ist unbekannt oder zumindest umstritten. Ähnliche Probleme treten auf, wenn man die zu erwartende Umweltbelastung in Geldwerten auszudrücken versucht, um sie so vergleichbar zu machen. Außerdem könnten diese Methoden ja nur die Veränderungen von Wasser, Boden und Luft durch eingeleitete Stoffe erfassen. Daß der Mensch Wasser, Boden und Luft selbst in ökologisch relevanten Mengen bewegt, ist bei dieser Sichtweise ausgeblendet.

Ökobilanzen, wie sie heute aufgestellt werden, versuchen, eine Vielzahl von Einflußfaktoren zu berücksichtigen, da es kein einfaches Maß für Umweltbelastung gibt. Je größer aber diese Vielzahl ist, desto schwieriger ist es, das gewonnene Ergebnis zu bewerten. Deshalb gibt es bis heute nur eine Methode der Bilanzbewertung, die ein Minimum an Transparenz garantiert, wenn die Autoren sich bemühen: die verbal-argumentative Bewertung. So, wie am Anfang der Ökobilanz das Ziel in möglichst klaren Worten umschrieben werden sollte, so kann man auch am Schluß wieder von der Ebene der wissenschaftlichen Meßbarkeit zurückkehren auf die Ebene der bewertenden, beurteilenden, abwägenden Worte. Dabei kommen natürlich keine »Ökopunkte« heraus, die sich dazu eignen, der Öffentlichkeit einen Testsieger zu präsentieren. Aber auf diesem Wege werden erstens die Autoren gezwungen, noch einmal ihre Kriterien offenzulegen, und zweitens ist jeder Ökobilanz, die dieses Verfahren verwendet, anzusehen, wie schwierig und uneindeutig eine endgültige Bewertung ist.

Man kann sogar noch einen Schritt weiter gehen und die Bilanzbewertung einer Gruppe externer Experten aus unterschiedlichen Fachgebieten überlassen. Dieses Verfahren, das unter Exaktheit gewohnten Naturwissenschaftlern leicht in den Geruch einer unwissenschaftlichen »Abstimmung« gerät, ist heute im Grenzgebiet zwischen Wissenschaft und Politik keineswegs mehr unüblich und erhöht die Glaubwürdigkeit einer Analyse erheblich. Allerdings ist dieses Verfahren sehr zeitaufwendig und teuer; als Standard eingesetzt, würde es vermutlich das Werkzeug »Ökobilanz« noch schwerfälliger machen, als es wegen des enormen Bedarfs an Daten ohnehin schon ist. (Als Beispiele seien genannt: das IPCC, das »Intergovernmental Panel on Climate Change«, das im Auftrag der UNO die bekannten Informationen über die Klimaveränderung beurteilt hat; die deutsche »Senatskommission zur Beurteilung gesundheitsgefährlicher Arbeitsstoffe«, die sogenannte MAK-Kommission; und die verschiedenen Enquêtekommissionen des Deutschen Bundestages.)

Produktlinienanalysen

Eine Definition des Begriffes haben wir bereits im Kapitel »Umweltpolitik heute« gegeben. Ziel der Produktlinienanalyse ist es, die Ökobilanz um einen Aspekt zu erweitern, der dort – meist bewußt – ausgeblendet bleibt: das Verhalten von Käufern und Konsumenten. Die Produktlinienanalyse fragt, über die Bilanzierung von Stoffströmen hinaus, auch nach dem Nutzen eines Produktes und nach Konsumgewohnheiten. Eine Produktlinienanalyse soll also nicht nur vorhandene Produkte vergleichen, wie das die Ökobilanz tut, sondern auch gesellschaftliche Fehlentwicklungen sichtbar machen und nach Alternativen zu eingefahrenen Konsumgewohnheiten suchen.

Dabei ist die Gefahr natürlich sehr groß, in den Bereich von Wertungen und Ideologien zu geraten. Wir haben im Abschnitt

»Ökobilanzen« dieses Anhangs gezeigt, wie schwierig es ist, sich auf ein einheitliches und nachvollziehbares Verfahren der Ökobilanzierung zu einigen. Alle Bemühungen derer, die ernsthaft an dem Instrument »Ökobilanz« arbeiten, sind darauf gerichtet, subjektive und interessengeleitete Einflüsse auszuschließen, weil sonst alle Hoffnungen vergebens sind, Ökobilanzen könnten zu einem über gesellschaftliche Gruppen hinaus national und sogar international akzeptierten Instrument der Produktbewertung werden. Bemühungen dieser Art werden sicherlich nicht erleichtert, wenn nun auch noch innerhalb der Ökobilanz das sozial Faktische am ökologisch Wünschbaren gemessen werden soll.

Es ist deshalb nicht überraschend, daß das Umweltbundesamt die Erweiterung der Ökobilanz zu einer Produktlinienanalyse weder für sinnvoll noch für durchsetzbar hält. Dem muß man zweifelsohne zustimmen, wenn man, wie wir in diesem Buch, als Ziel vor Augen hat, ein einfaches Maß für ökologische Belastung zu finden und in den gesellschaftlichen Alltag einzuführen. Jede Form der sozialen Bewertung wird ein Hindernis auf dem Weg zu diesem Ziel sein, denn es ist meist sehr schwer und manchmal unmöglich, über Bewertungen einen gesellschaftlichen Konsens zu erzielen.

Auf der anderen Seite werden aber vor allem die Menschen in den Industrieländern nicht umhin können, auch ihr Konsumverhalten zu überdenken – und nicht nur zu über-*denken*. Solange Wohlstand so eng mit materiellem Besitz und Rohstoffverbrauch verknüpft ist wie derzeit in den reichen Ländern dieser Erde, wird ein ökologisches Optimieren von Produkten allein nicht zu dem Ziel führen, die Ökosphäre zu stabilisieren. Dazu ist mehr nötig – etwas, das wir einen »neuen Wohlstandsbegriff« nennen. Ökobilanzen allein oder alle anderen Verfahren, aus dem breiten Angebot an Produkten und Dienstleistungen die ökologisch am wenigsten schädlichen auszusuchen, werden niemals zu einer Änderung des Konsumverhaltens oder einem neuen, ökologisch verträglicheren Wohlstandsbegriff führen. Doch sie können ein wichtiger Schritt in die richtige Richtung sein und sollten deshalb nicht schon mit Ballast behängt werden, bevor sie richtig abgehoben haben. Was für die Ökobilanz selbst gilt, gilt auch für jede Erweiterung:

Das Sammeln und Zusammenfassen von Daten sollte sorgfältig vom Bewerten getrennt werden. Deshalb hat eine Produktlinienanalyse als Erweiterung der Ökobilanz nur dann einen Sinn, wenn die eigentliche Ökobilanz als eigenständiges, abtrennbares und getrennt verwendbares Modul erstellt wird.

Umweltkennzeichen

Der »Blaue Engel«, den vor mehr als 15 Jahren Edda Müller erfunden hat und den die Jury Umweltzeichen zusammen mit dem Umweltbundesamt und dem Deutschen Institut für Gütesicherung und Kennzeichnung (RAL) verleiht, hat sich in Deutschland zu einem Markenzeichen und einer viel genutzten Entscheidungshilfe entwickelt. Allein die höchst unerfreuliche Tatsache, daß häufig mit sehr ähnlichen Symbolen Verwirrung gestiftet wird, zeigt, daß die Industrie mit ihm rechnen muß.

Im Jahr 1992 beschloß die Europäische Gemeinschaft, in allen EG-Mitgliedsländern ein ähnliches Zeichen einzuführen. In der entsprechenden Verordnung werden Prüfungen verlangt, die letztlich auf das Aufstellen einer Ökobilanz hinauslaufen. Das Umweltkennzeichen ist also nichts anderes als der Versuch, das Ergebnis einer Ökobilanz auf ein radikal vereinfachtes System der »Ökopunkte« zu fokussieren. Kein Wunder, daß sich das Umweltbundesamt über einen Mangel an Kritikern des »Blauen Engels« nicht zu beklagen braucht.

Wenn eine Ökobilanz vorliegt, dann sollte zumindest bekannt sein, welches die wesentlichen Umweltauswirkungen eines Produktes sind. Wenn es auch noch gelingt, für diese wesentlichen Umweltauswirkungen Obergrenzen der Erträglichkeit anzugeben, dann läßt sich vielleicht entscheiden, wo auf der Skala – oder der Vielzahl der Skalen – der Umweltschädigungen die geprüften Produkte eingeordnet werden müssen. Ragen einzelne Produkte dabei heraus und bleiben in allen wesentlichen Punkten unter den Grenzwerten, verdienen sie das Umweltzeichen. Da die Basis für die Verleihung eines Umweltkennzeichens eine Ökobilanz ist, teilen beide alle Probleme und alle Kritikpunkte miteinander. Sie brauchen deshalb hier nicht wiederholt zu werden.

Jemand, der das Auto für den »Umweltfeind Nr. 1« hält, wird selbstverständlich den Kopf schütteln, wenn eine Automarke den »Blauen Engel« erhält. (Das gab es, aber inzwischen können Autos das Zeichen nicht mehr bekommen.) Dieses Kopfschütteln kann ein schlichtes Mißverständnis ausdrücken, nämlich das – übrigens sehr verbreitete – Mißverständnis, dieses Umweltzeichen drücke eine absolute Wertung aus. Doch so ist, wie gesagt, das Zeichen nicht gemeint. Es macht einen Vergleich öffentlich, es sagt: Dieses Produkt weist ganz bestimmte und in sich begrenzte Eigenschaften auf, die im Vergleich zu anderen funktionell äquivalenten Produkten ökologisch besser sind. Dies müssen keineswegs im eigentlichen Sinne des Wortes ökologische Eigenschaften sein. Ein lärmarmer Rasenmäher ist zwar für Benutzer und Nachbarn von Vorteil, er verringert aber eine Form der Umweltbelastung, die ökologische Zusammenhänge so gut wie nicht beeinflußt. Das eigentlich ökologisch Problematische am Rasenmäher ist ja gerade nicht der Lärm, sondern die Produktion eines materialintensiven Gerätes in hunderttausendfacher Auflage, das nur wenige Stunden im Monat benutzt wird.

Das Kopfschütteln kann deshalb auch einen tiefergehenden und sehr berechtigten Zweifel ausdrücken: Gerade weil Umweltzeichen von den Verbrauchern offensichtlich angenommen werden, haben sie einen Lenkungseffekt auf dem Markt. Ein Produkt mit Umweltzeichen wird häufiger gekauft als andere, und die Konkurrenz neigt dazu, sich an den Standards des ausgezeichneten Produktes zu orientieren. Dies ist gut so, wenn die angelegten ökologischen Standards stimmen. Sind die Standards jedoch schief, dann ist auch das Ergebnis der Ökobilanz schief, und das Umweltzeichen weist dem Markt die falsche Richtung.

Doch auch das ist im Grunde kein Argument gegen ein Umweltzeichen. Es ist ein Argument für gute Ökobilanzen, für nachvollziehbare, klare Standards bei der Erfassung und Bewertung von Umweltauswirkungen. Wenn solche Standards vorliegen würden, spräche sogar vieles für ein Umweltzeichen. Es wird auf dem Weg in eine ökologisch umgebaute, zukunftsfähige Wirtschaft nötig sein, Herstellern und Käufern Signale zu geben – einfache, leicht verständliche Signale wie das Umweltzeichen. Der Markt reagiert in erster Linie über Preissignale, und diese Signale weisen ja, wie gesagt, aus ökologischer Sicht in die falsche Richtung. Umweltzeichen können in einer Übergangszeit der ökologisch falschen Preise als Ersatzsignale an die »unsichtbare Hand« des Marktes, die Käufer, dienen. Der Blaue Engel hat sich zweifellos schon deshalb bewährt, weil er Käufer und Produzenten dazu veranlaßt, auch auf ein ökologisches Signal zu reagieren. Nötig wäre es aber, daß dieses Signal auf der Basis von umfassenden und richtungssicheren Maßstäben abgegeben würde.

Es ist zwar unerläßlich, daß Wissenschaftler versuchen, die ganze Komplexität des Wechselspiels zwischen Mensch und Ökosphäre zu verstehen. Wenn aber diese Erkenntnisse am Ende all der Mühen nicht zusammengefaßt werden zu einem einfachen Maß, das im Alltag taugt, dann ist es sehr unwahrscheinlich, daß diese Mühen in einigermaßen absehbarer Zeit im politischen Raum und im Alltag Früchte tragen werden. Um so wichtiger ist es, die Diskussion über solch ein handhabbares und richtungssicheres Maß zu führen. Das Ergebnis einer solchen Zusammenfassung wird aber immer irgendetwas sein, das einem Umweltzeichen ähnlich ist.

Umweltaudits

Für ein Unternehmen kann es aus zwei Gründen sinnvoll sein, Produktionsanlagen und -verfahren auf ihre Umweltauswirkungen hin zu überprüfen: Erstens ist eine Verringerung der Umweltauswirkungen ein zunehmend wirkungsvolles Werbeargument, zweitens aber können dabei durchaus ökonomisch relevante Schwachstellen zu Tage treten. »Eco-Controlling« bzw. »Environmental Auditing« wird deshalb von immer mehr Unternehmen zur internen Schwachstellenanalyse eingesetzt. Oft ist solch eine Untersuchung die erste Gelegenheit, die Stoff- und Energieströme, die in das Unternehmen hinein und aus ihm wieder heraus fließen, zu untersuchen – zumindest in dem umfassenden Sinne, wie es für ein Umweltaudit nötig ist. Unter anderem werden dabei auch Emissionen in Luft und Abwasser erfaßt, die sich möglicherweise bisher nicht oder kaum in den Kosten niederschlagen und deshalb unter ökonomischen Gesichtspunkten keine Rolle spielen.

Ein Umweltaudit ist in diesem Sinne die systematische und regelmäßige Überprüfung der Umweltbelastungsintensität eines Betriebes mit dem Ziel, Ansätze für Verbesserungen zu finden. Untersuchungsbereiche können sein:

- die Auswahl der Einkäufe, vom Verbrauchsmaterial in den Büros bis zur Investition in Maschinen, Anlagen und Gebäude;
- die Verminderung von Stoff- und Energieflüssen für den Betrieb der Anlagen;
- die Vermarktung der hergestellten Produkte und angebotenen Dienstleistungen von der Verwendung des Werbemediums über Transportverfahren und -wege bis hin zu den Werbeargumenten;
- die Verbesserung der ökologischen Qualität der Produkte und der angebotenen Dienstleistungen;
- bauliche Veränderungen der Anlagen und deren Umfeld, etwa Parkanlagen, Freizeitgelände und Zubringerstraßen;
- die Beeinflussung der Belegschaft und ihrer Angehörigen hin zu ökologischerem Handeln im privaten Bereich; hier kann ein Unternehmen Beratungsangebote machen.

Auf überbetrieblicher Ebene könnten Umweltaudits wertvolle Informationen für die ökologische Umstrukturierung der Wirtschaft liefern, denn nirgends sonst werden Informationen darüber erhoben, wieviel Masse und Energie in einem Betrieb pro Produkt oder Dienstleistung bewegt werden. Aus ökologischer Sicht sollte dies eigentlich ein wichtiges Optimierungskriterium der Wirtschaft sein. Daß es das nicht ist und daß Umweltaudits überhaupt nötig sind, ist im Grunde ein besonders deutlicher Beweis dafür, daß die Marktwirtschaft nur unvollkommen funktioniert. Kapital- und Arbeitskosten müssen im Konkurrenzkampf permanent minimiert werden, wenn ein Betrieb mithalten will. Doch die Kosten für Rohstoffe und Energie liegen ganz offensichtlich so niedrig, daß die Marktmechanismen hier versagen.

Stoffberichte

Stoffberichte sollen die Auswirkungen eines chemischen Stoffes auf Mensch und Umwelt nach einem differenzierten Raster beschreiben. Für dieses Raster gibt es bereits internationale Konventionen. Als erste legte in den achtziger Jahren die OECD einen Vorschlag vor, der von der Weltgesundheitsorganisation WHO übernommen wurde. In einer EG-Richtlinie ist festgelegt, nach welchen Kriterien ein Stoff als »gefährlich für die Umwelt« eingestuft werden soll, und in Deutschland werden »wassergefährdende Stoffe« in vier Gefährdungsklassen eingeteilt. Nach dem deutschen Chemikaliengesetz werden chemische Stoffe anhand von vier Indikatoren geprüft:

1. Wie stark ist die Umwelt dem Stoff ausgesetzt? Die »Exposition« wird danach abgeschätzt, wie der Stoff sich verteilt, auf welchem Wege er in die Umwelt gerät und wie stark konzentriert er in verschiedene Bereiche der Umwelt entlassen wird.
2. Wie baut sich der Stoff ab? Zersetzt er sich aufgrund chemischer Reaktionen, oder wird er auf biologischem Wege abgebaut? Wie schnell geht das vor sich, und welche Folgeprodukte entstehen dabei?
3. Reichert sich der Stoff in der Umwelt an (Akkumulation)? Geprüft werden unter anderem die Löslichkeit in Fett und andere Wege der Anreicherung in biologischen Organismen.
4. Wie wirkt der Stoff in der Umwelt? Für diese Tests werden verschiedene Organismen dem Stoff ausgesetzt, darunter Wasserflöhe oder Regenwürmer, bestimmte Fische, Algen oder höhere Pflanzen. Insbesondere wird geprüft, ob der Stoff das Erbgut der Lebewesen verändert (Mutagenität).

Ein Stoffbericht soll also eine möglichst umfassende Wirkungsanlyse darstellen, es ist aber nicht seine Aufgabe, eine Stoffstrombilanz »von der Wiege bis zur Bahre« zur Verfügung zu stellen. Rohstoffgewinnung und Transport, Herstellung und Entsorgung werden nicht berücksichtigt. Ein Stoffbericht kann aber als einer von vielen Bausteinen zu einer Ökobilanz beitragen.

Anmerkungen, Anhang

1 Umweltbundesamt (Hrsg.): Ökobilanzen für Produkte – Bedeutung, Sachstand, Perspektiven. Broschüre, Berlin 1992.

2 F. Rubik, T. Baumgartner (IÖW Heidelberg): Evaluation of Eco-Balances. Veröffentlichung im Rahmen des SAST-Projektes Nr. 7 der EG, September 1992.

3 Projektgemeinschaft »Lebenswegbilanzen«: Methode für Lebenswegbilanzen von Verpackungssystemen. München, Heidelberg, Wiesbaden, September 1992.

4 Stefan Schmitz: Sachstand Ökobilanzen. Kurzfassung eines Vortrags beim Journalistenseminar »Ökobilanzen« der »Information Umwelt« beim Forschungszentrum Mensch und Umwelt (GSF) in Neuherberg bei München, 10.2.1992.

5 zitiert nach: Umweltbundesamt: Ökobilanzen.

Glossar

Arbeitsproduktivität: Darunter verstehen wir in diesem Buch die Menge an Produkten oder Dienstleistungen, die mit einer bestimmten Menge an Arbeit, also in einer bestimmten Arbeitszeit von einer bestimmten Anzahl von Menschen, hergestellt werden können. Arbeitsproduktivität ist also die hergestellte Anzahl von Gütern oder Dienstleistungen pro Stunde und pro arbeitender Person. Die Produktivität kann erhöht werden, indem die **Effizienz** gesteigert wird, d. h., wenn vorhandene Arbeitsmittel optimal ausgenutzt werden. Viel größere Steigerungen kommen aber in der Regel heraus, indem völlig neue Produktionsverfahren (Maschinen, Arbeitsorganisation) eingesetzt werden. Eine solche Steigerung kann zu einer **Produktivitätsrevolution** oder einer **(Öko-)Effizienzrevolution** führen.

Dispersiv ist die Verwendung eines Materials dann, wenn es sich bei der Verwendung in den Umweltmedien Boden, Wasser und Luft so verteilt, daß es nicht mehr zurückgewonnen werden kann. Dazu gehören zum Beispiel Anstrichfarben, Agrarchemikalien und anderes.

Dissipativ bedeutet im Zusammenhang dieses Buches das gleiche wie dispersiv.

Effizienz: Wirksamkeit, mit der vorhandene Mittel eingesetzt werden (siehe im Unterschied dazu: Produktivität).

Externe Umwelteffekte: Unter den externen Folgen, insbesondere den externen Umwelteffekten eines Produktionsprozesses oder einer Handlung versteht man »Neben«-Effekte, die nicht auf den Prozeß oder die Handlung zurückwirken, weder technisch noch finanziell. Oft müssen solche externen Effekte langfristig von der Allgemeinheit getragen werden. Ein externer Effekt des Rauchens beispielsweise sind Gesundheitsschäden durch »Mitrauchen«; ein externer Effekt der Nutzung fossiler Brennstoffe sind Schäden an historischen Bauwerken durch Luftverschmutzung. Das **Internalisieren** von externen Effekten besteht darin, dem Käufer eines Produktes oder einer Dienstleistung schon über den Kaufpreis deutlich zu machen, daß er ein gesundheitlich oder ökologisch »teures« Produkt kauft.

Kapital ist in der Sprache der Ökonomie das gesamte Vermögen aus Geld, Maschinen, Anlagen, Grund und Boden. Wird nur das Geldvermögen gemeint, spricht man von **Finanzkapital.**

Kapitalproduktivität ist die Menge an Gütern und Dienstleistungen, die pro eingesetztem Kapital hergestellt wird. Kann ein und dasselbe Produkt in gleicher Menge und Qualität auf zwei verschiedenen Maschinen hergestellt werden, die unterschiedlich teuer sind, so ist beim Kauf der billigeren Maschine die Kapitalproduktivität höher.

Massenwirkungsgesetz: Ein schon 1867 formuliertes Gesetz der Chemie. Es beschreibt die Vorgänge in einer Mischung verschiedener Stoffe, die miteinander chemisch reagieren. Das Gesetz sagt, daß die Konzentration der verschiedenen Ausgangsstoffe und der bereits gebildeten Produkte bestimmt, in welcher Richtung die chemische Reaktion abläuft.

Nanogramm: Eine Maßeinheit. Die Vorsilbe »Nano« heißt soviel wie »ein Milliardstel«.

OECD: *Organization for Economic Cooperation and Development*, zu deutsch: Organisation für wirtschaftliche Zusammenarbeit und Entwicklung

Ökosphäre: Die Gesamtheit aller Lebewesen auf der Erde und ihr Lebensraum.

Ökotoxikologie: Zweig der Toxikologie (siehe dort). Die Ökotoxikologie beschäftigt sich speziell mit der toxischen Wirkung von Stoffen auf ökologische Zusammenhänge.

Personenkilometer: Eine Maßeinheit für Transportleistung. Wird eine Person einen Kilometer weit transportiert, so wurde eine Transportleistung von einem Personenkilometer erbracht. Die Transportleistung ist in diesem Sinne die gleiche, wenn zwei Personen einen Kilometer weit transportiert wurden oder wenn eine Person zwei Kilometer weit transportiert wurde (siehe Tonnenkilometer).

ppm: Abkürzung für *parts per million*, also Teile (einer Substanz) pro Million Teile (einer anderen Substanz, in der die erste verteilt ist).

Produktivität: Ergiebigkeit der Herstellung von Gütern oder Dienstleistungen. Während die Effizienz (siehe dort) die Wirksamkeit des Einsatzes vorhandener Mittel beschreibt, mißt Produktivität nur das Ergebnis, also den Ausstoß an Produkten und Dienstleistungen, unabhängig davon, mit welchen Mitteln er erreicht wird.

Ressourcenproduktivität ist die Menge an Gütern und Dienstleistungen, die pro eingesetzter Menge an Ressourcen (Material, Energie) hergestellt wird.

Technosphäre: Der Bereich der Ökosphäre (siehe dort), der alle vom Menschen hergestellten oder veränderten Dinge umfaßt.

Tonnenkilometer: Eine Maßeinheit für Transportleistung. Wird eine Tonne Gut einen Kilometer weit transportiert, wurde eine Transportleistung von einem Tonnenkilometer erbracht (siehe Personenkilometer).

Toxikologie: Die Toxikologie ist die Lehre von den Giften und ihrer Wirkungsweise.

Treibhauseffekt: Wenn Sonnenlicht auf den Erdboden fällt, wird es dort in Wärme umgewandelt und wieder zurückgestrahlt in Richtung Weltraum. Einige Bestandteile der Erdatmosphäre, insbesondere Wasserdampf und Kohlendioxyd, sorgen dafür, daß ein Teil dieser Wärme festgehalten wird. Gäbe es diesen natürlichen Treibhauseffekt nicht, wäre es auf der Erde im Durchschnitt nicht 15 Grad warm, sondern minus 18 oder 19 Grad kalt. Die Menschheit ist derzeit dabei, den Gehalt der Atmosphäre an wichtigen Treibhausgasen zu verändern. Dazu gehören insbesondere Kohlendioxyd, Methan, Lachgas, Fluorchlorkohlenwasserstoffe und Ozon. Dadurch kommt zum natürlichen Treibhauseffekt der menschengemachte Treibhauseffekt hinzu, der das Klima der Erde verändern könnte.

Umweltmedien: Damit sind Boden, Wasser und Luft gemeint.

Index